水利水电工程金属结构和机电设备制造监理工作指南

水利部水工金属结构质量检验测试中心
郑州国水机械设计研究所有限公司
组织编写

主 编 张小阳

副主编 何百庭 安孟德 李 旭 李东风

中国水利水电出版社
www.waterpub.com.cn
·北京·

内 容 提 要

本书由水利部水工金属结构质量检验测试中心、郑州国水机械设计研究所有限公司组织编写，以二十多年来设备制造监理工作的实践经验为基础，总结了水利水电工程主要机电及金属结构设备制造监理工作的内容、方法，以及监控的重点，比较全面地介绍了水利水电工程金属结构及机电设备，包括水轮发电机组及附属设备、金属结构设备、电气设备制造监理工作的程序、方法、重点，以及监理文件资料编写与整理要求，具有同类设备制造监理工作的通用性、系统性、可操作性，有利于设备制造监理工作质量的提高、监理工作的规范化和标准化，为工程提供合格的设备和满意的服务。

本书既可作为设备制造监理人员的操作手册，也可作为监理人员管理和业务考核的依据，同时还可作为监理培训的教材，具有较好的参考性。

图书在版编目（CIP）数据

水利水电工程金属结构和机电设备制造监理工作指南/张小阳主编. -- 北京 : 中国水利水电出版社, 2024.1（2024.11 重印）
ISBN 978-7-5226-1778-7

Ⅰ. ①水… Ⅱ. ①张… Ⅲ. ①水利水电工程－金属结构－机电设备－机械制造－监理工作 Ⅳ. ①TV734

中国国家版本馆CIP数据核字(2023)第162998号

策划编辑：陈艳蕊　　责任编辑：邓建梅　　封面设计：苏敏

书　　名	水利水电工程金属结构和机电设备制造监理工作指南 SHUILI SHUIDIAN GONGCHENG JINSHU JIEGOU HE JIDIAN SHEBEI ZHIZAO JIANLI GONGZUO ZHINAN
作　　者	主　编　张小阳 副主编　何百庭　安孟德　李　旭　李东风
出版发行	中国水利水电出版社 （北京市海淀区玉渊潭南路 1 号 D 座　100038） 网址：www.waterpub.com.cn E-mail：mchannel@263.net（答疑） sales@mwr.gov.cn 电话：（010）68545888（营销中心）、82562819（组稿）
经　　售	北京科水图书销售有限公司 电话：（010）68545874、63202643 全国各地新华书店和相关出版物销售网点
排　　版	北京万水电子信息有限公司
印　　刷	三河市鑫金马印装有限公司
规　　格	184mm×260mm　16 开本　12.5 印张　312 千字
版　　次	2024 年 1 月第 1 版　2024 年 11 月第 2 次印刷
定　　价	88.00 元

凡购买我社图书，如有缺页、倒页、脱页的，本社营销中心负责调换

编　委　会

组编单位： 水利部水工金属结构质量检验测试中心

　　　　　　郑州国水机械设计研究所有限公司

主　　任： 吴连生

副 主 任： 毋新房　孟庆奎

主　　编： 张小阳

副 主 编： 何百庭　安孟德　李　旭　李东风

参编人员： 张少飞　张逸军　李长勇　丰忠存　胡昌茂

　　　　　　杨太正　卜宣言　杜子立　孔垂雨

前　言

水利水电工程设备制造监理是水利水电工程建设监理的一项重要工作，设备制造监理已在国内国际水利水电工程建设领域全面推行。按照国家和行业现行设备制造监理规范的要求，为了进一步规范监理人员的工作行为，提高监理工作质量和水平，做好监理资料的标准化，建立可操作的监理工作文件体系，结合多年来设备制造监理工作的实践经验，编制了《水利水电工程金属结构和机电设备制造监理工作指南》。

本书是以设备制造标准、规范为指导，以合同技术条款为基点，以设备设计图样为基准，以落实监理人员工作职责为根本，有利于细化监理工作内容，完善工作流程，提高监理工作质量，对确保设备制造质量、发挥工程投资效益、满足工程安全稳定运行有着重要意义。

本书在总结水利水电工程设备制造监理工作经验的基础上，针对水利水电工程项目不同类型的设备特性和技术要求，重点明确监理具体应做好哪些工作、控制好哪些重点和关键节点、记录好哪些工作内容、整理好哪些监理资料，突出设备制造监理的工作重点及主要管控节点、工作流程和监理信息的可追溯性，有利于监理工作的规范化和监理工作的管理，具有较好的操作性和实用性。

本书分为 4 章，第 1 章为通用部分，明确了监理职责、工作流程、行为准则，以及监理基本工作内容及监理文件要求；第 2 章为水轮发电机组及附属设备制造监理质量控制，包括水轮机、发电机以及相应的辅机设备；第 3 章为金属结构设备制造质量控制，包括平面闸门、弧形闸门、拦污栅、固定卷扬式启闭机、移动式启闭机（双向门机）、液压启闭机、桥式（双梁）起重机、高强度钢岔管、压力钢管波纹管伸缩节；第 4 章为电气成套设备质量控制，包括主变压器（大型）、气体绝缘金属封闭开关（GIS）、封闭母线设备、高压开关柜设备、低压开关柜设备、电站直流电源系统设备、继电保护设备、计算机监控设备。

本书分别表述了驻厂监理设备和巡视监理设备的工作要求。有关设备制造监理的专业技术部分应与通用部分结合应用，坚持质量标准为底线、设计图样为红线，全面落实设备制造监理的监督、控制、协调责任，为工程提供良好的监理服务。

本书由水利部水工金属结构质量检验测试中心、郑州国水机械设计研究所有限公司组织编写。全书由何百庭统稿，张小阳主审。第 1 章由张小阳、何百庭编写，第 2 章由何百庭、安孟德、李旭编写，第 3 章由李旭、李东风、何百庭编写，第 4 章由安孟德、李旭、李东风编写。由于编写时间及编者水平所限，书中难免存在疏漏和不足之处，敬请读者指正。

编　者
2023 年 3 月

目　　录

第1章　通 用 部 分

1.1　监理工作概述

1.1.1　监理工作宗旨

坚持“科学、公平、公正、规范、诚信”的原则，恪守监理职责，坚持依法依规行使监理权力，履行合同约定的义务，做好监理服务。

1.1.2　监理工作守则

（1）设备制造监理是以国家和行业相关的法规、规章、标准、设计文件及设备供货合同为依据，按照合同约定的设备制造质量见证项目，在设备制造过程中履行监督、检查、见证、控制、协调的职责，确保出厂设备质量合格。

（2）设备制造监理的责任是代表委托人见证供货设备与合同的符合性，协调促进制造单位保证设备制造质量，严格把好质量关，努力消灭常见性、多发性、重复性质量问题，把产品质量缺陷消除在厂内，防止不合格品出厂。

（3）监理工作不代替制造单位自行检验的责任，也不代替用户对合同设备的最终检验，设备质量由制造单位全面负责，监理承担检查督促的法律责任。

（4）监理工作程序及流程，应按规范以及监理细则的规定进行。

（5）遵守有关保密的约定和规定，对设备制造监理过程中有关委托人及被监理单位的商业秘密予以保密，未经允许不得擅自泄露和利用。

1.2　监理岗位职责

1.2.1　总监理工程师职责

总监理工程师应在授权的职责范围内履行其职责，代表监理单位履行监理合同，主持项目监理工作，主要职责包括：

（1）负责全面履行监理合同约定的监理单位的义务，行使总监的职责和权力，对公司负责、对项目负责、对委托人负责。

（2）负责确定项目监理机构人员的分工和岗位职责；主持监理机构内部工作；检查和监督监理的工作，进行监理人员的工作考核，调换不称职的监理人员；根据监理工作情况进行人员的调整。

（3）主持编制项目监理规划，审批监理细则，制定监理机构工作制度。

（4）签发和审批监理机构的文件，包括开工令、停工令、复工令、合同付款申请等监理机构审核文件。

（5）审批制造单位提交的合同设备开工申请、生产进度计划、合同变更申请、付款申请。

（6）主持处理变更、索赔和违约等事宜，签发有关文件。

（7）组织审核设备设计图样、工艺文件、质量检验计划和安全生产措施、质量缺陷处理方案；参加委托人召开的设计联络会（设计审查会）。

（8）负责组织项目实施过程中需与制造单位或委托人进行综合协调的工作，主持协调会议（或专题会议）。

（9）主持或参加设备出厂验收，组织现场抽检工作，形成会议纪要。

（10）组织编写并签发监理月报、监理专题报告、监理工作报告，审定监理工作资料，组织完成监理资料的移交、归档工作。

（11）组织审核制造单位提交的设备制造竣工资料，提出审核意见。

1.2.2 总监代表职责

设置总监代表的，总监理工程师应向总监代表授权，明确其可行使的职责。总监代表不得审批监理细则、开工申请、总进度计划，不得签发开工令、停工令、复工令、付款证书、索赔和违约有关文件、监理月报、监理专题报告和监理工作报告。

（1）在总监的领导下，具体负责项目的监理工作，履行总监理工程师授权的相关职责，完成好项目的监理工作。

（2）制定监理工作机构工作制度，签发监理机构的文件。

（3）确定监理人员职责权限；协调监理机构内部工作；负责监理机构中监理人员的工作考核，报请总监调换不称职的监理人员。

（4）进行专项巡视工作，对监理工作中的难点进行技术支持，编写专项巡视报告。

（5）审核监理提交的制造单位合同付款申请、合同变更报告等，提出审核意见，总监确认后报委托人。

（6）组织编写、汇总监理月报，由总监签发后按时报委托人。

（7）组织、督促监理人员对验收前的设备进行检查见证工作，做好监理工作汇报资料的准备，审核出厂验收资料，主持或参加设备出厂验收会议，组织现场抽检工作，形成出厂验收纪要。

（8）负责项目监理过程的信息管理工作，保持与委托人的联系，及时完成委托人对合同的有关通知、变更等事项。

（9）配合总监全面履行监理合同，规范完成监理合同项目；组织办理合同付款申请和有关监理合同的变更申请事宜，经总监确认后报委托人。

（10）负责组织监理工作总结的编写和有关监理资料的整理，完成监理资料的移交及归档工作。

1.2.3 监理工程师职责

（1）在总监理工程师领导下负责本监理站项目的日常监理工作。熟悉项目合同文件、设计文件、招标文件及有关标准规范，按时编制本项目的监理细则，报总监理工程师审批。

（2）参加设计联络会，按照会议纪要要求督促制造单位落实有关问题；审查设计图样、工艺文件、质量保证措施和安全保证措施、项目组织措施和生产进度计划，审核制造单位提交的开工申请，提出审核意见报总监批准。

（3）负责提出项目监理工作的重点，明确各主要工序质量和生产进度的节点，并与制造单位进行沟通、交底。

（4）对制造单位提出的质量检验计划和检验、试验方案进行审核，确认各阶段检验或试验的时间、内容、方法及执行标准是否满足要求。

（5）做好日常的监理工作，采取巡视、抽检、停点检查、旁站监理、平行检测等方法，控制设备工序制造质量，对主要工序质量的检验、试验记录进行文件见证，坚持质量不合格的工序不得进入下道工序，不合格的产品不得出厂，做好监理见证记录。

（6）认真落实委托人的有关设备交货进度、设计变更等通知要求，督促制造单位落实好通知的有关要求，确保合同的全面履行。

（7）审核制造单位提交的合同支付申请，审核有关合同变更报告（如有），提出监理审核意见，由总监签发后报委托人审批。

（8）审核制造单位提出的设备出厂验收申请，进行设备出厂前的监理验证检查工作及监理工作汇报的编写工作，参加或主持设备的出厂验收工作，进行现场抽检检查，形成出厂验收纪要；督促制造单位做好验收后的有关整改和完善工作。

（9）审查主要外协铸锻件采购合同技术条款，确保铸锻件的材质、无损检测质量等级、检验内容符合合同及规范的要求。

检查、见证外购配套部件的质量证明文件及其质量情况，确保外购配套部件的品牌、型号符合合同及设计的要求。

（10）根据日常监理工作情况编写监理日志，按时提交总监审核，遇有重要问题时，应及时向总监书面或电话汇报、请示。

（11）提出合同变更、索赔及质量和安全事故处理等方面的初步意见，报总监审核。

（12）督促制造单位落实安全控制措施，做好大型设备（部件）组装时的安全措施检查工作，发现安全隐患应及时督促制造单位进行整改，防止事故的发生。

（13）规范监理日常资料的收集、整理和归档工作，及时编写监理月报；编制、签发监理通知单、联系单等文件；完成监理专题报告和监理工作总结的编写，报总监批准。

（14）完成监理资料的整理工作，报总监审查后归档。

1.2.4 监理员职责

（1）协助监理工程师开展项目的日常监理工作，按照分工负责被授权的监理工作。

（2）做好原材料、外购件、外协件、进口部件的质量证明文件及检验试验报告的收集，并做好现场核查见证工作，填写监理见证表。

（3）协助监理工程师编制监理有关文件，并做好文件的发送工作。

（4）进行日常巡视工作，依据监理细则实施旁站监理和跟踪检测，发现工序质量问题和生产进度问题，及时向监理工程师汇报，并督促制造单位进行纠正。

（5）参加外协部件的出厂验收见证工作和设备出厂验收工作，参与现场抽检工作，督促制造单位按照出厂验收纪要要求，做好后续的整改和完善工作。

（6）进行设备发运清单与发运货物的核查工作，检查设备装车发运情况。

（7）进行监理资料的分类整理及资料的归档工作。

（8）做好监理日志和有关监理记录。

1.2.5 资料管理员职责

（1）学习掌握国家有关工程档案资料管理的法规，做好日常监理资料的管理工作。

（2）熟悉项目合同文件有关归档资料的要求，协助项目总监做好资料的分类、保管和登记工作。

（3）按照公司的授权，分类进行项目监理资料的保管，协助项目总监做好监理竣工资料的审核、整理、编册、归档等工作。

（4）检查、指导监理做好相关资料的收集、保管、整理工作，有权对监理资料收集等方面存在的问题提出意见和建议。

（5）负责监理资料的分项、编号、分类、归档、保管工作。

（6）协助总监督促各监理及时报送日常监理资料，及时进行竣工资料的移交工作。

1.3 监理工作文件及内容

1.3.1 监理规划

监理规划是在监理合同签订后，根据不同设备制造监理要求，由总监组织编制的本项目监理工作的目标、内容、方法、时间、资源和管理等规定文件，明确监理要做什么和预期达到的目标要求，是指导监理机构和人员工作的文件。

规划应明确所监理设备范围、监理组织机构、监理人员配置、监理工作目标、工作方法、工作程序、监理措施以及监理工作制度、监理文件格式等内容。

监理规划是开展本项目监理工作的指导性文件，由公司技术负责人批准后实施，是编制监理细则的基础，是委托人审查监理机构组织措施的依据。

监理规划主要内容：

（1）项目概况（工程概况、监理设备名称及数量、设备交货时间）；

（2）监理机构设置（监理机构名称、监理人员配置情况、总监理工程师、总监代表、监理工程师、监理员、资料管理员的职责、监理设施配置）；

（3）监理工作目标（质量控制目标、进度控制目标、合同管理目标、安全生产监督目标）；

（4）监理工作内容、工作程序、工作方法及措施（结合不同设备的制造特点，分别明确监理工作的内容、工作程序、质量和进度控制的方法和主要措施）；

（5）监理工作文件格式（设备开工令、监理通知单、监理联系单、监理专题报告、监理见证表等格式）。

1.3.2 监理细则

监理细则是表述具体监理活动作业方法和内容的指导性、执行性文件。监理工程师在监理规划的基础上编写监理细则，经总监批准后实施。

监理细则编制依据：设备制造合同的技术条款，设计图样；设备制造监理合同、监理规划；设备制造验收标准与规范、监理规范等文件。

监理细则应根据金属结构设备（闸门、启闭机、压力钢管）、桥式起重机、水轮发电机组、主变压器等监理设备不同的技术要求分别进行编写。

监理细则主要内容：

（1）概况：项目概况（工程概况、监理设备名称及数量、设备交货时间）、监理工作依据。

（2）设备技术要求（按照设备制造合同和设计联络会明确的技术要求，分别简述设备的主要技术特性）。

（3）制造质量控制（监理质量控制的方法、工作内容、重点及方法进行细化，采取列表的方式明确监理质量的控制重点）。

（4）制造进度的控制（制造总进度计划的审核、月计划及实施情况检查、生产进度滞后情况分析、生产进度保证措施）。

（5）合同管理（合同付款审核、合同变更审核）。

（6）信息管理［如合同约定要求或在特殊阶段要求提供监理周报（季报）或年报时，应编制相应的监理周报（季报）或年报；监理日常管理的信息，以及重大事项等］。

（7）监理合同约定的其他工作要求。

（8）监理检查、见证记录表格样式及内容。

1.3.3 监理通知单

监理通知单是监理日常的工作文件，监理通知单主要用于转达委托人有关设计修改、合同交货工期调整或合同内容变更的书面通知，对监理过程中发现的可能影响设备交货工期、制造工序质量潜在的风险以及质量缺陷处理等通知，要求制造单位办理、处理、整改的书面通知文件，是监理签发的指令性、要求性文件，具有可追溯性。

监理通知单的内容及要求：

（1）项目名称、设备名称及编号、通知事由、文件接受人员签字栏，处理或整改结果栏，以及抄报单位等。

（2）监理通知单由监理工程师编写，主要通知内容由总监签字后下发，制造单位有关部门负责人签收。

（3）监理通知单的编号及编号方式由项目总监具体明确。

（4）监理通知单的内容应重点突出、文字简明扼要，把需要转达或解决处理的问题以及时间要求在通知上明确；监理通知单下达后，监理应进行跟踪，督促制造单位进行落实处理，并将最终处理结果进行记录。

1.3.4 监理联系单

监理联系单是监理机构日常工作文件，是监理过程中要求制造单位进行处理或整改的书面性文件，是向委托人进行汇报、沟通、协调的一般事务性文件，具有可追溯性。

监理联系单内容及要求：

（1）项目名称、设备名称及编号、联系事由、联系内容等，备注栏应注明抄报或抄送的单位。

（2）监理联系单主要用于监理日常的一般工作联系，包括有关会议的准备及时间、外协外购部件的采购进度、工序质量缺欠问题、生产工期问题、设备发运时间、出厂验收准备工作、竣工资料等情况的沟通及联系，是需要协调制造单位配合做好工作的书面联系文件。

（3）监理联系单是监理机构向委托人沟通、汇报、协调的工作文件。

（4）监理联系单由监理工程师或总监编写后报委托人。凡属重要的问题工作联系单需由总监签发。

（5）监理联系单文件的编号及编号方式由项目总监具体明确。

1.3.5 监理专题报告

监理专题报告是监理文件组成部分，是将制造单位有关设计、质量、进度、重大质量缺陷等情况进行协调或处理后的结果，向委托人提交的专题报告；或是按照委托人的要求，进行指定的项目检查结果的专题（项）报告。

监理专题报告内容及要求：

（1）项目名称、设备名称及编号、报告事由、报告内容等，备注栏应注明抄送单位。

（2）专题报告应客观、公正地反映设备制造的实际情况，内容包括：设备制造工期情况、工序质量缺陷处理情况及结果、设计变更及合同变更执行情况、有关需整改情况的结果等。内容应重点突出、过程清楚、分析准确、实事求是，并有相应的监理建议措施。监理专题报告可附相应的照片及附件。

（3）专题报告由监理工程师进行编写，总监签发后报委托人。

（4）监理专题报告的编号及编号方式由项目总监具体明确。

1.3.6 监理巡视检查报告

监理巡视检查工作是受总监委托，巡视人员进行监理项目的专项巡视检查工作。巡视检查报告是在巡视检查的基础上对有关巡视情况的记录，是巡视人员编写的汇报性文件，是监理资料的组成部分。

监理巡视检查报告内容及要求：

（1）项目名称、设备名称、报告事由、报告内容等，备注栏应注明抄送单位。

（2）报告应根据巡视检查情况，客观、公正地反映设备制造的实时情况，包括制造进度、工序质量、缺陷处理、合同变更等有关情况，报告（汇报）的内容应重点突出、分析准确、过程清楚、实事求是，并有相应的建议措施。监理巡视报告应附反映实时情况的照片。

（3）项目总监或委托的监理工程师、技术专家，在巡视检查工作完成后，应及时提交巡视检查工作汇报（报告），有针对性地反映巡视的情况，便于项目执行情况的沟通，发现问题及时解决。

（4）巡视检查中发现的问题或巡视人员提出的建议意见，由项目总监督促驻厂监理进行协调处理。对发现的质量或交货工期等影响合同履行的重大问题，由总监负责向委托人汇报或进行处理。

（5）监理巡视检查报告的编号及编号方式由项目总监具体明确。

1.3.7 开工令

开工令是监理程序性的工作文件。开工前由制造单位提交项目开工申请报告，监理工程师进行审核，报总监签发开工令。开工令下达前由总监与委托人进行联系，取得委托人同意后下达。

开工令主要内容及要求：

（1）开工令内容，包括项目名称，设备名称，制造单位，以及开工基本审核情况以及监理审核意见，由监理审核签字后报总监签发，开工令应同时报送委托人。

（2）开工基本条件审核内容，包括生产措施落实情况，质量保证体系运行情况，生产场地、设备及人员准备情况，生产图样到位情况，生产计划、外协外购件采购计划落实情况，开工所需材料进厂情况等，由制造单位申请并提供相应的资料，监理工程师审核，提出审核意见。

（3）如设备制造合同为多（台）项设备或要求分年度投产、分期交货的，第二次（批）投产时，监理仍应按合同规定，执行审批程序，由总监签发开工令。

（4）开工令应附制造单位提交的开工申请资料。

（5）开工令文件的编号及编号方式由项目总监具体明确。

1.3.8 停工令、复工令

停工令是在工序制造质量出现重大质量缺陷，或委托人需要延长设备交货时间暂停设备生产时，监理下发的停工通知。

复工令是当制造单位对重大质量缺陷进行了处理，经检验合格后，或委托人通知设备恢复生产时，监理下达的复工通知。

停工令、复工令是监理程序性工作文件。停工令、复工令下达前总监需与委托人进行联系，取得同意后由总监签发停工令、复工令。

停工令、复工令内容及要求：

（1）停工令、复工令内容，包括合同名称、设备名称以及停工复工理由等事宜，由监理审核签字后报总监签发，停工令、复工令均应同时报送委托人。

（2）当制造单位对重大质量缺陷问题采取了措施，进行了补救或报废、更换等工作后，自检合格经监理确认，由总监签发复工令。

（3）停工令、复工令文件的编号及编号方式由项目总监具体明确。

1.3.9 设计联络会（审查会）纪要

一般情况下，委托人提供的设备设计图样，以会议形式由工程设计单位进行设计技术交底、制造单位进行图样工艺性复核汇报，所召开的会议称为设计联络会，设计联络会由委托人组织召开。

按合同供货设备的主要技术参数、型号、型式、配置、接口等要求，由制造单位负责设计的设备，通过会议形式对制造单位提供的设计方案、技术参数、设计计算书、主要配置、主要材料、接口形式、试验方法等方案进行审查，所召开的专项会议称为设计审查会。设计审查会由委托人组织召开。

参加单位或人员由委托人确定，一般情况下参加会议的有委托人、特邀专家、工程设计单位、监理单位、制造单位等人员。

设计联络会（审查会）纪要内容，根据不同类型的设备确定相应的内容，有关技术方面的问题，原则上由设计单位和委托人提出意见，经讨论后形成纪要。

设计联络会纪要内容及要求：

（1）会议基本情况，包括会议时间、地点、参加单位、会议议题、会议主持人。

（2）会议内容及意见：针对不同类型的设备，将会议逐项讨论的技术问题，形成的最终意见写入纪要内容。

（3）会议明确的事项，包括有关设备制造验收的标准、规范版本、对设备数量的调整，对设备主要配置的确认，对交货工期的要求等方面的问题写入纪要，可作为合同内容的补充条款。

（4）会议纪要应附参会人员签到表，签到表的内容，包括姓名、工作单位、职务职称、联系电话。

（5）设计联络会（审查会），如涉及设备主要配置的审核，所确认的主要配置表经参会各方代表签字后，作为纪要的附件。

（6）设计联络会（审查会）纪要，是合同重要组成部分，由各方代表签字。

1.3.10 监理见证表

监理见证表是监理重要的工作文件，具有可追溯性，是监理归档资料的组成文件。

监理见证的方式，包括文件见证（材质证明、外购外协件质量证明、进口部件质量合格证，相关的试验报告、检验记录、检测报告）和现场见证［包括试验（操作）过程见证、单元部件组装过程见证、取样过程见证或合同规定的外协外购部件的出厂见证等］。

监理见证表内容及要求：

（1）监理见证表的格式及内容由监理机构在监理规划中明确，内容一般应包括项目名称、时间、地点、见证意见、见证人员及见证附件资料。

（2）监理见证项目应按照监理细则所规定的项目和内容，及时填写监理见证表，并由见证人员签字，加盖监理专用章。

（3）监理见证表应附所见证的质量证明文件、检验记录、试验报告和相关的照片。所附的见证文件应为原件或由制造单位复印后盖鲜章的文件。

（4）考虑到见证项目的时效性，监理可先进行现场的见证工作，并将见证情况拍照，填写监理见证表，同时督促制造单位做好相关资料的完善工作。

（5）监理见证的项目及见证情况，应在月报中反映，如见证中出现较大的偏差问题，应及时向总监进行汇报，并以监理联系单书面通知制造单位进行整改处理，处理合格后需再次进行监理见证工作。

1.3.11 监理检查记录表

监理检查记录表是监理工作的追溯性文件，是监理归档资料的组成部分。监理检查的项目应按照监理细则明确的部件、工序质量停点进行检查，检查的内容包括主要尺寸和外观质量，以及需要见证的试验或操作项目等。

监理检查记录表的内容及要求：

（1）监理检查记录表的内容，包括项目名称、检查时间、检查地点、环境温度、执行标准或规范、检查项目（检查项目的名称、设计要求、允许偏差及实测结果、监理意见），在备注栏中应注明检测所使用的仪器及执行标准。

（2）不同类型的设备应按照相应标准、规范规定，确定监理停点检查的项目，在编制监理细则时由总监审定。

（3）监理检查的方式可采取监理过程节点检查或平行检查等方式进行，检查结果应如实进行记录，检查记录表由监理与制造单位检验人员共同签字。水轮发电机组等机电设备的检查项目也可采取双方共同检查的方式，监理在双方认可的质量检验记录表上签字，作为监理检查记录。

（4）监理检查记录表应附相应的照片，每月随监理月报一起报总监。

1.3.12 监理工作汇报

监理工作汇报是设备出厂验收会议时，监理以书面形式对出厂验收设备制造情况的简要汇报，是出厂验收工作的程序性文件。

监理工作汇报主要内容及要求：

（1）工作汇报编写的内容，包括设备（部件）名称、设备概况、验收依据及执行标准、出厂验收状态等，以及监理质量控制情况、制造过程存在的质量问题及处理结果，制造进度控制情况（生产进度评价及协调措施）、监理主要工作情况、整体制造质量评价、遗留待整改问题等，附所验收设备（部套）监理检查记录表和反映设备生产过程情况的主要照片。

（2）工作汇报由监理工程师按照出厂验收的设备（部套）的要求进行编写，作为出厂验收资料的组成部分。

1.3.13 设备出厂验收会议纪要

出厂验收会议纪要是记录设备（部套）出厂验收工作的重要文件，验收会纪要应反映设备主要工序质量检查以及相关试验验证的结果，是委托人在设备出厂前组织的质量检查和见证工作记录，是可追溯性的监理文件，是监理资料不可缺少的组成文件。

出厂验收会议纪要主要内容及要求：

（1）主要内容。

1）出厂验收时间、地点，参加验收单位以及会议主持人。

2）验收项目，主要说明所验收设备（部套）名称及数量。

3）验收情况，主要记录出厂验收工作内容，包括出厂验收主要资料的审核和现场组装质量的抽检情况；设备（部套）出厂验收的组装状态；现场抽检记录和试验见证情况记录；验收组意见，以及需要完善或整改的项目。

4）其他需明确的事项，主要记录委托人提出的意见以及验收后需要做好的其他工作。

（2）出厂验收纪要应附相应的现场抽检记录表和相关试验报告，出厂抽检记录表及试验见证表，由参加验收的各方代表签字。出厂验收抽检记录表在备注栏应注明验收执行的标准、规范和所使用的检测仪器。

（3）出厂验收纪要一般由监理组织起草，参会各方讨论后定稿。验收纪要由参加验收的单位代表分别签字，非签字页应在文件页的底部小签，小签从左到右依次为委托人、设计单位、监理单位、制造单位。

（4）出厂验收纪要需附参加验收人员签到表，签到表的内容包括姓名、单位名称、职务职称、联系电话及签字栏。

（5）验收会提出的遗留问题或需要完善整改的意见，制造单位需逐条落实整改，由监理进行落实及整改情况的检查见证工作，做好监理工作记录，必要时，制造单位应按照委托人的要求，对需要进行整改的项目提出专项报告，采用照片和文字表述方式，反映项目整改前、整改后的对比情况，并提交监理确认后报委托人。

1.3.14 监理月报

监理月报是监理工作性文件，是反映当月监理情况的综合资料，也是监理资料的重要组成部分，具有可追溯性。

监理月报主要内容及要求：

（1）设备概况（设备的名称、数量及交货时间）。

（2）设备制造进度情况，按照当月生产完成情况，如实反映设备的工序进度情况，包括设备制造前期的图样设计（交图）进度，主要部件（工序）进度情况（下料、组拼、焊接、机加工、组装、防腐等工序完成情况）；主要材料、外协外购部件进厂的情况；生产进度存在的问题、原因分析及监理措施；设备发运情况等。

（3）设备制造质量情况，主要反映设备部件工序质量情况，如下料、机加工、焊接、无损检测、组装、防腐等工序的质量情况；设备制造质量存在的缺陷问题、原因分析、处理结果及措施。

（4）合同管理情况，主要反映本月合同付款审核情况、合同变更的审核情况、委托人对交货工期的调整情况等。

（5）监理协调工作情况，主要反映监理所进行的有关协调工作情况，或针对存在的问题，建议委托人进行协调解决的工作。

（6）安全生产监督情况，主要反映本月是否出现过重大安全事故及事故处理情况。当月无安全事故的可省略不写。

（7）监理本月工作情况，主要反映监理本月所做的工作，包括生产检查、工序质量检查、参加的会议、协调的工作等主要信息。

（8）下月监理工作计划，主要提出监理下月计划进行的重点工作。

（9）监理工作大事记，主要反映本月有关会议情况、设备（部套）验收、巡视检查情况、重要往来文件、设备发运情况等。

（10）设备制造情况照片，重点反映设备主要部件的进度和质量情况、会议情况以及委托人巡视检查情况、监理工作情况等照片。照片的大小应一致，每张照片下方应有简要说明，照片为彩色数码照片。

（11）监理月报由监理工程师编制，报项目总监审核后，按月报送委托人。如一个监理合同有多项监理设备并设置多个监理站时，监理月报由监理工程师编制，经总监统一审核汇总签字盖章后报委托人。

1.3.15 监理周报

监理周报是按照合同约定或在设备制造特定阶段委托人要求提供的有关进度或质量情况的报告，是监理工作记录性文件。监理周报的内容应按照监理合同约定或委托人要求的内容进行编写，或按照总监的要求进行编报。

监理周报主要内容及要求：

（1）生产进度情况，主要反映项目图样的设计进度，部件工序进度、外购外协部件进厂进度、设备（部套）发运情况以及存在影响生产工期问题等情况。

（2）工序质量情况，主要反映工序质量情况，工序试验情况，以及是否存在工序质量缺欠及缺欠的处理情况等。

（3）其他情况，主要反映本周有关会议、巡视工作、协调的工作以及与大事记有关的工作情况。

（4）监理周报应实事求是地反映生产进度和工序质量情况，反映的情况应客观全面、数据准确、分析客观、重点突出、简明扼要。周报应附反映生产进度及质量的彩色照片。

1.3.16 设备制造监理年（季）报

设备制造监理年（季）报，是监理合同约定或委托人要求提供的设备制造监理情况的汇报性文件，是监理资料的组成部分，由总监负责编制。年（季）报的内容按委托人的规定内容及格式进行编报，当委托人没有具体规定格式及内容时，按监理机构规定的格式和内容编报。

监理年（季）报主要内容及要求：

（1）生产进度情况，重点反映设备关键工序及关键部件的进度情况、外协外购或进口部件的进厂情况，生产进度存在的问题及分析，生产进度评价，设备发运情况等。

（2）制造质量情况，重点反映主要工序及关键部件的工序质量情况，出现的质量缺欠及处理结果，进行本阶段设备制造质量的评价。

（3）合同管理情况，反映本年（季）监理合同费用申请支付情况，合同付款审核情况，合同有关变更情况（交货工期调整、设备数量变更、增减配置等）。

（4）安全生产情况，主要反映安全生产的监督情况。

（5）大事记，主要记录监理过程有关重要事项发生情况。

（6）监理年（季）报，应附反映设备制造情况的彩色照片。

1.3.17 监理工作总结报告

监理工作总结报告是监理重要的工作文件，是反映设备制造监理整个过程监理工作情况的综合报告，是不可缺少的监理竣工资料。

监理总结报告主要内容及要求：

（1）项目概况，包括工程概况、设备名称及数量、主要技术要求、合同交货时间。

（2）监理工作综述，说明监理工作的主要依据、监理人员组成情况，简述监理质量监控情况和生产进度协调情况。

（3）制造质量及生产进度情况评价，说明设备制造过程出现的工序质量缺陷及缺陷处理的结果，进行设备制造质量评价和生产进度的评价。

（4）监理工作成效及建议，针对本项目监理工作，总结取得的成效，提出相关的工作建议。

（5）大事记，重点记录设备制造过程召开的会议、设备投产时间、有关设计修改通知、交货时间调整的通知、设备出厂验收、主要文函收发、设备发运情况、专项巡视、试验见证等有关重大事项。

（6）监理情况照片，反映设备主要进度、主要工序质量的照片，各种会议的照片，以及监理工作情况的照片，照片的大小应一致，每张照片下方应有简要说明，照片为数码彩色照片。

（7）监理工作总结报告主要应附以下监理资料：各种会议纪要；监理工作文件（开工令、监理联系单、监理通知单、专题报告、巡视报告等）；监理检验记录及各项试验见证表，以及主要外协外购部件质量证明文件见证资料；委托人有关重要文函，制造单位有关重要文函；合同付款及合同费用变更监理审核资料；监理月报（监理周报）；监理日志；监理细则。

1.3.18 监理日志

监理日志是监理工程师每天工作情况的记录，是监理工作可追溯的重要依据之一，是监理资料的组成部分。

监理日志内容及要求：

（1）监理日志应重点记录当日主要部件的生产进度和各工序质量的巡视情况，监理发现的工序质量缺欠与处理结果，监理参加的会议，监理协调的工作，监理审核的文件，编发的监理文件，收到的函件（含邮件、短信、电话沟通的要点），委托人到厂的巡视检查协调等信息。

（2）监理日志采取电子版形式由监理保存，在当日下班前报送项目总监。

（3）监理日志的具体内容，应根据不同项目的要求，由总监进行调整。

（4）监理项目完成后，日志应随其他监理资料一并移交项目总监。

（5）监理日志按合同约定的时间报送委托人，由总监统一负责。

以上所有监理文件的格式，应按监理规划或监理细则规定的格式进行编写。

1.4 驻厂监理工作内容

监理工程师在开展设备制造监理工作前，应熟悉合同条款要求、设备制造和验收标准及规范、设计图样等，作为开展设备制造监理工作的“三大支柱”，坚持“科学、公平、公正、规范、诚信”的宗旨做好设备制造监理工作。

1.4.1 监理工作准备阶段

1. 熟悉监理合同相关的要求

（1）熟悉监理设备的名称、数量、交货时间。

（2）熟悉监理工作的程序要求以及相关的法律法规。

（3）熟悉监理合同授予监理的责任。

注：熟悉监理合同的情况，在监理日志中做好记录。

2. 了解设备供货合同主要内容

（1）了解设备主要技术要求及执行的标准、规范。

（2）了解设备交货的批次及时间。

（3）了解设备主要部件（材料）的配置要求。

（4）了解出厂验收及出厂前试验项目的要求。

注：了解供货合同内容的主要情况，在监理日志中做好记录。

3. 掌握合同及图样的技术要求

（1）熟悉设计图样，了解设备主要技术参数、结构型式、试验项目、部件配置、材料要求等。

（2）掌握设备执行的相关技术标准。

（3）掌握设备的各接口要求。

（4）由制造单位设计的图样，应熟悉投标设计方案，并督促制造单位按合同要求完成设备的初步设计。

注：合同约定的技术要求，需认真掌握；阅图情况应分别做好记录，分析设备制造的难点，确定监理工作的重点，阅图情况记入日志。

4. 收集设备相关的标准、规范

（1）收集与设备制造、验收相关的技术标准、规范。

（2）学习掌握规范及标准对设备制造质量监督的要求。

注：由项目总监提供相关的标准和规范，收集情况记入日志。

5. 编制监理细则

（1）监理细则由监理工程师按照规定的内容及要求进行编写。

（2）细则应明确监理工作的重点、方法与程序。

（3）编制与设备相关的监理检查记录表格。

（4）与制造单位进行监理工作交底。

（5）监理细则经项目总监审核批准签发并报委托人。

注：监理细则的编写情况，记入日志，在月报（周报）中反映。

6. 办理相关的上岗手续

（1）外聘人员与公司签订聘用协议和安全责任协议。

（2）接受公司监理业务培训及安全工作的教育。

（3）了解、掌握监理工程师的职责要求。

（4）收集有关的监理资料（设备制造合同、监理合同、标准规范等）。

（5）监理部下发监理进厂通知，监理工程师进厂开展设备制造监理工作。

注：监理业务培训及安全培训学习情况记入日志。

1.4.2 开工前的监理工作

1. 了解制造单位有关生产组织等情况

（1）了解制造单位的生产组织、质量管理、生产场地、加工设备等情况，为开展项目的监理做好准备。

（2）了解项目管理部门、质量检验部门、生产管理部门的对口联系人员，便于监理工作的沟通联系。

（3）了解有关生产车间质量检验工作程序及质检工作方式。

注：了解的情况记入日志，在月报中反映。

2. 了解设备的制造工艺和主要工艺流程

（1）按照合同要求，督促制造单位完成制造工艺文件的编制。

（2）委托人提供的设计图样，由制造单位提出工艺性复核意见及建议以技术联系单报监理，监理提出审核意见，总监审核签发报委托人审批。

（3）制造单位提供的设计图样，凡涉及技术参数、主要配置、主要材料、电气元器件型号规格以及品牌的修改，应在设计审查会提出并进行讨论确认。

（4）了解设备制造的工艺流程，了解厂内制造部分及外协配套部件的情况，确定监理工作的重点及方法。

（5）结合设备制造合同有关技术要求，编写本项目监理细则，并报项目总监审核批准签发。

注：合同要求监理审核重点工艺文件时，监理应督促制造单位提交相关的工艺文件，并以监理联系单方式提出审核意见，报总监审核。

制造单位对委托人提供的设计图样进行工艺性复核，提出修改建议时，应以技术联系单的方式，形成书面意见，报委托人审批。

制造单位自行设计的图样，如制造过程进行修改时，应以技术联系单方式报委托人审批，以上情况记入日志，在月报（周报）中反映。

3. 参加设计联络会（设计审查会）

（1）委托人提供的设计图样，制造单位应进行工艺性的阅图，提出相应的阅图书面意见，在设计联络会时进行沟通、汇报，有关需澄清或修改的意见，经设计联络会讨论后写入会议纪要。设计联络会可按合同约定分次召开。

（2）制造单位自行设计的图样，监理需对初步设计方案的符合性进行审核，以监理联系单方式，提出审核意见，督促制造单位进行完善修改，完善后的设计方案由设计审查会讨论确认，并形成会议纪要。合同如规定分次召开设计审查会的，第二次审查会时制造单位应汇报第一次审查会后的设计完善修改情况，设计审查会的审查意见由会议讨论确定。

（3）设计联络会（审查会）后，按照会议纪要的要求，以监理联系单形式下发通知，督促制造单位进行相关的完善和修改工作。

注：设计联络会的情况记入日志，在月报（周报）中反映；有关需完善或修改的项目，应以监理联系单方式，督促制造单位按时完成，记入日志，在月报（周报）中反映；设计联络会记入监理工作大事记。

4. 监理工作交底

（1）按照监理细则确定的重点，与制造单位有关部门沟通本项目监理工作的重点、方法、程序，进行监理工作交底和沟通，取得制造单位对监理工作的支持。

（2）了解制造单位主要工序质量检查记录表内容以及出厂检验、试验报告的格式与内容，为监理工作的开展打好基础。

（3）沟通生产进度计划检查的方式，提出生产进度计划审核的程序要求。

（4）沟通出厂验收时需做好的资料内容要求。

注：监理工作交底及沟通的情况，记入日志，在月报（周报）中反映。

5. 了解生产进度计划安排

（1）了解制造单位生产总进度计划的安排情况，包括图样设计节点进度、工艺准备进度、材料采购进度、外协部件的节点进度、投产节点进度、工序节点进度、组装节点进度、防腐节点进度、发运节点进度等计划安排情况，为设备的投产开工做好准备。

（2）如合同设备分批次投产交货，且交货间隔时间较长或跨年度的项目，监理应了解分批次的设备生产进度计划的安排情况。

（3）督促制造单位编制生产总进度计划，为设备投产开工做好准备工作。如制造单位未按时提交设备生产进度计划，监理应做好协调工作，督促制造单位及时完成生产进度总计划的编制，为开展监理工作创造条件。

注：生产进度计划的了解情况记入日志，在月报（周报）中反映。

6. 了解主要外购原材料、外协部件的采购计划

（1）了解主要原材料采购计划的安排情况及主要材料的进厂时间是否满足投产节点工期要求。

（2）了解主要外购配套部件的采购计划安排情况，重点了解主要外购部件的进厂节点时间是否满足设备生产节点进度要求。

（3）了解主要铸锻件及外协配套加工部件的外协计划安排情况，重点了解铸锻件和外协配套部件的进厂时间是否满足设备生产节点进度要求。

（4）当制造单位未按合同要求提交主要原材料、外协部件的计划时，应下达监理联系单，督促制造单位做好材料采购及外购外协部件计划的编制工作。

注：材料及外购外协部件的了解情况记入日志、在月报（周报）中反映。

7. 设备开工申请资料审核

（1）审核制造单位提交的设备开工申请资料，包括生产组织落实情况，生产进度计划、图样准备情况、主要材料进厂情况、工艺文件编制情况、质量计划落实情况、与质量有关人员的职业资格或专业资质证明文件等有关的书面资料 ，逐项进行核实。

（2）开工申请需盖制造单位的鲜章，开工申请表的格式内容由总监确定。

（3）监理对制造单位提交的开工申请资料审核后，在开工申请栏内签署监理审核意见，加盖监理站章，报总监审核签发开工令。

（4）开工令应同时报送委托人。

注：开工申请审核情况记入日志，在月报（周报）反映；记入监理大事记。

1.4.3 设备制造进度控制

设备制造进度控制，监理主要负有生产计划的审核，制造进度的检查、监督、协调责任。督促制造单位按照合同交货时间要求，制定生产总进度计划，明确生产主要节点进度，合理安排生产工期，以确保设备按时交货。监理对生产计划执行中检查发现的进度偏差，应及时督促、协调制造单位采取措施，以满足生产工期和交货时间的要求，当生产进度严重滞后，可能影响设备的交货时间，监理应及时向总监报告，必要时报告委托人进行协调解决。

生产总进度计划审核应做好以下工作：

1. 生产总进度计划审核

（1）生产总进度计划审核的内容，包括图样设计进度、工艺准备进度、材料采购进度、外协部件的节点进度、主要工序节点进度、组装试验节点进度、防腐节点进度、包装发运节点等计划节点进度。

（2）如生产总进度计划的节点进度与合同要求有差异时，应督促制造单位进行调整。监理进行生产总进度计划审核后，应以监理联系单形式提出审核意见，由总监审核签发并报委托人。

（3）生产总进度计划的审核，监理应注意设备主要原材料、主要外购部件、主要外协部件、进口配套部件的节点进度计划安排情况。

（4）制造单位生产总进度计划的编制形式，应符合合同规定的计划编制形式要求，也可采取直线图、网络图等形式确定各节点的进度。

注：生产总进度计划审核情况记入日志，在月报（周报）中反映。

2. 图样设计进度检查

（1）检查图样设计进度（由制造单位提供的设计图样）以及设计图样报批时间，当设计进度或报批时间滞后时，应及时向总监汇报进行协调。

（2）闸门等金属结构设备需了解委托人供图的时间，以满足设备投产进度的要求。

（3）当图样设计进度滞后时，监理应及时进行协调，督促制造单位确保图样设计节点进度要求，必要时，应下达监理联系单，以书面形式督促制造单位采取措施。

注：设计进度督促检查情况记入日志，在月报（周报）中反映。

3. 月度生产进度完成情况检查

月度生产进度计划完成情况的检查，应按照月度生产进度计划，重点检查设备的关键部件、关键工序、关键节点进度、组装进度、防腐、包装、发运进度情况，监理应做好以下工作：

（1）每月对生产进度计划的完成情况以及关键部件、关键工序的节点进度进行检查，如发现生产进度与计划出现较大差异时，应及时督促、协调制造单位采取措施，必要时下达监理联系单书面告知制造单位，采取措施满足生产工期的要求。

（2）生产进度滞后时的协调工作，如发现生产进度滞后有可能影响后续生产节点进度时，监理应及时进行协调，督促制造单位采取措施，满足设备总体生产进度的要求，必要时以监理联系单书面进行联系，并及时向总监进行汇报，由总监向委托人报告或建议委托人进行专项协调处理。

（3）月度生产计划完成情况、生产进度计划执行中存在的问题与原因分析、监理建议意见，应在月报中反映，当委托人对生产进度要求每周报告时，监理应按照每周的生产进度情况，在周报中反映。

注：生产进度检查情况记入日志，在月报（周报）中反映。

4. 技术工艺准备进度检查

（1）工艺技术的准备进度，重点检查技术工艺文件编制进度能否满足投产节点进度要求、技术工艺文件是否完整。

（2）如技术工艺文件的准备进度出现滞后情况时，监理应及时进行协调，督促制造单位采取措施，满足投产节点进度要求。

注：工艺文件的编制进度的检查，记入日志，在月报（周报）中反映。

5. 主要材料、外协外购部件进度计划检查

（1）检查主要材料的采购进度计划落实情况，重点检查采购计划能否满足投产及生产进度的节点要求、主要材料能否按照计划的时间进厂。如发现材料进厂时间滞后，有可能影响投产（生产）进度时，监理应及时下达监理联系单，督促制造单位采取措施，满足生产节点进度计划要求。

（2）检查主要外购配套部件（进口配套部件）的采购计划落实情况，重点检查主要外购配套部件的进厂时间是否满足总进度计划的节点要求，如发现外购配套部件进厂时间滞后，有可能影响设备组装节点进度时，监理应及时下达监理联系单，督促制造单位采取措施，满足设备组装（装配）节点进度要求。

（3）检查主要外协铸锻件或外协加工部件的协作计划落实情况，如外协铸锻件或加工部件的进厂时间不能满足生产节点进度及组装进度时，监理应及时督促制造单位采取措施，必要时下达监理联系单。

注：材料及外协外购配套部件的进度检查情况记入日志，在月报（周报）中反映。

6. 分批次交货设备的生产进度检查

（1）当合同设备交货时间为分批次或跨年度时，监理应检查制造单位是否将分批次或跨年度生产的设备列入生产总进度计划，主要生产节点进度是否符合合同交货时间要求。

（2）生产总进度计划中未列入分批次或跨年度交货设备时，监理应及时督促制造单位进行生产总进度计划的补充完善。

注：分批次交货设备的生产进度计划检查情况记入日志，在月报（周报）中反映。

7. 合同交货时间调整后的协调工作

（1）当委托人对合同设备交货时间调整（延期或提前）时，监理应及时以监理通知单转发委托人的函件，督促制造单位采取措施，落实调整后交货工期的要求；如交货时间延期较长时，应配合制造单位做好已完成工作量的核查，做好监理记录，并督促制造单位做好已完成部件的储放和保管工作。

（2）如制造单位因不可抗力不能正常生产影响交货时，监理应及时以监理联系单形式报告总监，由总监向委托人报告。

注：交货时间调整情况记入日志，在月报（周报）中反映；合同交货时间调整记入监理大事记。

8. 生产进度协调会

（1）当委托人组织召开生产进度专项协调会时，监理应参加协调会并如实汇报设备生产进度情况、分析问题产生的原因，提出监理建议意见，以监理专题报告形式提交书面汇报。

（2）生产进度协调会形成的纪要，监理应按纪要明确的意见，督促制造单位逐条落实，采取相关措施，调整生产计划安排，满足设备后续生产工期，并将落实情况在月报（周报）中反映。

（3）总监参加委托人组织召开的生产进度专项协调会，如不能参加时应委派总监代表参加，并做好生产进度滞后情况及监理建议措施的汇报。

注：生产进度计划的审核及检查情况记入日志、在月报（周报）中反映，记入大事记。

1.4.4 质量控制

质量控制是监理工作的主要任务，是对设备制造全过程的质量监督控制，使设备制造质量满足合同及相关标准、规范的要求。

质量控制的主要内容和方式，包括原材料和铸锻件质量、外购配套部件质量、关键工序质量的检验，组装质量检验，中间试验见证，出厂试验或检测以及隐蔽工程等过程的检查、见证和监督。

质量控制主要采取文件见证、现场巡视、抽检、停点检查、试验见证等方法。

监理控制点，是为实现监理工作目标而事先确定的，由监理采取一定的见证、检验、审核等控制措施的，设备工程中的特殊过程、重要活动或关键节点。包括文件见证点（R 点）、现场见证点（W 点）、停止见证点（H 点）。

文件见证点（R 点）：是监理对有关文件、记录和或报告等进行见证、检验和审核预先设定的控制点。

现场见证点（W 点）：是监理对设备制造活动、过程、工序、节点或结果等进行现场见证、检验和审核预先设定的控制点。

停止见证点（H 点）：是由监理完成见证、检验和审核并签认后，设备才可转入下一个活动、过程、工序或节点而预先设定的控制点。

根据设备类型以及技术要求的不同，监理质量控制的侧重点有所不同，在本书的专业部分分别编制了各类设备的监理质量控制内容、方法及要求，监理工程师应按照质量控制要求及程序做好不同类型设备的监理工作。

注：监理设备制造质量控制的工作内容及要求，详见本指南相关章节的设备制造监理质量控制要求。

1.4.5 监理信息管理

信息管理是监理工作的内容，重点反映设备制造过程中的有关情况，是监理与制造单位进行沟通的渠道，是委托人了解设备制造进度情况的途径。

1. 信息收集的范围

（1）委托人下发的各种函件与批复、设计变更的通知、交货时间的通知及调整、召开的各种会议通知等信息。

（2）制造单位有关生产进度和工序质量情况、生产组织的变化情况、材料变更情况、合同付款情况、设备发运情况等方面的信息。

（3）监理工作所下发的各项文件、监理巡视报告、出厂验收纪要等各项信息。

（4）信息的沟通的方式，包括各种往来文件、函件、补充协议、电子邮件、通信软件沟通记录、电话记录等。

（5）其他信息，产品工序质量出现的重大质量问题及处理结果、安全生产方面的有关情况等。

注：监理所收集的信息应及时记入日志，在月报（周报）中反映。

2. 信息沟通方式

（1）监理信息主要通过书面文件及电子文件的传递进行沟通；在紧急情况下可先用电话进行汇报，待情况处理完成后，以文件专项补报。

（2）监理月报（周报）是传递监理信息的主要渠道，监理专题报告等文函是反映信息的手段，监理需按要求做好信息工作。监理与制造单位直接联系的文件应抄报总监，必要时由总监报送委托人。

（3）委托人下发的与制造单位有关的文函，由监理部及时转发给监理。

（4）监理需直接向委托人汇报的信息，应在汇报前与总监进行沟通。

（5）监理信息文件需由监理工程师签字并加盖监理站专用章；监理部文函由总监签字，

盖监理部专用章。

注：有关信息沟通的情况记入日志，在月报（周报）中反映。

3. 信息的时效性

（1）委托人有关合同事项的函件，应在收到函件的当日转发至制造单位。

（2）监理月报原则上在当月月底前编写完成报总监，总监汇总后按合同规定的时间报委托人。

（3）制造单位报送的有关技术联系单和合同执行的有关事项等函件，监理应在及时予以回复或当日报告总监处理。

（4）监理站下发的有关监理文件，应同时报送总监。

（5）监理项目完成后，监理应在总监约定时间内完成监理工作总结的编写，完成相关监理资料的整理工作，并报送总监审查。总监审核后提出审查意见，由监理工程师进行总结的修改和资料的完善工作。

（6）监理应严格遵守合同约定的有关信息传递时间。

1.4.6 合同管理

设备制造合同的管理，是监理的一项主要工作。主要内容包括：

（1）当监理合同规定设备付款申请需监理进行审核时，监理应按合同规定，进行付款条件、付款比例、付款金额、付款时间的审核，提出监理审核意见，由总监签署意见后报委托人审批。

（2）制造单位与委托人沟通后提出的合同费用变更申请，监理应进行审核，包括变更的项目名称、变更理由、变更费用的计算依据、项目变更依据等内容。审核重点是变更项目是否符合合同规定范围、变更费用的单价是否符合报价的计价要求、变更的工作量计算是否属实、变更的费用计算是否准确、合理等。

（3）监理审核费用变更后，应拟写合同费用变更报告，由总监审核后出具监理机构的审核报告，报委托人审批。

（4）合同费用变更的范围，应按照合同约定的范围进行审核，一般应包括合同工作量的增减，延期交货费用的补偿，设计变更导致工作量的增减等。

（5）监理在设备制造过程，应注意收集有关合同费用变更的资料，包括委托人的变更通知、设计变更通知、变更增加的工作量统计等资料。

（6）监理合同费用变更，应根据所增加的监理项目或监理时间延长的项目，按照合同的约定范围提出申请，由总监组织提出监理费用变更申请报告，监理应配合提供变更项目的相关资料。

1.4.7 安全生产管理

安全生产管理应结合设备制造监理工作的实际情况和制造单位的安全责任，重点落实好生产过程的安全监督责任和自身的安全责任，主要做好以下工作：

1. 安全监督责任

（1）了解制造单位安全生产规章制度制定及安全生产责任制的建立健全情况。

（2）大型部件的起吊，应督促制造单位选派有特种设备作业资质的人员进行操作指挥，如发现违章作业，应及时予以制止，并告知制造单位安全管理部门采取措施予以纠正。

（3）设备整体组装超过一定的高度时，监理应检查是否有组装安全措施、安全标志和标识是否明显，经检查符合要求后方可进行组装工作。

（4）涉及易燃、易爆、有毒有害、有限空间作业的工序过程，应督促制造单位采取安全措施后方可实施。

（5）如制造单位发生安全事故，应及时将事故情况报告总监。

注：安全制度检查情况以及有关安全生产的督促事项记入日志，在月报（周报）中反映；安全事故记入监理大事记，在月报（周报）中反映。

2. 监理人员的安全防护

（1）遵守、执行公司制定的安全责任有关规章制度。

（2）遵守制造单位的有关安全生产的规定。

（3）进入生产车间必须戴安全帽，如进入特殊的生产场地，应按制造单位的要求做好相应的防护措施。

（4）监理进行爬高巡视检查项目，应注意安全措施是否可靠，不得违章作业。

（5）遇有物件起吊作业时，监理应暂停相关工作并及时避让。

（6）设备防腐喷涂施工、装卸起吊作业时，监理不得进入现场进行巡查工作。

（7）夜间工作时，应注意车间的照明及脚下的堆放物品。

（8）应遵守国家有关治安法规，不做违法违规的事。

注：监理安全监督情况记入日志，在月报（周报）中反映。

1.4.8 监理资料管理

监理资料是监理工作的成果性文件，具有可追溯性。监理应按合同要求，完成监理资料的积累、整理、保存和归档工作。

1. 监理资料的积累

（1）监理应做好日常资料积累，确保监理工作的可追溯性。

（2）监理资料需有相应的支持性文件，如监理见证表及附件；试验报告、检测报告、质量检验记录等。

（3）日常资料应分类进行管理，便于后续的查找和整理。

（4）资料应保证完整性、准确性、及时性，不得弄虚作假。

注：监理日常资料积累是监理的重要基础工作，是监理工作总结必需的支撑材料；重要的收发文函，监理文件应记入日志，在月报（周报）中反映。

2. 监理资料的收集

（1）按照监理规范和监理合同的要求，认真做好监理资料的收集工作，是监理主要的日常工作。

（2）按照监理工作内容进行资料的收集，包括各项会议纪要，委托人往来文件（含设计修改通知等），监理文件（含监理下发的文件和监理部下发的文件），监理检查记录表、见证表，制造单位往来文件，监理工作汇报，监理日志，设备制造情况照片以及设备制造合同、监理合同、监理规划、监理细则等。按照不同类型的设备，分别做好资料的分类、积累、保存、归档工作，为监理工作总结提供支持性文件资料。

（3）监理文件资料应按照规定的文件格式和内容要求进行编制。

（4）监理照片为彩色照片，照片拍摄应清晰，反映事件的真实情况，照片的大小应一致，照片的下方应有简要说明（注明实物名称和状况），或按合同约定进行照片内容的说明。

（5）移交委托人的监理竣工资料，应符合监理合同约定的竣工资料内容要求，电子文档应与纸质资料一起移交委托人。

（6）监理资料的分类、建档和管理，应符合合同和国家有关工程档案资料管理的规定。

注：规范资料的目的是使监理工作有据可查，可追溯。

3. 监理资料提交时间

（1）监理周报报送时间由总监确定，原则上在当周周五提交项目总监。

（2）监理月报报送时间，原则上每月月底前由监理报总监，总监汇总后报委托人。如监理合同对监理月报报送时间要求时，应按合同约定的时间报送。

（3）有关需监理进行审核或批复事项应及时予以回复。

（4）项目监理工作完成后，监理应按总监约定时间完成监理工作总结及资料的整理，报总监审核，经完善后移交委托人。

注：监理文件具有时效性，各项监理文件及资料的传递应按照总监要求按时报送，监理文件的下达及文件的编写情况记入日志，并在月报（周报）中反映。

4. 监理资料管理

（1）监理资料必须完整、真实、可追溯，不得弄虚作假、随意编造，监理工程师对所提交资料负有法律责任。

（2）监理工程师负责收集日常监理工作中的资料并分类保管，收集的资料应确保有一份为原件；监理见证的材质证明文件复印件应加盖制造单位的鲜章；监理下发的文件应签字并加盖监理专用章。

（3）监理机构资料管理员负责对监理项目资料的归口管理，检查资料的完整性，协助总监做好项目资料的保管、整理和移交工作。

（4）总监对项目监理资料的完整性、真实性具有管理责任，对监理项目的资料承担法律责任。

（5）监理资料在监理项目完成后，按监理竣工资料的要求，分类进行整理，总监审查后，由监理部统一归档。

1.4.9 监理审核工作

监理审核工作是监理根据合同约定，对制造单位提交的有关文件进行审核的程序性工作。

1. 设计图样符合性审核

监理合同如要求监理进行图样审核时，应做好以下工作：

（1）设计方案审核重点，包括主要技术参数及型式、主要材料选用、主要接口设置、主要配置、试验程序与方法、执行标准等与合同的约定进行符合性审核，并提出书面审核意见，由总监审核后报委托人。

（2）当制造单位完成图样设计后，监理重点应进行图样符合性审查，包括核查修改后的技术参数、接口及配置、执行标准版本、图样标题栏及说明等，审核意见报总监，由总监审核后形成书面文件报委托人。

（3）金属结构设备闸门、拦污栅设备，一般由委托人提供设计图样，并召开设计联络会进行交底，监理重点在设计联络会前审核制造单位提供的工艺性复核意见，对制造单位有关设计修改建议提出监理意见，以监理联系单形式书面报告委托人，并在设计联络会进行讨论确认。

（4）电气设备的设计图样，监理原则上按照设计联络会纪要的意见，或委托人和工程设计单位确认的相关技术参数和配置实施监理工作，如合同有约定，监理应按合同要求进行设计图样的符合性审核。

注：设计方案的审核以监理联系单形式提出监理意见，总监审查后报委托人；图样审核情况记入日志，在月报（周报）中反映。

2. 工艺方案审核

（1）合同如有约定监理进行工艺文件审核时，监理应按规定的范围进行相应工艺文件审核（如防腐施工工艺、试验方案、包装方案等），提出监理审核意见，并针对发现的有关问题督促制造单位进行完善，监理审核意见以监理联系单形式报总监，由总监审核后报委托人。

（2）监理工艺文件审核的重点包括技术工艺流程是否满足关键工艺线路和工序质量控制的要求；试验方法能否满足合同约定及设计要求。

（3）如监理合同要求监理进行焊接工艺评定报告的审核时，监理应采取文件见证的方式进行焊接工艺评定报告的认可，重点见证所使用的材料、焊材、焊接设备、焊缝坡口型式是否符合焊接工艺要求，焊接工艺试验和检测结果是否满足焊缝质量要求。

（4）如制造单位对工艺文件有保密性要求，不能提供有关工艺技术文件时，应采用监理联系单的方式向委托人汇报，并做好相应工序及关键工艺质量的抽检和巡视工作。

（5）金属结构设备防腐工艺审核，监理重点审核除锈设施的配置，环境保护措施，喷涂设备及涂装顺序，涂料的品牌及色卡号，除锈表面粗糙度和清洁度、涂层厚度和附着力等检测记录内容。

注：监理对工艺文件审核情况记入日志，在月报（周报）中反映。

3. 出厂验收大纲审核

当监理合同要求对设备（部套）出厂验收大纲进行审核时，监理应重点做好以下工作：

（1）审核出厂验收大纲主要内容，应包括工程名称，验收设备名称，主要技术参数，检验项目及方法，验收执行的标准，设备组装状态，检验或试验的方法，监测内容及程序，检验或操作试验记录表。如合同对出厂验收大纲有其他规定时，应增加相应的内容。

（2）监理应以监理联系单的方式提出具体审核意见，由总监审核后报委托人审批。

（3）出厂验收检验项目，应以合同约定和规范规定的必检（试验）项目作为重点，或以委托人在验收会上确认的项目进行检查或见证工作。

注：出厂验收大纲监理审核情况记入日志，在月报（周报）中反映；出厂验收时所抽检（见证）的项目，应在验收会上由委托人代表进行确认。委托人委托监理进行出厂验收时，原则上按规范规定的项目全部进行抽检和试验见证。

4. 试验方案审核

（1）如合同约定要求监理审核试验方案，监理应对制造单位编制的试验方案进行审核，提出审核意见，由总监审签后，报委托人审批。

（2）不同类型的设备应按照规范或标准规定的试验程序和方法进行试验，试验方案审核的重点包括试验项目、试验方法、试验程序、检测仪器、试验设施、试验场地、执行标准、试验记录表内容等。

（3）监理进行试验方案的审核，应以监理联系单的形式提出书面意见，提交制造单位并报送总监；试验方案修改完善后，监理应进行试验方案的复审，符合要求后由制造单位盖章，以监理联系单正式报委托人审批。

（4）机电设备、电气设备的出厂试验，可结合出厂验收大纲一起进行审核，提出审核意见，报委托人审批。

注：监理应按合同要求做好方案的审核工作，以监理联系单形式提出监理审核意见，按程序报委托人审批；审核情况记入日志，在月报（周报）中反映。

5. 合同付款审核

当监理合同约定要求监理进行合同付款申请审核时，监理应做好以下工作：

（1）按设备制造合同规定的付款比例及付款时间，结合当期设备制造工作量完成情况或设备交货情况进行审核，并在制造单位提交的付款申请表监理审核意见栏内签署意见，由总监签字后报委托人。

（2）合同付款一般是分项、分次、分期进行支付，只有当完成符合合同要求的工作量或交货批次时，制造单位方可提出支付申请。

（3）当合同未规定付款申请的统一表式时，监理应按总监规定的付款申请表格式，由制造单位填写付款申请，监理审核后按程序报批。如合同对付款有规定的格式要求时，监理应按委托人的要求进行审核。

（4）合同未要求监理进行付款审核或由委托人直接进行审核支付的，监理不再要求制造单位进行此项申请工作。

注：付款申请的审核，一般情况下监理在申请表监理栏内签署意见，总监签字后，报委托人审批；合同付款审核情况记入日志，在月报（周报）中反映。

1.4.10 设备出厂验收资料

1. 出厂验收资料的内容

（1）设备出厂验收文件资料，包括主要材质证明文件、外协外购件质量证明文件、铸锻件质量证明、主要工序及组装检查记录表、焊缝无损检测报告、防腐工序质量检验记录、各项试验报告（如有）、不合格品或重大缺陷处理结果及报告，合同约定的其他有关质量文件。

（2）监理应进行出厂资料完整性的审核，经审核缺项的应及时督促制造单位进行完善，以满足出厂验收要求。

（3）当合同对出厂验收资料有具体规定时，监理应按合同规定的资料内容进行审核。

注：监理对出厂验收资料的审核情况记入日志，在月报（周报）中反映。

2. 制造单位工作汇报内容

制造单位工作汇报是出厂验收会的程序性文件，是制造单位以书面形式汇报验收设备制造及质量检验情况，并对验收设备的质量进行自我评价。

（1）制造单位编制设备制造及质量检验工作汇报内容，包括设备概况、主要技术参数、供货范围、合同交货时间、制造情况（简述：材料、结构、焊接、预组装、防腐、外协外购件情况等控制措施）、生产进度情况、制造质量情况、组装质量检验记录、出厂检查（试验）的项目、检验（试验）方法与检测试验设备、工序质量缺陷及处理结果（如有）、设备制造进度和质量的自我评价。

（2）监理应督促制造单位做好出厂验收汇报资料的准备工作，完成后提交验收会议审查。

（3）当合同未要求制造单位提供相关的设备制造及质量检验的书面工作汇报时，制造单位仍应采取其他汇报的形式进行汇报，以满足设备出厂验收程序性工作要求。

注：监理出厂验收资料的审核情况记入日志，在月报（周报）中反映。

3. 监理工作汇报

监理工作汇报是出厂验收会的程序性文件，是监理对验收设备制造监理情况的简要汇报。

（1）出厂验收监理工作汇报的内容，包括验收项目名称及数量、主要技术要求、验收依据及执行标准、设备验收状态、设备制造过程的质量与进度控制及评价、监理工作大事记等内容。

（2）监理工作情况汇报应附设备组装或试验监理检查（见证）记录表。

（3）监理工作情况汇报，作为设备出厂验收的重要监理资料，具有可追溯性，无论合同是否有规定，出厂验收项目均应提供监理工作情况汇报。

注：监理工作汇报编写情况记入日志，在月报（周报）中反映。

1.4.11 监理工作总结

1. 监理工作总结的编写

（1）监理工作总结是对设备制造监理过程工作情况的追述性综合报告。工作总结应按照规定的格式及内容要求，结合监理工作实际进行编写，准确反映设备制造监理工作过程的主要情况及结果，总结应内容完整、重点突出、叙述简明、用词规范。

（2）当合同对监理工作总结的格式及内容有规定时，应按合同约定的要求进行编写。

（3）监理工作大事记应重点突出主要事件的发生情况，如设计联络会、专题会、出厂验收会；委托人重要通知、设计修改或变更；交货时间变更；监理部巡视等情况，说明时间和简要工作内容。

（4）巡视监理项目的监理工作总结标题应为巡视监理工作总结，总结内容应结合不同类型的设备和巡视检查情况进行编写，重点突出制造质量巡视、生产工期协调、有关文件见证、出厂验收、试验等监理工作情况。

2. 工作总结附属资料

（1）监理工作总结需附相应的监理资料，包括设备制造情况照片、监理工作文件、会议纪要、设计修改通知、委托人文件、制造单位主要文函、监理检查记录表及见证表、监理日志等资料。

（2）监理照片应重点反映设备制造的主要工序情况、会议情况、验收情况、巡视情况等，照片的尺寸应符合合同要求，下方应有照片的简要说明，采用彩色数码照片。

（3）监理工作文件，包括开工令、监理联系单、监理工作通知单、专项巡视报告、专题报告等日常工作文件。

（4）设计修改和变更资料，应完整地反映所修改或变更的内容及原始通知函件。

（5）监理见证资料除见证表外，应附相应的质量证明或试验报告。

（6）监理日志是监理总结资料组成部分，应归档移交。

3. 工作总结审核及资料移交

（1）监理工作总结由监理编写完成后，报项目总监审核。

（2）监理工作总结的签字页，分别由批准、审核、编制人员签字。

（3）监理应在总监约定时间内，完成监理工作的总结及资料的整理，并在规定的时间内移交总监。

（4）项目总监审核后需修改或资料完善的工作，监理工程师应积极配合，在规定的时间内完成。

（5）监理工作总结及资料移交后，经项目总监同意，结束本项目的监理工作。

1.5 巡视监理工作

1.5.1 总则

1. 巡视监理的定义

巡视监理是监理合同约定的一种监理工作形式，以阶段性巡视、见证、检查、验证、出厂验收的方式进行设备制造监理工作。

2. 巡视监理的方法

按照合同约定开展巡视监理工作，一般采取督促、协调、抽检、见证的方法，以通信联系、文件审核、现场抽检、现场见证、出厂验收等方式进行，对设备制造过程有关质量记录文件进行验证、协调和处理，对设备最终制造（组装）质量验收认可。

3. 巡视监理的内容

监理应参加委托人组织召开的设计联络会，进行设备总组装质量检查，进行出厂试验见证，进行设备出厂验收工作。进行有关质量证明的文件见证，包括主要材质证明文件、主要外购配套件质量证明文件及试验报告、主要铸锻件质量合格证、设备主要技术参数等。进行设备（部套）总组装主要尺寸及外观质量的现场检查，现场见证相关的电气试验和机械操作（动作）试验。协调设备生产节点进度及设备发运时间，提供相应的监理工作文件。

4. 巡视监理的工作频次

按照监理合同约定的巡视次数及巡视节点，委派专业监理工程师或有经验、专业对口的监理人员，在设备制造的主要或关键工序和合同约定的检查节点，对设备材料、外购配套件、电气元器件、铸锻件等部件质量证明文件进行见证及抽检并进行组装后主要尺寸偏差及外观质量的检查和相关出厂试验见证工作。

5. 巡视监理工作的依据

国家、行业有关设备制造标准及规范；合同约定的技术要求；委托人同意的企业标准；相关的国际标准；批准的设计图样；报备后的巡视监理工作大纲。

6. 巡视监理的委派

巡视监理工作由总监委派专业对口或有经验的监理人员负责，根据制定的质量监督目标和生产进度协调目标开展巡视监理工作。

1.5.2 巡视监理工作的设备范围

巡视监理范围一般包括以下设备：

（1）机电设备，包括柴油发电机组、厂房给排水设备等。

（2）机组辅机设备，包括进水阀、调速器、励磁系统、油气水系统设备。

（3）电气一次设备，包括主变压器、箱式变压器、电抗器、封闭母线、发电机出口断路器、高压开关柜、低压开关柜等设备。

（4）电气二次设备，包括继电保护设备、直流设备、计算机监控设备、通信设备、通风空调等设备。

（5）阀门设备，包括各类专用阀门、锥形阀、通用阀门等。

（6）消防设备，包括消防监控、火灾报警设备等。

（7）仪器仪表设备，包括水力监视测量系统仪器、在线监测系统等设备。

（8）合同约定的其他巡视监理设备。

1.5.3 巡视监理准备工作

（1）参加委托人组织召开的设计联络会，了解掌握设备主要技术参数及要求，为巡视监理工作开展做好技术准备工作。

（2）熟悉设备制造合同技术要求，掌握所巡视监理设备的主要技术参数、型号规格、主要尺寸、主要配置、使用的材料、相关接口要求、出厂试验项目。

（3）收集设备制造执行的标准、规范，按照标准和规范的要求，规范监理质量监督工作。

（4）掌握设计图样各部件的主要尺寸、材料牌号、焊接要求、组装偏差、试验内容等，按照批准的设计图样，进行制造质量把关。

（5）督促制造单位提交生产进度计划，掌握主要生产节点进度以及材料采购、外购配套、进口部件的采购计划，按照设备生产工期要求，进行监理生产进度的协调工作。

（6）编写设备巡视监理大纲，确定巡视工作重点，做好巡视节点安排，经总监签字后报委托人。

（7）采取现场沟通或文件的形式进行巡视监理工作的交底，沟通巡视的重点和内容，做好与制造单位的质量计划的对接工作。

（8）审核制造单位提交的开工申请，审核内容包括生产进度计划、采购计划、图样设计完成情况、工艺准备情况、质量计划、生产组织计划、主要材料到厂情况，由总监签发开工令。

1.5.4 制造质量巡视检查

1. 设备制造质量巡视检查

按照合同规定的设备制造阶段或次数，由监理工程师分阶段或分次进行巡视检查工作。

（1）设备前期准备阶段，采取通信联系的方式，督促制造单位按期完成图样的设计工作，报委托人审批。

（2）设备生产阶段，采取通信的方式了解工序生产进度情况并按照合同的约定进行现场工序质量的阶段性抽检工作（主要尺寸、外观质量），以及相关的质量文件见证（验证）工作，做好监理检查见证记录。

（3）设备组装阶段是监理巡视的主要工作节点，设备组装后监理到厂检查主要尺寸偏差、外观质量；进行主要配置的验证以及相关试验、操作的见证，检查见证情况填写监理记录表，为出厂验收做好准备工作。

2. 中间试验见证

监理合同约定的中间试验项目，监理应协调制造单位按时做好设备中间工序的各项电气试验、动作试验、操作试验，监理做好相应的试验见证工作，填写监理试验见证表或形成试验见证会议纪要（附试验报告），做好试验过程的录像、拍照等。

3. 设备组装质量检查及试验见证工作

设备为多台或多批次生产，监理应确保首台设备组装质量的检查和试验见证工作，做好有关的监理检查见证记录。其他台（批）次设备原则上采用文件见证的方式进行认可。如监理合同约定需对每台设备或每批设备进行出厂检查验收的，监理应协调制造单位按照设备组装完成的时间节点，及时进行组装质量的检查和见证工作。

4. 文件见证

按照设备制造合同及不同设备的设计要求，确定监理见证的内容，一般情况下巡视设备需对以下质量证明文件进行文件见证工作：

（1）主要材质证明文件见证，包括所使用的钢板、不锈钢板、铜材等材料的质量证明进行见证，填写监理见证表（附材质证明文件）。如合同要求制造单位进行主要材质进行复检，应见证制造单位提供的材料复检报告。

（2）铸锻件质量证明文件见证，包括铸锻件的材质证明、试验报告、无损检测报告等，进行文件见证工作，填写监理见证表。

（3）主要外购配套部件质量合格证见证，如设备制造合同或设计联络会纪要对主要外购配套（进口）部件的型号、规格、生产厂家、品牌有约定时，监理需进行相关外购配套部件质量合格证的见证，并现场核查主要配套部件的品牌、型号、规格，填写监理见证表，并附外购部件的质量合格证及相关部件的实物照片。

（4）主要电气元器件质量合格证见证，如设备制造合同或设计联络会纪要对主要电气元器件或进口元件的型号、规格、生产厂家、品牌有约定时，监理需进行相关电气元器件质量合格证的见证，并现场核查元器件的型号、规格、品牌，填写监理见证表（附电气元器件的质量合格证及相应的实物照片）。

（5）关键部件质量检验记录见证，重点对结构部件的一、二类焊缝无损检测报告，关键部件的尺寸偏差检验记录、中间试验报告等质量记录进行见证，填写监理见证表，附相关的质量检验记录。

（6）防腐涂料质量证明文件见证，设备制造合同对防腐涂料的品牌、生产厂家、类型、色号有要求时，监理应进行相关涂料质量证明文件的见证，填写监理见证表，附涂料质量证明文件及拍摄的涂料照片。

5. 设备出厂验收

参加委托人组织的出厂验收会或受委托监理组织设备出厂验收和试验见证工作。现场抽检主要尺寸偏差及外观质量，进行出厂试验（操作）的见证，审核出厂验收资料，进行设备制造过程质量记录文件的追溯见证，提出需整改或完善的意见，形成出厂验收纪要，附验收抽检记录及试验见证记录。

设备验收后有关整改完善工作，采取通信联系的方式，督促制造单位逐项落实，并提交整改或完善后的情况报告，采用照片对比附加简要说明的方式，提交整改完善后的落实情况报告，经监理审核后报委托人。

设备总组装质量的检查及试验见证，可结合出厂验收工作同时进行，但监理检查、见证的项目必须完整，满足合同及规范规定的项目要求。

1.5.5 生产进度协调

（1）审核制造单位提交的生产进度计划，明确主要生产节点进度，以工作联系单提出监理审核意见，制造单位完善后报委托人。

（2）监理通过通信联系的方式了解设备生产进度情况，或在中间阶段巡视时现场检查生产进度情况，如生产进度滞后可能影响交货时间时，应以监理联系单形式提出书面意见，协调制造单位采取措施，以满足交货时间要求，必要时报请委托人进行生产进度的现场协调工作。

（3）当委托人需对设备交货时间进行调整时，监理应及时与制造单位联系，如设备交货时间提前，及时协调制造单位采取相应的赶工措施，以满足工地安装进度要求；如设备延期交货，应协调制造单位做好已加工部件或组装完成设备的保管，以满足设备后续整体制造质量的要求。

1.5.6 安全生产工作

（1）监理应遵守国家有关安全生产的法律、法规和规定，遵守安全生产规程，做好自身保护，确保巡视工作安全有序进行。

（2）监理应遵守制造单位安全生产规定，进入生产车间佩戴安全帽，进入电气试验场地需做好相关的安全防护，避免安全事故发生。

（3）监理在巡视期间，应了解本项目设备安全生产的措施情况，在设备组装具有一定高度时，应有安全防护措施，作业区应有安全线和安全标识，如发现未采取安全防护措施时，应督促制造单位进行纠正，满足安全生产的要求。

1.5.7 信息工作

（1）采取通信联系的方式，了解所巡视设备前期准备工作情况，包括设计进度、材料采购、生产组织安排、生产计划落实等情况，监理做好记录，在月报（周报）中反映。

（2）合同要求监理进行审核的资料，包括生产进度计划、出厂验收大纲等，巡视监理以监理联系单的方式，书面提出审核意见并报委托人。

（3）巡视过程中发现的生产进度滞后或出现重要的工序质量缺陷，应及时以监理联系单方式，向委托人书面汇报。

（4）按照合同约定，巡视监理每月报送监理月报，准确反映设备的制造情况。

（5）委托人提出的有关设计变更、交货时间变更等通知，应及时以监理通知单形式转发制造单位并督促落实。

（6）巡视工作完成后，监理应提交巡视工作总结报告及附相关的监理资料。

1.5.8 巡视工作文件

1. 巡视工作大纲

巡视工作大纲是监理实施巡视工作的基础文件，由项目总监负责编制。

巡视大纲内容包括：

（1）概况（工程概况、设备名称、数量、交货时间）。

（2）设备主要技术要求（制造合同对设备的技术参数规定及相关技术要求）。

（3）监理组织（监理机构及巡视人员组成）。

（4）巡视检查主要工作（巡视依据、执行标准、质量巡视内容及方法、生产进度协调、安全生产等）。

（5）监理巡视检查记录表、见证表。

2. 监理审核工作

按照监理合同的要求，一般情况下应分别做好设备生产进度计划，设备出厂验收大纲或设备包装方案的审核，以监理联系单形式提出审核意见，经制造单位完善后报委托人。

3. 巡视检查记录表及见证记录表

根据不同的设备要求，结合合同技术条款及规范的要求，按照总监提供的监理检查记录表和监理见证表的格式，分别记录设备组装后主要尺寸偏差、外观质量以及试验结果数据。同时做好合同约定的主要配套、电气元器件等，应进行质量证明文件的见证，填写监理见证表，需附外购部件的质量证明文件及现场拍摄的实物照片。

4. 巡视工作总结报告

巡视工作完成后，在总监约定时间内巡视监理应完成巡视监理工作总结报告的编写（附相应的巡视资料），由总监审核批准后报委托人。

巡视监理工作总结的内容：

（1）概况（工程概况、设备概况）。

（2）设备主要技术要求。

（3）巡视工作情况（制造质量巡视情况、制造过程出现的质量缺陷及处理结果、对制造质量的评价，设备生产进度及交货时间情况、设备生产进度的评价等）。

（4）监理工作的主要经验与建议。

（5）大事记。

（6）设备巡视情况照片。

（7）相关的附件资料（会议纪要、委托人主要文函、监理文件、巡视检查记录表及见证表等）。

监理工作流程见图1。

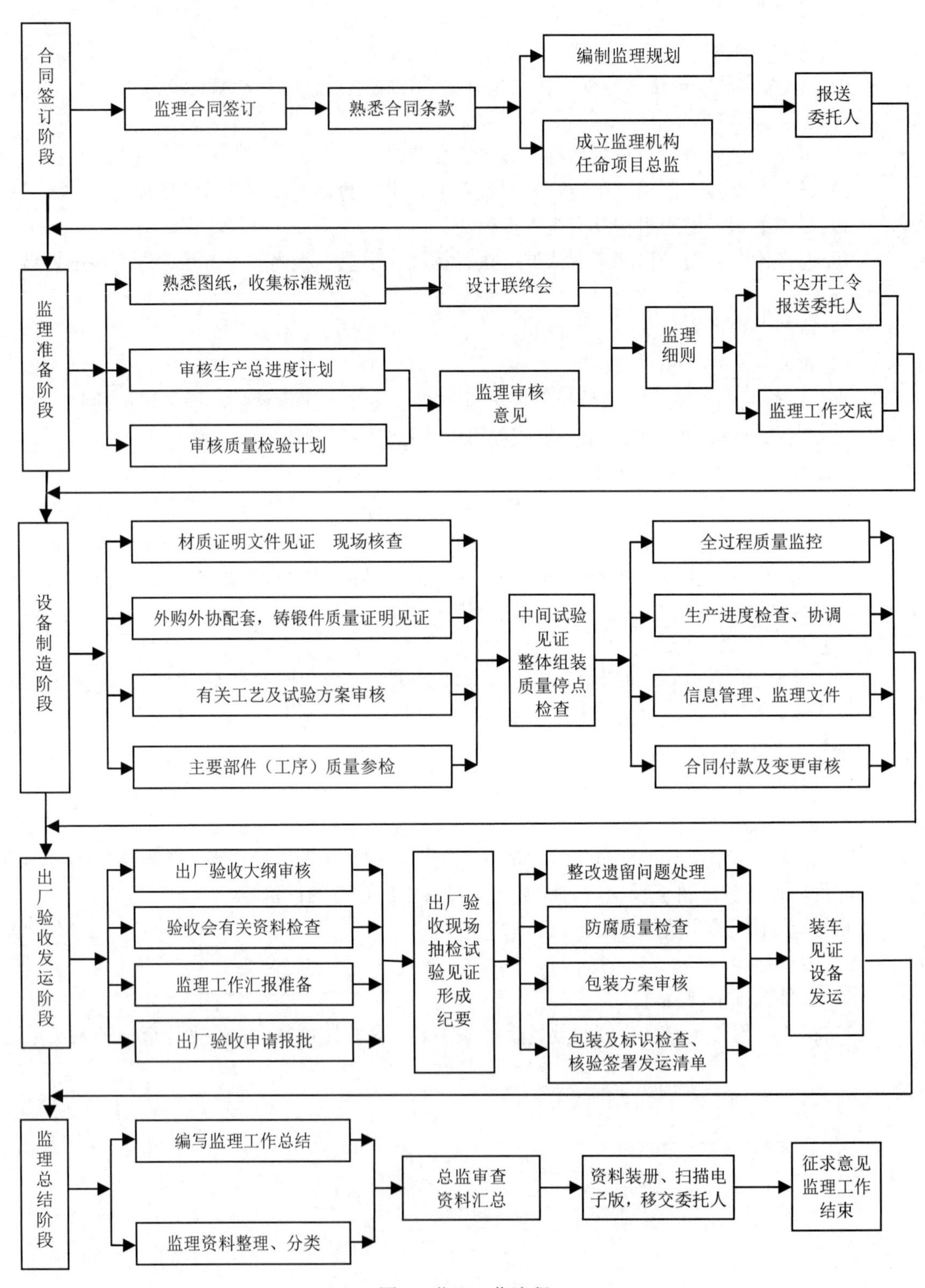

图1 监理工作流程

监理质量监控流程见图 2。

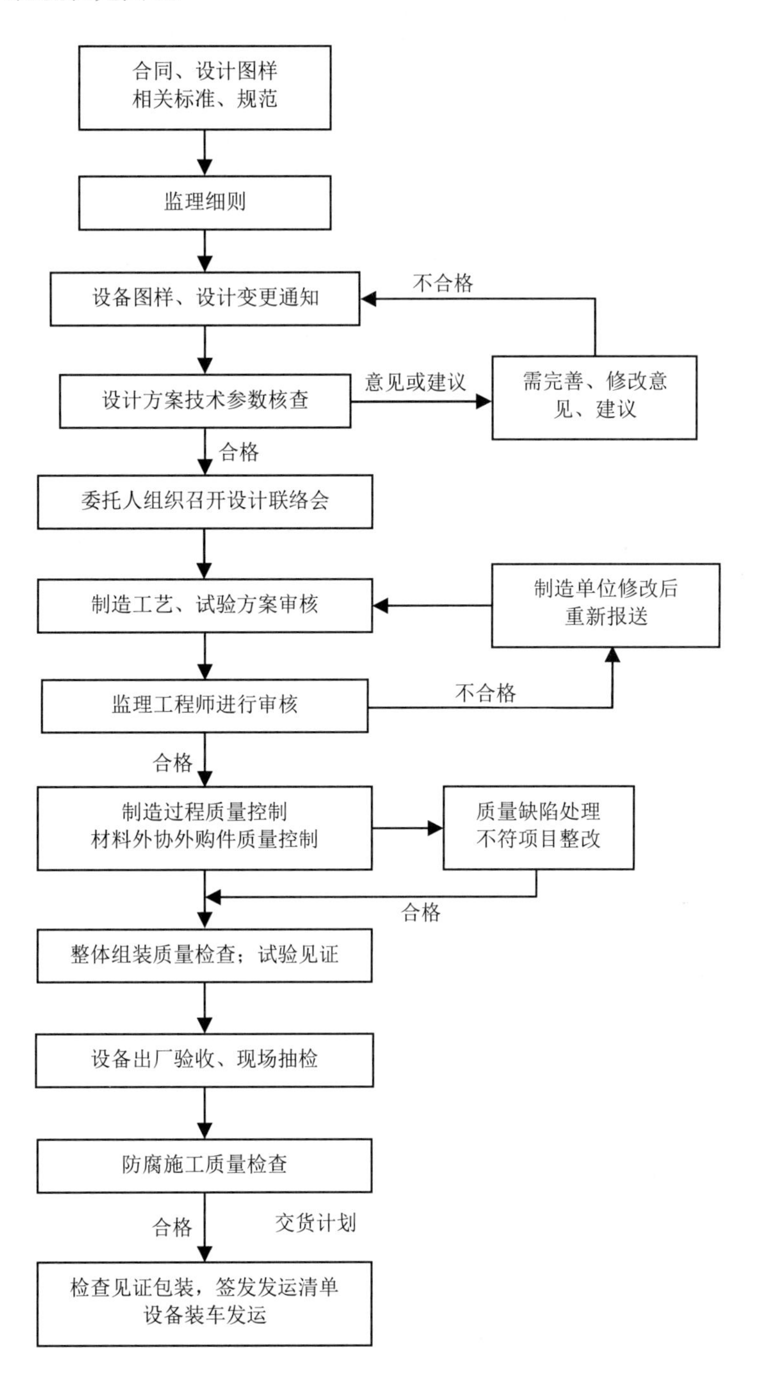

图 2　监理质量监控流程

第 2 章　水轮发电机组及附属设备制造监理质量控制

水轮发电机组是水电站的核心设备，其制造质量能否满足设计要求将直接影响到电站的发电效率、经济效益、运行安全。本章节对水轮发电机组及其附属设备，包括水轮机组设备、发电机组设备、进水阀门设备、调速器设备、励磁系统设备、机组油系统设备、滤水器设备监理专业部分的重点工作分别进行了阐述（实际执行时需根据合同、设计图样的具体要求进行调整）。

2.1　水轮机组设备制造监理质量控制

水轮机组设备制造监理质量控制表

序号	监理项目	监理工作内容	监理方式			监理工作要求
			R	W	H	
	提示					1. 监理开展工作前应熟悉合同技术要求、设计图样及相应的标准规范，编写监理细则； 2. 了解水轮机组的型式（混流式、轴流式、贯流式等），确定监理质量监控的重点及内容； 3. 编写依据：GB/T 8564《水轮发电机组安装技术规范》、DL/T 443《水轮发电机组及其附属设备出厂检验导则》以及相关技术标准
1	尾水管（锥管、肘管）	1. 见证主要结构件材质证明文件； 2. 抽检钢板标识与材质证明牌号一致性； 3. 钢板的复检检测（如有）	√	√		1. 材料进厂后现场核查钢板的标识及牌号；见证材质证明文件，填写监理见证表（附材质证明文件）；见证情况拍照、记入日志，在月报（周报）中反映； 2. 如材料分批进厂，应分批次做好监理见证工作； 3. 根据合同约定，如需进行钢板进厂复检的，应对钢板取样过程或超声波检测过程进行现场见证；对复检后化学成分、力学性能试验检测报告、超声波检测报告进行文件见证，填写监理见证表；见证情况拍照、记入日志，在月报（周报）中反映
		4. 抽检尾水管管节下料尺寸； 5. 抽检管节瓦片卷制、组拼尺寸		√		1. 抽查尾水管管节下料尺寸，抽检情况记入日志；在月报（周报）中反映； 2. 抽检管节组拼后的主要尺寸，抽检结果做好记录，抽检情况拍照、记入日志；在月报（周报）中反映
		6. 见证焊接材料的质量文件； 7. 抽检尾水管管节焊缝外观质量； 8. 见证主要焊缝无损检测及检测报告； 9. 焊缝无损检测后超标缺欠处理见证（如有）	√	√		1. 见证焊材质量证明文件，见证情况记入日志； 2. 巡查焊接工序质量，重点对焊缝坡口制备、焊接工艺执行、焊接人员资质、焊缝外观质量进行巡视检查，发现问题及时督促制造单位进行处理，巡查情况拍照、记入日志； 3. 抽检焊缝的外观质量；见证焊缝无损检测情况（拍照作为监理资料），督促制造单位做好无损检测焊缝的统计工作，见证情况拍照记入日志，在月报（周报）中反映；

续表

序号	监理项目	监理工作内容	监理方式			监理工作要求
			R	W	H	
1	尾水管（锥管、肘管）		√	√		4. 见证尾水管焊缝无损检测报告，填写监理见证表（附无损检测报告），见证情况记入日志； 5. 对经焊缝无损检测发现的超标缺欠，应及时督促制造单位做好缺欠处理，并现场见证缺欠处理后的无损检测工作；缺欠处理后的见证情况拍照、记入日志，在月报（周报）中反映
		10. 预拼装尺寸检测； 11. 支撑加固及标识	√	√		1. 检查尾水管预装后主要尺寸偏差，包括过流面粗糙度及波浪度（按照 GB/T 10969 规定执行）、环缝对接错位、进水口与出水口接口尺寸偏差及平面度、进人孔开设位置与尺寸等，填写监理见证表，见证检查情况拍照、记入日志，在月报（周报）中反映； 2. 抽检尾水管内支撑加固情况，不得影响拼装焊接及运输要求；预装解体前，检查各管节的定位标识是否明显，检查情况记入日志
		12. 见证防腐涂料质量证明；抽检涂层表面质量； 13. 抽检包装情况； 14. 督促制造单位及时组织发运	√	√		1. 见证尾水管防腐涂料的质量证明文件，核查涂料的品牌及颜色；抽检涂层表面质量及厚度，抽检见证情况拍照、记入日志，在月报（周报）中反映； 2. 见证尾水管部件的包装情况，检查发运标识，见证情况拍照、记入日志，在月报（周报）中反映； 3. 按照委托人的发运通知，督促制造单位及时组织尾水管的发运，签署发运清单，发运情况拍照、记入大事记，在月报（周报）中反映
2	座环	1. 见证上、下环板材质证明； 2. 见证蜗壳连接过渡板材质证明文件	√	√		1. 见证上、下环板材质证明文件，填写监理见证表（附材质证明文件），见证情况记入日志，在月报（周报）中反映； 2. 见证蜗壳连接过渡板材质证明文件，填写监理见证表，见证情况记入日志，在月报（周报）中反映
		3. 见证固定导叶材质证明见证； 4. 抽检固定导叶尺寸		√		1. 固定导叶为外协铸钢件，在导叶进厂后进行导叶质量证明文件的见证，以及主要尺寸、无损检测复验报告的见证；导叶加工后进行无损检测过程及检测报告的见证，填写监理见证表（附无损检测报告），见证情况记入日志； 2. 固定导叶为焊接件，分别进行下料、组拼、焊接工序质量的检查及见证，抽检情况记入日志； 3. 抽检固定导叶加工后主要尺寸偏差及表面粗糙度，填写监理检查记录表，抽检情况拍照、记入日志，在月报（周报）中反映

续表

序号	监理项目	监理工作内容	监理方式			监理工作要求
			R	W	H	
2	座环	5. 抽检座环组拼后尺寸； 6. 抽检焊缝外观质量； 7. 见证焊缝无损检测报告及热处理报告； 8. 抽检座环机加工后主要尺寸		√	√	1. 抽检座环组拼后主要尺寸，抽检情况拍照，抽检情况记入日志，在月报（周报）中反映； 2. 抽检焊缝外观质量，如发现焊缝表面缺欠（咬边、未焊满、焊高不够等），应督促制造单位进行缺欠的处理，满足焊缝外观质量要求，抽检情况拍照、记入日志，在月报（周报）中反映； 3. 见证座环主要焊缝的无损检测报告，包括环板对接焊缝、固定导叶与上环、下环的连接焊缝无损检测报告，填写监理见证表（附无损检测报告），见证情况记入日志，在月报（周报）中反映； 4. 见证座环焊后热处理报告，见证情况记入日志； 5. 抽检座环机加工后的主要尺寸偏差，包括内圆、端面、止口等尺寸偏差，填写监理检查记录表，抽检情况拍照、记入日志，在月报（周报）中反映； 6. 如座环为分瓣结构，应抽检分瓣处结合面的间隙，填写监理检查记录表，抽检情况拍照、记入日志
		9. 见证防腐涂料质量证明；抽检涂层表面质量； 10. 抽检包装情况； 11. 督促制造单位及时组织发运	√	√		1. 见证座环防腐涂料的质量证明文件，核查涂料的品牌及颜色；抽检涂层表面质量及漆膜厚度，抽检见证情况拍照、记入日志，在月报（周报）中反映； 2. 查看座环部件的包装情况，检查发运标识，检查情况拍照、记入日志，在月报（周报）中反映； 3. 按照委托人的发运通知，督促制造单位及时组织座环的发运，签署发运清单，发运情况拍照、记入大事记，在月报（周报）中反映
3	蜗壳	1. 见证蜗壳原材料材质证明文件； 2. 抽检蜗壳管节下料、组拼尺寸抽检； 3. 抽检蜗壳管节焊缝外观质量，见证焊缝无损检测报告	√	√		1. 见证蜗壳材质证明文件，填写监理见证表（附材质证明文件），记入日志，在月报（周报）中反映； 2. 抽检管节瓦片下料尺寸，抽检情况记入日志；抽检管节组拼尺寸及焊缝外观质量，抽检情况拍照、记入日志，在月报（周报）中反映； 3. 检查管节分节接口的焊缝坡口制备情况，见证焊缝无损检测报告，见证情况拍照、记入日志，在月报（周报）中反映； 4. 抽检首节蜗壳分段组焊后的主要尺寸，抽检情况拍照、记入日志，在月报（周报）中反映
		4. 检查蜗壳与座环整体挂装尺寸	√	√	√	1. 抽检蜗壳与座环的挂装、局部焊接工序质量，抽检情况拍照、记入日志，在月报（周报）中反映；

续表

序号	监理项目	监理工作内容	监理方式			监理工作要求
			R	W	H	
3	蜗壳	5．抽检蜗壳与座环整体组焊尺寸偏差； 6．见证蜗壳水压试验（如有）	√	√	√	2．蜗壳挂装后检查主要尺寸偏差（包括各管接口处的间隙、错位、接口圆度、舌板与管节组合处间隙，过渡板与管节组合处间隙等），核查各管节的编号，填写监理检查记录表，检查情况拍照、记入日志，在月报（周报）中反映； 3．参加或受委托人委托组织蜗壳与座环预组装出厂验收工作（如有），现场抽检主要尺寸偏差，检查外观质量，形成出厂验收纪要（附验收抽检记录表），会议及验收情况拍照、记入日志，记入大事记，在月报（周报）中反映； 4．合同如要求蜗壳与座环在厂内整体焊接完成，重点检查主要尺寸偏差，包括座环与管节、座环与蜗壳过渡板、蜗壳与过渡板，管节与大舌板的连接焊缝质量，见证焊缝无损检测检查情况及检测报告；检查蜗壳过流面焊缝外观平滑过渡情况，填写监理检查记录表，检查情况拍照、记入日志，在月报（周报）中反映； 5．审核蜗壳水压试验方案（如有），以监理联系单的形式提出审查意见，报委托人审批；现场见证蜗壳座环水压试验过程，对升压速度、保压时间、最大试验压力等关键指标进行重点控制，填写监理见证表，见证情况拍照，记入日志，在月报（周报）中反映； 6．见证验收后有关整改和完善工作的落实情况，进一步核查管节的编号及标识，见证情况拍照、记入日志
		7．见证防腐涂料质量证明，抽检涂层表面质量； 8．抽检蜗壳管节的加固支撑和管节的编号； 9．抽检蜗壳的包装情况； 10．督促制造单位及时组织发运； 11．督促制造单位做好蜗壳发运的随机资料				1．见证蜗壳防腐涂料的品牌及生产厂家，抽检蜗壳管节的除锈清洁度和粗糙度；抽检涂层的厚度及外观质量；核查涂层的面漆颜色，填写监理检查记录表，见证情况拍照、记入日志，在月报（周报）中反映； 2．抽检蜗壳分片管节加固支撑及管节编号，抽检情况拍照、记入日志； 3．见证蜗壳管节的发运标识，见证情况拍照、记入日志，在月报（周报）中反映； 4．按照委托人发运通知，督促制造单位及时组织蜗壳的发运，签署发运清单，发运情况拍照、记入大事记，在月报（周报）中反映； 5．督促制造单位做好蜗壳发运的随机资料整理，资料内容应满足合同约定的要求，以满足工地安装的需要
4	机坑里衬	1．见证机坑里衬材质证明文件	√	√		1．见证机坑里衬材质证明文件，填写监理见证表（附材质证明文件），见证情况记入日志；

续表

序号	监理项目		监理工作内容	监理方式			监理工作要求
				R	W	H	
4	机坑里衬		2．抽检下料尺寸； 3．抽检组拼尺寸，检查焊缝外观质量； 4．检查主要尺寸偏差及外观质量； 5．防腐涂装质量检查	√	√		2．抽检里衬下料后的尺寸及形位公差，抽检情况拍照，记入日志； 3．抽检里衬组拼尺寸偏差，检查焊缝外观质量，见证焊缝无损检测报告，抽检见证情况拍照、记入日志，在月报（周报）中反映； 4．检查机坑里衬整体组焊后的尺寸偏差、外观质量，填写监理检查记录表，检查情况拍照、记入日志，在月报（周报）中反映。如合同约定机坑里衬列入出厂验收项目，应按出厂验收的程序，做好出厂验收工作，形成出厂验收纪要（附出厂验收抽检记录表）； 5．见证里衬防腐涂料的品牌及生产厂家，抽检里衬管节的除锈清洁度和粗糙度；抽检涂层的厚度及外观质量；核查涂层的面漆颜色，填写监理检查记录表，见证情况拍照、记入日志，在月报（周报）中反映
5	导水机构	顶盖	1．见证顶盖材质证明文件； 2．见证顶盖抗磨环、止漏环材质证明文件； 3．抽检顶盖焊缝外观质量、见证无损检测报告； 4．见证顶盖焊后热处理报告； 5．抽检顶盖精加工后主要尺寸偏差	√	√	√	1．见证顶盖材质证明文件，填写监理见证表（附材质证明文件），见证情况记入日志，在月报（周报）中反映； 2．见证顶盖抗磨环、止漏环材质证明文件，填写监理见证表，见证记入日志，在月报（周报）中反映； 3．抽检顶盖焊缝坡口、焊缝外观质量，见证焊缝无损检测报告，见证情况拍照、记入日志，在月报（周报）中反映； 4．见证顶盖热处理报告，见证情况记入日志； 5．抽检顶盖精加工后的主要尺寸偏差，包括直径、止漏环内径及圆度、顶盖法兰下端面与过流面高度尺寸及形位公差、导叶轴孔形位偏差及其分布圆直径、合缝面错牙及间隙（如分瓣）、加工面粗糙度等，填写监理见证表，抽检情况拍照、记入日志，在月报（周报）中反映
		支持盖（如有）	6．见证支持盖钢板材质证明文件； 7．抽检支持盖焊接外观质量，见证无损检测报告； 8．抽检支持盖加工后主要尺寸偏差	√	√		1．见证支持盖材质证明文件，填写监理见证表（附材质证明文件），见证情况记入日志； 2．抽检支持盖焊缝外观质量，见证焊缝无损检测报告，抽检情况拍照、记入日志，在月报（周报）中反映； 3．检查支持盖精加工后主要尺寸偏差，包括总高度、底端柱面直径及圆度、过流面粗糙度、合缝面间隙及错牙（如分瓣）等，填写监理检查记录表，检查情况拍照、记入日志，在月报（周报）中反映

续表

序号	监理项目		监理工作内容	监理方式			监理工作要求
				R	W	H	
5	导水机构	活动导叶	9．见证活动导叶质量证明文件； 10．见证活动导叶无损检测及检测报告； 11．抽检活动导叶加工后主要尺寸偏差	√	√	√	1．活动导叶为铸钢件材质，在铸件进厂后见证质量证明文件及材质报告，见证制造单位的复验报告，见证情况拍照、记入日志，在月报（周报）中反映； 2．见证铸件活动导叶加工后的超声波检测，见证情况拍照、记入日志，在月报（周报）中反映； 3．活动导叶为焊接件，抽检焊缝外观质量，见证焊缝的无损检测及检测报告，见证情况拍照、记入日志，在月报（周报）中反映； 4．抽检活动导叶机加工后主要尺寸偏差，包括导叶型线、表面波浪度、轴径偏差、表面粗糙度等，填写监理检查记录表，抽检情况拍照、记入日志，在月报（周报）中反映
		控制环	12．见证控制环主要材质证明文件； 13．抽检控制环焊缝外观质量； 14．抽检控制环机加工后主要尺寸	√	√		1．分别见证控制环、抗磨板部件的主要材质证明文件，填写监理见证表（附材质证明文件），见证情况记入日志，在月报（周报）中反映； 2．抽检控制环焊缝外观质量，见证焊缝无损检测报告，抽检及见证情况记入日志，在月报（周报）中反映； 3．抽检控制环加工后的主要尺寸偏差及形位公差，填写监理检查记录表，检查情况拍照、记入日志，在月报（周报）中反映
		底环	15．底环主要材质证明文件见证； 16．底环下料、组拼、焊接质量检查； 17．底环加工后主要尺寸偏差抽检	√	√		1．分别见证底环、抗磨板、止漏环等部件主要材质证明文件，填写监理见证表（附材质证明文件），见证情况记入日志，在月报（周报）中反映； 2．分别抽检底环焊缝外观质量，见证焊缝无损检测报告，见证情况拍照、记入日志，在月报（周报）中反映； 3．抽检底环加工后的主要尺寸偏差及形位公差，填写监理检查记录表，检查情况拍照、记入日志，在月报（周报）中反映
		整体组装	18．导水机构整体预装主要尺寸检查； 19．导水机构出厂验收	√	√	√	1．检查导水机构组装平台是否满足组装要求，检查组装的安全措施及现场安全标识情况，检查情况拍照、记入日志，在月报（周报）中反映； 2．检查导水机构预装后的主要尺寸偏差（包括顶盖、底环配合尺寸、同心度检查；导叶端面、立面间隙检查）及外观质量，填写监理检查记录表，检查情况拍照、记入日志，在月报（周报）中反映； 3．见证导水机构的动作试验及开度检查，填写监理检查记录表，见证情况拍照、记入日志，在月报（周报）反映；

续表

序号	监理项目		监理工作内容	监理方式			监理工作要求
				R	W	H	
5	导水机构	整体组装	18．导水机构预装主要尺寸检查； 19．见证导水机构动作试验	√	√	√	4．参加或受委托人委托进行导水机构预组装验收，现场抽检导水机构预组装后的主要尺寸偏差，见证动作试验，提出需进一步完善或整改的意见，形成出厂验收纪要；导水机构出厂验收列入监理工作大事记，验收过程拍照、记入日志，在月报（周报）中反映； 5．督促制造单位做好验收后相关的整改或完善工作，逐项见证整改情况，见证情况拍照、记入日志，在月报（周报）中反映；如委托人有要求将整改或完善情况提供书面报告，应督促制造单位提交整改前后的照片对比情况报告，监理签署意见后报委托人； 6．见证导水机构验收后的解体，抽检部件的编号及安装标识，见证情况拍照、记入日志
		防腐包装发运	20．见证防腐涂料质量证明；抽检涂层表面质量； 21．抽检各部件的编号； 22．抽检导水机构各部件的包装情况； 23．督促制造单位及时组织发运； 24．督促制造单位做好导水机构的随机资料	√	√		1．见证导水机构防腐涂料的质量证明文件，核查涂料的品牌及颜色；抽检涂层表面质量及漆膜厚度，抽检见证情况拍照、记入日志，在月报（周报）中反映； 2．检查导水机构部件的包装情况、防雨防水防碰撞的措施，抽检发运标识，检查情况拍照、记入日志，在月报（周报）中反映； 3．按照委托人的发运通知，督促制造单位及时组织导水机构的发运，签署发运清单，发运情况拍照、记入大事记，在月报（周报）中反映； 4．督促制造单位做好导水机构发运的随机资料整理，资料的内容应满足合同约定的要求，以满足工地安装的需要
6	主轴		1．见证锻轴材质证明文件； 2．见证锻轴理化性能复验报告	√	√		1．见证锻轴（外协）质量证明文件（包括材质证明、力学性能试验报告、无损检测报告等），检查锻轴的外观质量，抽检粗加工后的主要尺寸，见证情况拍照、记入日志，在月报（周报）中反映； 2．见证锻轴留样理化性能复检报告，填写监理见证表（附材质复验报告），见证情况拍照、记入日志，在月报（周报）中反映
			3．见证主轴（锻件）粗加工后无损检测报告； 4．抽检主轴精加工后主要尺寸偏差及表面粗糙度	√	√	√	1．见证主轴粗加工后无损检测报告，见证情况记入日志； 2．抽检主轴精加工后主要尺寸偏差，包括主轴长度、轴承段直径及粗糙度；上、下端面止口直径及端面跳动量；联轴螺栓与螺栓孔配合尺寸；键、销钉或销套选配情况；轴上下端法兰面平行度；法兰止口与轴领同心度；与发电机轴或转子中心体的同轴度，以及表面粗糙度，填写监理检查记录表，抽检情况拍照、记入日志，在月报（周报）中反映；

续表

序号	监理项目	监理工作内容	监理方式			监理工作要求
			R	W	H	
6	主轴	5．见证联轴螺栓材质证明文件；抽检主要尺寸偏差与外观质量	√	√	√	3．见证联轴螺栓的材质证明文件，抽检联轴螺栓加工尺寸偏差及外观质量，检查情况拍照、记入日志，在月报（周报）中反映
		6．抽检主轴与发电机轴同轴度	√	√		1．抽检主轴联接法兰螺栓孔加工后尺寸偏差，抽检情况记入日志，在月报（周报）中反映； 2．见证主轴与发电机轴同轴度检查，填写监理见证表，录像或拍照，见证情况记入日志，在月报（周报）中反映
		7．抽检主轴与转轮组装检测	√	√		见证主轴与转轮预组装后的检测情况，录像或拍照，填写监理见证表，见证情况记入日志，在月报（周报）中反映
		8．抽检主轴的防腐； 9．抽检主轴的包装； 10．督促制造单位按时进行发运	√	√		1．见证主轴表面的防腐保护涂层施工，见证情况拍照、记入日志； 2．见证主轴的包装及发运支撑，做好防雨防锈防碰撞措施，抽检发运标识及吊点、重心标志，见证情况拍照、记入日志，在月报（周报）中反映； 3．按照委托人发运通知，督促制造单位及时组织主轴的发运，签署发运清单，发运情况拍照、记入大事记，在月报（周报）中反映
7	转轮（混流式转轮）	1．见证转轮材质证明文件； 2．见证转轮材质复验报告见证； 3．见证转轮部件无损检测（UT、MT/PT）； 4．叶片粗加工后型线检测及无损检测（UT、MT/PT）见证	√	√		1．分别见证转轮上冠、下环、叶片铸钢件外协质量证明文件（包括材质理化试验报告、热处理报告、无损检测报告），填写监理见证表，见证情况拍照、记入日志，在月报（周报）中反映； 2．见证上冠、下环、叶片留样理化性能试验复检报告，见证情况拍照、记入日志，在月报（周报）中反映； 3．分别见证上冠、下环粗加工后的无损检测及检测报告，见证情况拍照、记入日志，在月报（周报）中反映； ★如检测发现转轮铸件存在超标缺陷，应督促制造单位按照程序，提出处理方案，经委托人批复后进行处理，处理后经无损检测复检合格，方可进行后续工序，处理过程及结果以监理专题报告报总监，并将情况记入日志，在月报（周报）中反映；如缺陷超出合同及规范要求并达到报废标准的，应严格控制制造单位不得用于本项目； 4．见证叶片粗加工后的型线检测，包括尺寸偏差、表面波浪度的检测，见证情况拍照、记入日志，在月报（周报）中反映
		5．抽检转轮焊接前拼装尺寸	√	√		1．抽检转轮焊接前拼装尺寸偏差，抽检情况拍照、记入日志，在月报（周报）中反映；

续表

序号	监理项目	监理工作内容	监理方式			监理工作要求
			R	W	H	
7	转轮（混流式转轮）	6. 抽检焊缝外观质量，见证焊缝无损检测报告； 7. 抽检焊后主要尺寸	√	√		2. 见证转轮整体焊接后焊缝的外观质量，见证焊缝的无损检测情况及检测报告，见证情况拍照、记入日志，在月报（周报）中反映； 3. 抽检转轮焊后主要尺寸偏差，抽检情况拍照，记入日志、在月报（周报）中反映
		8. 见证转轮热处理报告； 9. 见证转轮热处理后焊缝无损检测报告	√	√		1. 见证转轮热处理报告，见证情况记入日志； 2. 见证转轮热处理后焊缝超声波检测，填写监理见证表（附无损检测报告），见证情况拍照、记入日志，在月报（周报）中反映； 3. 抽检转轮叶片焊缝流道铲磨后的表面质量，见证情况拍照、记入日志，在月报（周报）中反映
		10. 抽检转轮精加工后主要尺寸偏差		√	√	抽检转轮精加工后主要尺寸偏差及表面粗糙度，填写监理检查记录表，检查情况拍照、记入日志，在月报（周报）中反映
		11. 静平衡试验见证； 12. 转轮与主轴试组装检测； 13. 转轮出厂验收	√	√	√	1. 审核转轮静平衡试验大纲，以监理联系单提出审核意见，经制造单位完善后正式报委托人审批； 2. 检查静平衡试验设施，满足试验的要求，检查情况记入日志； 3. 见证转轮静平衡试验，填写监理见证表，见证情况拍照或录像，记入日志，在月报（周报）中反映； 4. 见证转轮与主轴试组装检测，填写监理见证表，检测过程拍照或录像、记入日志，在月报（周报）中反映； 5. 参加或受委托进行转轮出厂验收工作，抽检转轮主要尺寸偏差及外观质量，见证转轮静平衡试验，提出需完善及整改的意见，形成会议纪要，验收过程拍照、记入日志，记入大事记，在月报（周报）中反映； 6. 督促制造单位做好转轮验收后有关整改或完善工作，并逐项见证整改的项目，见证情况拍照、记入日志，在月报（周报）中反映
		14. 抽检转轮机加工面的防护； 15. 抽检转轮的包装； 16. 督促制造单位按时进行发运	√	√		1. 见证转轮机加工面的保护涂层情况，见证情况拍照、记入日志； 2. 见证转轮的包装情况，做好加工面保护，落实防雨防锈防碰撞的措施，抽检转轮的发运标识及吊点、重心标志，见证情况拍照、记入日志，在月报（周报）中反映； 3. 按照委托人的发运通知，督促制造单位及时组织转轮的发运，签署发运清单，发运情况拍照、记入大事记，在月报（周报）中反映

续表

序号	监理项目	监理工作内容	监理方式			监理工作要求
			R	W	H	
8	导轴承	1. 见证导轴承轴瓦材质证明文件； 2. 抽检轴瓦加工后尺寸偏差及表面粗糙度； 3. 厂内预组装检查（如有）； 4. 见证冷却器水压试验	√	√		1. 见证导轴承材质证明文件，填写监理见证表（附材质证明文件），见证情况记入日志，在月报（周报）中反映； 2. 抽检轴瓦加工后主要尺寸偏差及表面粗糙度，填写监理见证表，抽检情况记入日志，在月报（周报）中反映； 3. 检查导轴承组装后的主要尺寸偏差及外观质量，填写监理检查记录表，检查情况拍照、记入日志，在月报（周报）中反映； 4. 见证冷却器水压试验，填写监理见证表，见证情况拍照、记入日志，在月报（周报）中反映
9	主轴密封装配	1. 见证主轴密封质量证明文件； 2. 抽检预组装主要尺寸及外观质量； 3. 主轴密封试验见证（如有）	√	√		1. 见证主轴密封的质量证明文件，核查密封的型号及品牌，见证情况拍照、记入日志，在月报（周报）中反映； 2. 检查主轴密封预组装后的主要尺寸偏差及外观质量，填写监理检查记录表，记入日志，在月报（周报）中反映； 3. 见证主轴密封试验，填写监理见证表，见证情况拍照、记入日志，在月报（周报）中反映
10	导叶接力器	1. 见证接力器主要材质证明文件； 2. 抽检接力器主要尺寸偏差及外观质量； 3. 见证耐压试验、动作试验（含机械锁定和手动锁定）	√	√		1. 见证接力器主要材质证明文件，见证情况记入日志，在月报（周报）中反映；如接力器为外购配套产品，应见证质量合格证，包括材质证明、力学性能试验报告、检验记录，见证情况记入日志，在月报（周报）中反映； 2. 抽检接力器主要尺寸偏差及外观质量，抽检情况拍照、记入日志，在月报（周报）中反映；如外购配套部件，仍需进行进厂后复检； 3. 分别见证接力器耐压试验和动作试验，填写监理见证表，见证情况拍照、记入日志，在月报（周报）中反映
11	出厂验收工作	1. 审核出厂验收大纲； 2. 督促制造单位做好出厂验收资料的准备； 3. 编写监理工作汇报； 4. 参加出厂验收工作	√		√	1. 分别审核蜗壳座环预组装、导水机构预装配、转轮装配出厂验收大纲，以监理联系单方式提出审核意见，报委托人审批； 2. 督促制造单位编写设备制造情况汇报及质量检验报告，按照合同和规范要求，分别整理验收部件的验收资料，做好出厂验收准备工作； 3. 审核制造单位提交的出厂验收申请，签署监理审核意见，由总监签发意见后，报委托人审批；

续表

序号	监理项目	监理工作内容	监理方式			监理工作要求
			R	W	H	
11	出厂验收工作	5. 形成出厂验收纪要； 6. 见证验收后有关完善和整改项目的处理结果	√		√	4. 编写监理工作汇报，包括验收部件的基本情况、质量与生产进度的情况、整体预组装质量检查结果、制造质量缺陷及处理结果、制造质量的评价以及需完善整改的意见； 5. 参加委托人组织或受委托组织出厂验收工作，验收程序包括制造单位汇报制造情况及质量检验情况、监理汇报工作情况、查阅相关的验收资料、现场抽检组装尺寸及外观质量、见证相关试验、讨论并提出需完善及整改的意见，形成出厂验收纪要，并附出厂验收抽检记录表，由参加验收的各方代表签字； 6. 按照部件出厂验收纪要，督促制造单位做好需完善或整改的工作，并逐项见证整改后的结果，做好监理见证记录。见证情况拍照、记入日志，在月报（周报）中反映； 7. 督促制造单位提交验收后遗留问题整改完善情况的报告（如合同有要求），监理审核后经总监签字以监理联系单方式报委托人审核。出厂验收情况应拍照，在月报（周报）中反映，并作为大事记内容
12	防腐施工	1. 见证涂料质量证明文件； 2. 抽检涂层施工质量	√	√		1. 见证防腐涂料的质量证明文件，填写监理见证表（附质量证明文件），见证情况记入日志，在月报（周报）中反映； 2. 核查所使用的面漆颜色是否符合合同约定的要求，记入日志； 3. 抽检涂层总厚度，抽检情况拍照、记入日志、在月报（周报）中反映； 4. 抽检涂层外观质量，表面应无流挂、针孔、鼓包、皱纹等缺欠，发现表面缺陷问题，应督促制造单位进行处理，满足涂层外观质量的要求，记入日志，在月报（周报）中反映； 5. 检查有关部件安全标识的颜色，满足合同约定的要求
13	包装发运	1. 审核包装方案（如需）； 2. 见证保护措施； 3. 见证装车情况； 4. 签署发运清单； 5. 协调设备发运	√	√		1. 审核包装方案（如合同有要求），并以监理联系单方式，提出书面审核意见，由总监审核后报委托人； 2. 检查各部件的包装情况，重点检查转轮、导水机构部件、活动导叶、主轴等关键部件的包装，是否牢固、有相应的防护措施，检查情况记入日志，在（周报）月报中反映； 3. 核查发运清单与装车的部件的一致性，并在发运清单上签字；

续表

序号	监理项目	监理工作内容	监理方式			监理工作要求
			R	W	H	
13	包装发运		√	√		4. 检查包装箱外的发运标识，检查大型或超重件的吊点及重心的标识，满足合同约定的要求，检查情况记入日志，在月报（周报）中反映； 5. 按照委托人发运通知，督促制造单位及时组织设备发运，满足交货时间的要求； 6. 见证设备装车情况，督促制造单位防止吊装过程中的碰撞和损坏
轴流式、贯流式机组不同部件监理工作要求						
1	转轮室（轴流式、贯流式机组）	1. 见证转轮室材质证明文件； 2. 抽检转轮室分瓣压型尺寸； 3. 抽检焊缝外观质量，见证焊缝无损检测报告； 4. 见证压型后热处理报告； 5. 抽检转轮室加工后主要尺寸偏差及外观质量 6. 进行出厂验收（如需）	√	√	√	1. 见证转轮室材质证明文件，填写监理见证表（附材质报告），见证情况记入日志，在月报（周报）中反映； 2. 抽检转轮室分瓣压型后的形位公差，抽检情况拍照、记入日志，在月报（周报）中反映； 3. 见证转轮室整体组拼、焊接工序质量，抽检焊缝外观质量，见证焊缝无损检测情况及检测报告，见证情况拍照、记入日志，在月报（周报）中反映； 4. 见证转轮室热处理报告，见证情况记入日志，月报（周报）中反映； 5. 抽检转轮室过流面外观质量，抽检分瓣的编号，抽检情况拍照、记入日志，在月报（周报）中反映； 6. 抽检转轮室整体加工后的主要尺寸偏差及外观质量，包括高度、接口尺寸偏差、内圆弧线度、过流面粗糙度等，填写监理见证表，抽检情况拍照、记入日志，在月报（周报）中反映； 7. 如合同约定需进行出厂验收时，应进行转轮室主要尺寸和流道外观质量的检查，提出整改意见，形成验收纪要（附出厂验收抽检记录表），验收情况拍照、记入日志，在月报（周报）中反映； 8. 督促制造单位进行验收后有关整改和完善工作，并进行整改项目的见证，见证情况拍照、记入日志
2	转轮（轴流式和贯流式转轮）	转轮体：1. 见证转轮体材质证明文件； 2. 见证转轮体无损检测报告	√	√		1. 见证转轮体（铸钢件）材质证明文件，填写监理见证表（附材质证明），见证情况记入日志，在月报（周报）中反映；

续表

序号	监理项目	监理工作内容		监理方式			监理工作要求
				R	W	H	
2	转轮（轴流式和贯流式转轮）	转轮体	3．抽检转轮体加工后主要尺寸	√	√		2.分别见证转轮体粗加工和精加工后的无损检测及检测报告，见证情况拍照、记入日志，在月报（周报）中反映； 3.抽检转轮体精加工后的主要尺寸偏差及外观质量（表面不得有凹陷、裂纹、气孔等缺欠），填写监理检查记录表，抽检情况拍照、记入日志，在月报（周报）中反映
		桨叶	1．见证桨叶材质证明文件； 2．见证桨叶粗加工后无损检测及检测报告； 3．抽检桨叶型线尺寸、表面粗糙度	√	√		1．见证桨叶（不锈钢铸件）材质证明，包括化学成分、力学性能试验报告，无损检测报告，填写监理见证表（附材质证明文件），见证情况记入日志，在月报（周报）中反映； 2．抽检桨叶粗加工后表面质量，如发现缺欠应督促制造单位进行处理或报废；见证表面无损检测及检测报告，见证情况拍照、记入日志，在月报（周报）中反映； 3．抽检各桨叶的型线尺寸偏差、表面波浪度、表面粗糙度；见证精加工后的无损检测报告，填写监理检查记录表，抽检见证情况拍照、记入日志，在月报（周报）中反映
		泄水锥	1．见证泄水锥的材质证明文件； 2．抽检焊缝外观质量，见证焊缝无损检测报告； 3．抽检泄水锥加工后的主要尺寸	√	√		1．见证泄水锥材质证明文件，见证情况记入日志； 2．抽检焊缝外观质量，见证焊缝无损检测报告，见证情况拍照、记入日志，在月报（周报）中反映； 3．抽检泄水锥加工后的主要尺寸及外观质量，抽检情况拍照、记入日志，在月报（周报）中反映
		整体组装及试验	1．见证转轮组装质量； 2．检查转轮整体预组装主要尺寸及外观质量； 3．见证行程或的动作试验 4．见证转轮装配耐压试验； 5．见证转轮装配静平衡试验		√	√	1．见证转轮组装质量，见证情况拍照、记入日志，在月报（周报）中反映； 2．检查转轮装配整体预组装的主要尺寸，包括桨叶开口尺寸、转角尺寸、流道表面粗糙度、转轮高度、外圆尺寸、外观质量等，填写监理检查记录表，检查情况拍照、记入日志，在月报（周报）中反映； 3.见证转轮装配静平衡试验，填写监理见证表，见证情况拍照、记入日志，在月报（周报）中反映； 4．见证转轮装配耐压试验和接力器行程检测、动作试验，填写监理见证表，见证情况拍照、记入日志，在月报（周报）中反映

续表

序号	监理项目	监理工作内容		监理方式			监理工作要求
				R	W	H	
2	转轮（轴流式和贯流式转轮）	出厂验收工作	1. 审核出厂验收大纲； 2. 审核出厂验收申请； 3. 参加或受委托组织出厂验收	√	√	√	1. 审核转轮出厂验收大纲，提出审核意见，总监签署意见后，报委托人审批； 2. 审核出厂验收申请，签署监理意见，报委托人确定验收时间； 3. 参加或受委托进行转轮的出厂验收工作，现场抽检转轮整体组装后的主要尺寸偏差，见证转轮的静平衡试验、耐压试验，见证转轮叶片的动作试验，提出需完善或整改的意见，形成出厂验收纪要（附出厂验收抽检记录表），验收情况拍照、记入日志，在月报（周报）中反映
3	管型座（贯流机组）	1. 见证材质证明文件； 2. 抽检焊缝外观质量； 3. 见证焊后热处理报告； 4. 抽检精加工后主要尺寸偏差； 5. 检查组装后主要尺寸； 6. 参加或受委托组织出厂验收		√	√	√	1. 见证外锥、内锥、固定导叶接长部的材质证明文件，见证情况记入日志，在月报（周报）中反映； 2. 抽检焊缝坡口情况，检查焊缝外观质量、见证焊缝无损检测报告，见证情况拍照、记入日志，在月报（周报）中反映； 3. 见证外锥、内锥、固定导叶接长部分的热处理报告（或其他消应处理报告），见证情况记入日志； 4. 抽检内锥、外锥加工后的主要尺寸偏差，包括直径、法兰面孔距、法兰面水平度、合缝面错牙及间隙（如分瓣）等，填写监理见证表，见证情况拍照、记入日志，在月报（周报）中反映； 5. 检查管型座组装平台是否满足组装要求，检查情况拍照、记入日志； 6. 检查管型座整体预装后的主要尺寸偏差及外观质量，包括内锥、外锥法兰面水平度；内锥与外锥X、Y十字线错位；下游侧内锥与外锥法兰面间的距离；内锥与外锥的同心度，检查情况拍照、填写监理检查记录表，记入日志，在月报（周报）中反映； 7. 参加或受委托组织进行管型座预组装验收，现场抽检组装后的主要尺寸偏差及外观质量，提出需进一步完善或整改的意见，形成出厂验收纪要（附出厂验收抽检记录表）

续表

序号	监理项目	监理工作内容	监理方式			监理工作要求
			R	W	H	
4	导水机构（贯流式机组）	1. 见证水环压型板材质证明文件； 2. 抽检水环部件焊缝外观质量； 3. 见证水环焊后热处理报告； 4. 抽检外配水环、内配水环精加工后主要尺寸偏差	√	√	√	1. 见证外配水环、内配水环压型板材质证明文件，见证情况记入日志，在月报（周报）中反映； 2. 抽检外配水环及内配水环焊缝坡口情况，检查焊缝外观质量、见证焊缝无损检测报告，见证情况拍照、记入日志，在月报（周报）中反映； 3. 见证外配水环、内配水环热处理报告，见证情况记入日志； 4. 抽检外配水环、内配水环精加工后的主要尺寸偏差，包括直径、活动导叶轴孔形位偏差及其分布圆直径、合缝面错牙及间隙（如分瓣）、加工面粗糙度等，填写监理见证表，抽检情况拍照、记入日志，在月报（周报）中反映
		5. 见证活动导叶质量证明文件； 6. 见证活动导叶无损检测及检测报告； 7. 抽检活动导叶加工后主要尺寸偏差	√	√	√	1. 活动导叶为铸钢件，在铸件进厂后见证质量证明文件及材质报告，见证制造单位的复验报告，见证情况拍照、记入日志； 2. 见证活动导叶加工后超声波检测，见证情况拍照、记入日志； 3. 抽检导叶机加工后主要尺寸偏差，填写监理检查记录，抽检情况拍照、记入日志，在月报（周报）中反映； 4. 活动导叶为焊接件，重点抽检焊缝外观质量，见证焊缝的无损检测及检测报告，见证情况拍照、记入日志，在月报（周报）中反映； 5. 抽检活动导叶机加工后主要尺寸偏差，包括导叶型线、表面波浪度、轴径偏差、表面粗糙度等，填写监理见证表，抽检见证情况拍照、记入日志，在月报（周报）中反映
		8. 见证控制环主要材质文件； 9. 抽检控制环焊缝外观质量；见证焊缝无损检测报告； 10. 抽检控制环机加工后主要尺寸	√	√		1. 分别见证控制环、抗磨板部件主要材质证明文件，见证情况记入日志； 2. 分别抽检控制环焊缝外观质量，见证焊缝无损检测报告，抽检及见证情况拍照、记入日志，在月报（周报）中反映； 3. 抽检控制环加工后的主要尺寸偏差及形位公差，填写监理检查记录表，检查情况拍照、记入日志，在月报（周报）中反映
		11. 见证锥体材质证明文件； 12. 抽检焊缝外观质量	√	√		1. 分别见证前锥体、后锥体部件主要材质证明文件，见证情况记入日志； 2. 分别抽检前锥体、后锥体下料、组拼后主要尺寸偏差，检查焊缝的外观质量，见证焊缝无损检测报告，抽检及见证情况拍照、记入日志，在月报（周报）中反映；

续表

序号	监理项目	监理工作内容	监理方式			监理工作要求
			R	W	H	
4	导水机构（贯流式机组）	13. 见证热处理报告、煤油渗漏试验报告； 14. 检查加工后主要尺寸偏差	√	√		3. 见证前锥体、后锥体热处理报告、煤油渗漏试验报告，见证情况记入日志，在月报（周报）中反映； 4. 抽检前锥体、后锥体加工后的主要尺寸偏差及形位公差，填写监理检查记录表，检查情况拍照、记入日志，在月报（周报）中反映
		15. 检查导水机构预装主要尺寸； 16. 见证导水机构动作试验	√	√	√	1. 检查导水机构组装平台是否满足组装要求，检查情况记入日志； 2. 检查导水机构预装后的主要尺寸偏差及外观质量，填写监理检查记录表，检查情况拍照、记入日志，在月报（周报）中反映； 3. 见证导水机构的动作试验及开度检查，填写监理见证表，见证情况拍照、记入日志，在月报（周报）中反映； 4. 参加导水机构预组装验收会，现场抽检主要尺寸偏差，见证动作试验，提出需进一步完善或整改的意见，形成出厂验收纪要

附表

混流式水轮机组设备制造监理检查、见证项目汇总表

序号	部件名称	检查（见证）内容	监理资料		备注
			见证表	检查记录	
1	锥管、肘管	1. 主要材质证明文件见证及核查	√		填写见证表，附材质证明文件
		2. 主要焊缝无损检测及检测报告见证	√		填写见证表，附无损检测照片及检测报告
		3. 整体组焊（组拼）主要尺寸偏差及外观质量检查		√★	填写监理检查记录表，附检查照片
		4. 防腐质量抽检		√	填写监理抽检记录表，附抽检照片
2	蜗壳、座环	1. 蜗壳材质证明文件见证及核查	√		填写见证表，附材质证明文件
		2. 蜗壳焊缝及蝶形边焊缝无损检测报告见证	√		填写见证表，附无损检测照片及检测报告
		3. 座环材质证明文件见证	√		填写见证表，附材质证明文件
		4. 座环焊缝无损检测及检测报告见证	√		填写见证表，附无损检测照片及检测报告

续表

序号	部件名称	检查（见证）内容	监理资料		备注
			见证表	检查记录	
2	蜗壳、座环	5．蜗壳整体预组装尺寸及外观质量检查		√★	填写监理检查记录表，附检查照片
		6．蜗壳防腐质量见证		√	填写监理抽检记录表，附防腐抽检照片
3	转轮	1．上冠、下环铸件材质证明、无损检测报告、热处理报告、检验记录见证	√		填写见证表，附材质证明相关文件
		2．叶片铸件的材质证明文件见证；无损检测复检报告见证	√		填写见证表，附材质证明文件，无损检测复检照片及报告
		3．叶片加工后型线尺寸、表面粗糙度抽检		√	填写监理抽检记录表，附抽检照片
		4．转轮整体焊接焊缝抽检及焊后热处理报告见证		√	填写监理抽检记录表，附焊后热处理报告
		5．转轮精加工后主要尺寸及外观质量检查		√★	填写监理检查记录表，附检查照片
		6．转轮静平衡试验见证		√★	填写监理检查记录表，附试验记录
		7．转轮与水机主轴试组装检查见证		√	填写监理检查记录表，附检查照片
4	导水机构	1．底环、控制环、顶盖、止漏环等材质证明文件见证	√		填写见证表，附相关材质证明文件
		2．活动导叶、拐臂等主要部件的材质证明文件见证	√		填写见证表，附相关材质证明文件
		3．底环、控制环、顶盖主要尺寸抽检		√	填写监理检查记录表，附抽检照片
		4．活动导叶尺寸偏差及表面质量抽检		√	填写监理检查记录表，附抽检照片
		5．活动导叶加工后无损检测报告见证	√		填写见证表，附无损检测报告
		6．底环、控制环、顶盖焊缝无损检测报告见证	√		填写见证表，附无损检测报告
		7．导水机构整体预组装主要尺寸检查		√★	填写监理检查记录表，附检查照片
		8．导水机构预组装后动作试验见证及开度检查		√★	填写监理检查记录表，附试验见证照片
5	主轴	1．外协主轴锻件材质证明文件、无损检测报告见证	√		填写见证表，附材质证明文件、粗加工后无损检测报告
		2．主轴精加工后主要尺寸偏差检查		√★	填写监理检查记录表，附检查照片

续表

序号	部件名称	检查（见证）内容	监理资料		备注
			见证表	检查记录	
5	主轴	3．主轴与发电机轴同轴度见证		√★	填写监理见证表，附见证照片
6	联轴螺栓	1．材质性能报告见证	√		填写见证表。附材质证明文件
		2．主要尺寸抽检及外观检查		√	填写监理检查记录表，附抽检照片
7	主轴密封	厂内预组装及试验检查见证		√★	填写监理检查记录表，附检查照片
8	导轴承	1．轴瓦材质证明文件见证	√		填写见证表，附材质证明文件
		2．轴瓦表面粗糙度抽检		√	填写监理抽检记录表，附抽检照片
		3．冷却器水压试验见证	√		填写见证表，附试验记录表及试验照片
9	导叶接力器	1．材质证明文件见证	√		填写见证表，附材质证明文件
		2．耐压试验见证（如有）	√		填写见证表，附试验记录及照片
10	防腐涂装	1．见证构件防腐涂料的质量合格证	√		填写监理见证表，附质量质量文件
		2．抽检构件涂层的外观质量		√	填写检查记录表，附检查照片

注 1．监理检查、见证表的格式及内容，由总监确定。表内项目可按照合同约定进行调整。
2．不同型式的机组监理检查见证项目按实施细则规定执行。
3．有★标记为监理停点检查点，为必检项目。

2.2 发电机组设备制造监理质量控制

序号	监理项目	监理工作内容	监理方式			监理工作要求
			R	W	H	
	提示					1．监理开展工作前，应熟悉合同技术要求、设计图样及相应的标准规范要求，编写监理细则； 2．了解发电机组的型式；了解部套件厂内制造方式（如定子是否分瓣、铁芯是否厂内叠装、定子是否厂内下线等）及相关要求，确定监理工作的重点和内容； 3．编写依据：GB/T 8564《水轮发电机组安装技术规范》、DL/T 443《水轮发电机组及其附属设备出厂检验导则》、GB/T 7894《水轮发电机基本技术条件》及相关技术标准

续表

<table>
<tr><th rowspan="2">序号</th><th colspan="2" rowspan="2">监理项目</th><th rowspan="2">监理工作内容</th><th colspan="3">监理方式</th><th rowspan="2">监理工作要求</th></tr>
<tr><th>R</th><th>W</th><th>H</th></tr>
<tr><td rowspan="3">1</td><td rowspan="3">定子</td><td>定子机座（分瓣）</td><td>1．定子机座材质和焊材证明文件见证；
2．检查定子机座下料工序质量；
3．抽检定子机座焊缝外观，见证无损检测报告；
4．抽检定子机座焊接后主要尺寸偏差；
5．见证定子机座热处理报告；
6．抽检定子机座机加工后主要尺寸偏差</td><td>√</td><td>√</td><td></td><td>1．见证定子机座、定位筋、拉紧螺栓、齿压板等主要材料的质量证明文件，分别填写监理见证表（附材质证明文件），见证情况记入日志，在月报（周报）中反映；如材料分批进厂，应按批次分别做好监理见证工作；
2．抽检下料部件的主要尺寸及形位公差，抽检情况记入日志，在月报（周报）中反映；
3．见证焊材质量证明文件；焊接材料应满足工艺要求；抽检焊缝的外观质量，见证焊缝的无损检测及检测报告，见证情况拍照、记入日志，在月报（周报）中反映；
4．抽检齿压板、定位筋、拉紧螺栓机加工后的主要尺寸，抽检情况记入日志，抽检情况在月报（周报）中反映；
5．主要焊缝无损检测后如发现超标缺欠，应督促制造单位及时处理，并见证焊缝的无损检测及检测报告，合格后方可进行后续工序；
6. 见证定子机座焊接后的整体热处理报告，见证情况记入日志，在月报（周报）中反映；
7．抽检定子机座组圆加工后的主要尺寸，重点抽检各层环板内径和圆度，机座高度及中心线至下环板距离，下环板波浪度，分瓣合缝处径向、轴向错位及合缝面间隙，填写监理抽检记录表，抽检情况拍照、记入日志，在月报（周报）中反映</td></tr>
<tr><td>线圈（线棒）</td><td>1．见证线圈（线棒）主要材质证明文件；
2．参加线圈（线棒）首件验收；
3．抽检线圈（线棒）主要尺寸偏差；
4．见证线圈（线棒）电气试验</td><td>√</td><td>√</td><td></td><td>1．见证线圈（线棒）铜材的质量证明文件，填写监理见证表，见证情况拍照、记入日志，在月报（周报）中反映；
2. 合同要求首件验收的，监理参加线圈（线棒）的首件验收会议；制造过程抽检线圈（线棒）外形主要尺寸偏差，抽检情况拍照，记入日志，在月报（周报）中反映；
3．见证线圈（线棒）的电气试验，包括绝缘试验、耐压试验、起晕电压、介质损耗等试验，填写监理见证表，见证情况拍照、记入日志，在月报（周报）中反映，首台机组首件线圈（线棒）为停点检查点</td></tr>
<tr><td>冲片</td><td>1．见证硅钢片材质证明文件；
2．抽检定子冲片主要尺寸偏差及外观质量</td><td>√</td><td>√</td><td></td><td>1．见证硅钢片材质证明文件及性能试验报告（磁化及耗损试验），填写监理见证表，见证情况拍照、记入日志，在月报（周报）中反映；如硅钢片材料为分批进厂，监理需分批进行相应的见证工作；</td></tr>
</table>

续表

序号	监理项目		监理工作内容	监理方式			监理工作要求
				R	W	H	
1	定子	冲片	3．见证冲片漆膜厚度的复检报告	√	√		2．抽检冲片冲压成型后的外观质量（表面绝缘层无损伤、边缘无毛刺）及尺寸偏差（合同要求首件报检的，应见证），抽检情况拍照、记入日志，在月报（周报）中反映； 3．见证冲片绝缘层漆膜厚度的复检报告，见证情况记入日志
		定子整体预组装	1．检查组装平台； 2．检查定子机座组圆尺寸； 3．抽检铁芯、线棒的组装及接头焊接； 4．检查铁芯下线后主要尺寸及外观质量； 5．见证电气试验		√	√	1．检查组装平台，是否满足定子整体组装的要求，检查情况记入日志； 2．检查定子组圆后的主要尺寸偏差及分瓣合缝处的间隙，填写监理检查记录表，检查情况拍照，记入日志，在月报（周报）中反映； 3．检查定子整体装配后的尺寸偏差，重点检查铁芯内径、圆度，铁芯高度及每段铁芯的高度，铁芯压紧度及压紧后的波浪度，线棒的绑扎情况，槽锲紧度，槽锲与定子内圆表面高差，定子机座与基础板组合间隙，铁芯合缝间隙、合缝处槽底错牙及线槽宽度，分瓣标识，整体外观质量，填写监理检查记录表，检查情况拍照、记入日志，在月报（周报）中反映； 4．定子为整体制造的，其装配后的主要尺寸，按GB/T 8564规范要求，检查相应的尺寸偏差，填写监理检查记录表； 5．见证定子电气试验，包括定子绕组直流电阻及绝缘电阻测试（吸收比或极化指数），定子绕组直流耐压试验和交流耐压试验、泄漏试验及定子铁芯磁化试验，定子线棒接头焊接直流电阻测量等（试验项目应满足合同及规范的要求），见证情况填写监理见证表（或在试验记录表监理签字），见证情况拍照、记入日志，在月报（周报）中反映； 6．如定子电气试验需与出厂验收一起进行，监理可将出厂验收电气试验结果填入监理检查记录表，做好见证记录，在月报（周报）中反映
		出厂验收	1．审核出厂验收大纲； 2．协调出厂验收资料的准备； 3．审核出厂验收申请		√	√	1．审核定子出厂验收大纲，重点审核定子组装的状态，主要技术参数、检查项目、电气试验的内容，以及试验记录表，提出审核意见，以监理联系单提出书面意见，由总监审核后报委托人审批，审核情况记入日志，在月报（周报）中反映；

续表

序号	监理项目		监理工作内容	监理方式			监理工作要求
				R	W	H	
1	定子	出厂验收	4．参加（组织）定子出厂验收工作，形成出厂验收纪要； 5．做好验收后需完善工作的见证		√	√	2．督促制造单位做好定子出厂验收资料的准备，包括材质证明、检查记录、试验报告等，督促情况记入日志； 3．审核制造单位提交的出厂验收申请，签署监理审核意见，由总监签字后报委托人审批，确定出厂验收时间； 4．参加委托人组织的定子出厂验收工作，现场抽检定子主要尺寸，见证相关项目的电气试验，提出需完善或整改的意见，讨论并形成出厂验收纪要，验收情况拍照、记入日志，在月报（周报）中反映； 5．按照出厂验收纪要有关完善或整改的要求，督促制造单位进厂处理，并做好相关的检查见证工作，合格后方可进行后续工作，见证情况拍照、记入日志，在月报（周报）中反映
2	转子	转子支架（中心体）	1．见证主要材质证明； 2．抽检下料部件的外观质量； 3．抽检焊缝外观质量，见证无损检测报告； 4．抽检加工后主要尺寸； 5．见证拉紧螺杆材质证明文件（或无损检测报告）； 6．检查转子组装后主要尺寸	√	√		1．见证转子支架（中心体）构件材质证明文件，填写监理见证表，见证情况记入日志，在月报（周报）中反映； 2．抽检下料部件的外观质量，抽检情况记入日志； 3．抽检转子支架（中心体）焊缝外观质量，见证主要焊缝无损检测及检测报告，填写监理见证表，抽检及见证情况拍照、记入日志，在月报（周报）中反映； 4．抽检转子支架（中心体）加工后主要尺寸偏差，抽检情况拍照、记入日志，在月报（周报）中反映； 5．见证拉紧螺杆的材质证明文件（锻件无损检测报告），见证情况记入日志； 6．抽检转子支架（中心体）组装后的主要尺寸偏差，包括中心体与轴的同轴度，连接面与轴线的垂直度，中心体上、下法兰面的形位公差和表面粗糙度，中心体与支臂合缝面间隙，支臂挂钩高差，支架外圆与磁轭内圆的实际径向尺寸，轴系的摆度及标记等，填写监理检查记录表，抽检情况拍照、记入日志，在月报（周报）中反映
		磁轭	1．磁轭冲片材质证明文件见证； 2．冲片外观质量抽检； 3．拉紧螺杆尺寸抽检	√	√		1．见证磁轭冲片（小机组整体结构，大机组冲片结构）的材质证明文件，填写监理见证表，见证情况记入日志，在月报（周报）中反映；

续表

序号	监理项目		监理工作内容	监理方式			监理工作要求
				R	W	H	
2	转子	磁轭	4．通风槽片高度尺寸抽检； 5．磁轭键尺寸抽检	√	√		2. 抽检磁轭冲片冲压成型后的外观质量（表面平整、无锈迹、边缘无毛刺），抽检主要尺寸偏差，抽检情况拍照、记入日志，在月报（周报）中反映； 3．抽检磁轭拉紧螺杆加工后的尺寸偏差及平直度，抽检情况拍照、记入日志； 4．抽检磁轭通风槽片衬口环高度偏差，抽检焊缝外观质量，抽检情况拍照、记入日志； 5. 抽检磁轭键和磁极键加工后的尺寸偏差，抽检情况拍照、记入日志
		磁极	1．铁芯、电磁线材质证明文件见证； 2．磁极铁芯叠压质量抽检； 3．磁极线圈尺寸抽检； 4．电气试验见证（匝间耐压试验、磁极电气试验）； 5．磁极称重见证	√	√		1．见证铁芯及铜排材料的质量证明文件，填写监理见证表（附材质证明），见证情况记入日志，在月报（周报）中反映； 2．抽检磁极铁芯叠压质量及尺寸偏差，抽检情况拍照、记入日志； 3．抽检磁极装配后的主要尺寸，包括铁芯的直线度和扭曲度，铁芯长度，压板与铁芯的错牙、磁极线圈尺寸偏差、线圈和托板压紧后与铁芯的高差，抽检情况填写监理检查记录表，拍照、记入日志，在月报（周报）中反映； 4．见证磁极的电气试验，包括线圈工频耐压试验、线圈直流电阻测量、线圈交流阻抗测量、线圈绝缘电阻测量、匝间绝缘试验等，填写监理见证表，见证情况拍照、记入日志，在月报（周报）中反映； 5．见证磁极的称重检查，见证情况记入日志
		转子附件	1．磁轭挂钩尺寸抽检； 2．制动环尺寸抽检； 3．导风叶质量抽检	√	√		1．抽检磁轭挂钩台阶的高度及径向宽度偏差，抽检情况拍照、记入日志，在月报（周报）中反映； 2．抽检制动环的厚度偏差、摩擦面的粗糙度、波浪度及沉孔的深度，抽检情况拍照、记入日志，在月报（周报）中反映； 3．见证风扇（导风叶）质量的检查，见证情况记入日志
		转子整体组装	1．转子整体组装； 2．检查组装后的主要尺寸、见证电气试验				1．如合同要求转子整体组装出厂，监理应按照 GB/T 8564 规范的要求，逐项进行组装后主要尺寸的检查及电气试验见证，填写监理检查记录，检查及见证情况分别拍照、记入日志，在月报（周报）中反映； 2．小型机组的转子，合同要求整体组装出厂，监理按上述程序进行检查见证工作

续表

序号	监理项目		监理工作内容	监理方式			监理工作要求
				R	W	H	
2	转子	验收工作	1．参加（组织）转子出厂验收工作，形成出厂验收纪要； 2．做好验收后需完善工作的见证				1．磁极装配完成后为停点检查节点，抽检磁极外观质量、组装后尺寸，见证相关的电气试验，填写监理检查记录表，抽检及见证情况拍照、记入日志，在月报（周报）中反映； 2．如合同约定磁极装配后需进行出厂验收，应按照出厂验收的程序，进行验收工作，程序抽检组装后的主要尺寸偏差及外观质量，见证磁极的电气试验，讨论并形成出厂验收纪要（附现场抽检记录表），验收情况记入日志，在月报（周报）中反映； 3．按照监理停点检查或出厂验收会提出的有关需完善的工作，应督促制造单位进行落实处理，处理后应再次进行见证检查工作，合格后方可进行后续工作； 4．督促制造单位提交有关完善或整改的问题处理后的专题报告，监理审核后报委托人
3	发电机轴（上端轴）		1．主轴锻件质量证明文件见证； 2．主轴加工后主要尺寸偏差检查； 3．见证联轴同轴度检查★	√	√	√	1．见证发电机轴（锻钢）质量证明文件（化学成分、力学性能报告、热处理报告、无损检测报告），填写监理见证表（附材质报告），见证情况记入日志，在月报（周报）中反映； 2．检查发电机轴精加工后的主要尺寸，包括轴长度、轴承端尺寸偏差及表面粗糙度，端面止口直径尺寸偏差及端面跳动量，轴上下端法兰平面度，联轴螺栓孔尺寸偏差，法兰止口与轴领同心度，填写监理检查记录表，检查情况拍照、记入日志，在月报（周报）中反映； 3．见证发电机轴与水机轴的联轴同轴度检查；见证发电机主轴与转子中心体连接尺寸偏差，填写监理见证表，见证情况拍照、记入日志，在月报（周报）中反映（水机轴与发电机轴同轴度，为停点检查节点，如合同有要求，由委托人组织同轴度的见证工作，应按照出厂验收的工作要求，形成见证会议纪要，参会人在见证表上签字）； 4．见证上端轴滑转子绝缘测量，见证情况拍照、记入日志
4	集电环		1．主要材料质量合格证见证； 2．外观质量抽检	√	√		1．见证集电环、绝缘材料质量合格证（材质证明、绝缘性能报告、机械性能报告），填写监理见证表，见证情况记入日志； 2．抽检集电环外观质量，见证集电环表面无损检测报告，抽检及见证情况记入日志； 3．抽检集电环组装后主要尺寸偏差、表面硬度、表面粗糙度，填写监理抽检记录表，抽检情况记入日志，在月报（周报）中反映；

续表

序号	监理项目	监理工作内容	监理方式			监理工作要求
			R	W	H	
4	集电环	3．主要尺寸偏差检查； 4．见证电气试验	√	√		4．见证集电环的电气试验，包括绝缘电阻测量、交流耐压试验，填写监理见证表，见证情况拍照、记入日志，在月报（周报）中反映
5	推力轴承 导轴承	1．推力头、导轴承材质证明文件见证； 2．推力头无损检测报告见证，主要尺寸偏差抽检； 3．推力支架焊缝无损检测报告见证，主要尺寸抽检； 5．推力瓦主要尺寸及粗糙度抽检； 6．推力轴承预组装尺寸检查； 7．弹性油箱（如有）充油见证； 8．油冷却器耐压试验见证	√	√		1．见证推力轴承、导轴承主要部件的材质证明文件，填写监理见证表、见证情况记入日志，在月报（周报）中反映； 2．抽检镜板加工后的主要尺寸偏差、表面粗糙度、表面硬度，填写监理检查记录表，抽检情况拍照、记入日志，在月报（周报）中反映； 3．见证推力头无损检测报告，填写监理见证表；抽检推力头加工后的主要尺寸偏差（配合面尺寸、高度差等），见证及抽检情况拍照、记入日志在月报（周报）中反映； 4．抽检推力支架组焊后的主要尺寸偏差，包括推力支架的高度，上下平面的平面度，组合面的间隙，机架与推力轴承座的同轴度，抽检情况记入日志，在月报（周报）中反映； 5．抽检推力瓦加工后的尺寸偏差（高度差、平行度）及表面粗糙度，抽检情况记入日志，在月报（周报）中反映； 6．检查推力轴承厂内预组装尺寸偏差，填写监理检查记录表，检查情况拍照、记入日志，在月报（周报）中反映； 7．见证弹性油箱的充油试验，包括油温、油压、弹性油箱变形、连接管及止回阀的渗漏情况，填写监理见证表，见证情况拍照、记入日志，在月报（周报）中反映； 8．见证油冷却器的耐压试验，填写监理见证表，见证情况拍照、记入日志，在月报（周报）中反映； 9．见证油槽渗漏试验，填写监理见证表，见证情况拍照、记入日志，在月报（周报）中反映； ★推力轴承应按照不同型式机组的技术要求，确定监理检查见证项目
6	上、下机架	1．机架材质证明文件见证； 2．机架结构部件焊缝无损检测报告见证	√	√		1．见证机架的材质证明文件，填写监理见证表，见证情况记入日志，在月报（周报）中反映；

续表

序号	监理项目	监理工作内容	监理方式			监理工作要求
			R	W	H	
6	上、下机架	3．机架机加工后主要尺寸抽检； 4．机架组装后主要尺寸及外观质量检查	√	√		2．抽检机架构件焊缝的外观质量，见证主要焊缝的无损检测及检测报告，抽检情况拍照、记入日志，在月报（周报）中反映； 3．抽检机架机加工后的主要尺寸偏差，抽检情况拍照、记入日志，在月报（周报）中反映； 4．检查机架组装后的主要尺寸偏差及外观质量，包括机架中心体与支臂合缝处的间隙、机架有关高度偏差、机架相关的配合尺寸，抽检情况拍照、记入日志，在月报（周报）中反映
7	制动器	1．见证制动器质量合格证； 2．抽检外观质量； 3．见证动作及行程试验	√	√		1．见证外购制动器质量合格证（材质证明、质检记录、试验报告），见证情况记入日志，在月报（周报）中反映； 2．抽检制动器组装质量及外观质量，抽检情况拍照、记入日志，在月报（周报）中反映； 3．见证制动器耐压试验，填写监理见证表，见证情况拍照、记入日志，在月报（周报）中反映； 4．见证制动器动作试验及行程试验，见证情况拍照、记入日志，在月报（周报）中反映
8	空气冷却器	1．见证质量合格证； 2．见证耐压试验	√	√		1．见证外购空气冷却器质量合格证（材质证明、质检记录、试验报告），见证情况填写监理见证表，见证情况记入日志，在月报（周报）中反映； 2．见证冷却器强度试验（水压），见证情况填写监理见证表，见证情况拍照、记入日志，在月报（周报）中反映
9	主要外购配套部件	1．审核主要外购配套部件采购计划； 2．见证外购配套部件的质量合格证				1．按照合同要求，审核主要外购配套部件的采购计划，以监理联系单提出审核意见，审核情况记入日志，在月报（周报）中反映； 2．分别见证外购配套部件的质量合格证，填写监理见证表（附质量合格证明或拍照），见证情况拍照、记入日志，在月报（周报）中反映； 3．合同如规定外购配套部件的品牌及厂家，监理应分别核查外购配套部件的品牌、型号及生产厂家，核查情况记入日志，在月报（周报）中反映。如所采购的配套部件的品牌及型号与合同要求不符，应督促制造单位进行说明，如需进行变更，应按照审批程序，由制造单位提出申请，监理审核后，报委托人审批，未经批准不得用于本项目；

续表

序号	监理项目	监理工作内容	监理方式			监理工作要求
			R	W	H	
9	主要外购配套部件	3．核查主要外购部件的品牌及生产厂家				4．主要配套部件，应按照合同约定的或批准的设计图样要求，逐项进行核对，如制造单位自行生产的，应按照监理工作程序，进行工序质量的监理，并做好相应的记录
10	自动化元器件	1．审核外购自动化元器件采购计划； 2．见证外购自动化元器件质量合格证； 3．核查自动化元器件的品牌及型号； 4．抽检元器件的外观质量，见证有关元器件进厂试验				1．按照合同要求，审核主要外购自动化元器件的采购计划，以监理联系单提出审核意见，审核情况记入日志，在月报（周报）中反映； 2．见证外购自动化元器件质量合格证（质量检验报告、合格证、型式试验报告），填写见证表，见证情况记入日志，在月报（周报）中反映； 3．核查元器件的品牌及型号，如与合同要求或设计图样要求不符时，应督促制造单位进一步进行核查，如需进行变更，应按照审批程序，由制造单位提出申请，监理审核后，报委托人审批，未经批准不得用于本项目； 4．抽检元器件的外观质量，见证有关元器件的进厂试验及试验报告，见证情况拍照、记入日志，在月报（周报）中反映
11	电气控制箱（柜）	1．见证电气控制柜的质量合格证； 2．核查箱内电气元器件的品牌及型号； 3．核查控制柜柜体的品牌（如有）； 4．检查箱内接线及元器件布置； 5．见证电气试验（如有）				1．见证电气控制柜的质量合格证，填写监理见证表（附质量合格证），见证情况记入日志，在月报（周报）中反映； 2．核查主要元器件的配置（合同约定的品牌及型号），核查情况拍照、记入日志，在月报（周报）中反映。用于湿热地区的元器件应按合同要求采用湿热型元器件； 3．核查控制柜柜体的品牌，是否符合合同、设计规定的品牌要求（如有），填写监理见证表，核查情况记入日志，在月报（周报）中反映； 4．抽检控制柜的外观质量（外形尺寸，漆膜颜色，无损伤、变形、锈蚀），盘柜的标志清晰，铭牌信息完整，抽检情况拍照、记入日志，在月报（周报）中反映； 5．抽检箱内接线质量及元器件的布置，元器件布置合理、整齐，安装牢固，接线整齐、编号标识明显，接地母排（线）的截面积符合设计要求，抽检情况拍照、记入日志，在月报（周报）中反映； 6．如合同约定出厂前进行控制柜的电气试验，监理需见证电气试验，填写监理见证表，试验情况记入日志，在月报（周报）中反映

续表

序号	监理项目	监理工作内容	监理方式			监理工作要求
			R	W	H	
12	出厂验收工作（合同约定验收项目）	1．审核定子出厂验收大纲； 2．检查主要部件组装后的尺寸及外观质量； 3．见证线棒（线圈）、磁极的电气试验； 4．电气控制柜（盘）出厂前验收检查； 5．检查见证验收后的有关完善整改项目处理结果				1．审核定子出厂验收大纲，提出审核意见，由总监签署意见后报委托人审核批，审核情况记入日志，在月报（周报）中反映； 2．分别见证线棒（线圈）、磁极的电气试验，填写监理见证表；如合同有规定作为出厂验收项目，应按照出厂验收的程序，现场进行电气试验的见证，抽检主要尺寸及外观质量，形成出厂验收纪要（附相关的试验报告），无论是委托人组织进行部件的出厂验收，还是监理按照停点检查项目，均应填写监理见证表，拍照、记入日志，在月报（周报）中反映； 3．上机架、下机架预组装，发电机主轴与水机主轴同轴度检测、转子预组装，均为监理停点检查项目，填写监理检查记录表；如合同有规定作为出厂验收项目，应按照出厂验收的程序，现场进行预组装后主要尺寸的抽检或相关试验见证，形成出厂验收纪要（附相关的抽检记录），无论是委托人组织进行的出厂验收，还是监理按照停点检查项目进行的检查工作，均填写监理检查表，检查见证情况拍照、记入日志，在月报（周报）中反映； 4．做好电气控制柜（盘）的出厂验收检查，填写监理检查记录表，检查情况拍照、记入日志，在月报（周报）中反映； 5．按照部件出厂验收纪要，督促制造单位做好需完善或整改的工作，并逐项见证整改后的结果，做好监理见证记录。见证情况拍照、记入日志，整改项目处理结果在月报（周报）中反映； 6．督促制造单位提交验收后遗留问题整改完善情况的报告，监理审核后经总监签字以监理联系单方式报委托人审核
13	防腐	1．见证涂料的品牌及生产厂家； 2．核查涂料的颜色牌号； 3．抽检构件除锈表面质量				1．见证防腐涂料质量证明文件，核查涂料的品牌及生产厂家，填写监理见证表（附质量证明文件），见证情况记入日志，在月报（周报）中反映； 2．核查面漆涂料颜色是否符合合同约定的色标要求，核查情况记入日志，核查情况记入日志；

续表

序号	监理项目	监理工作内容	监理方式			监理工作要求
			R	W	H	
13	防腐	4．抽检涂层总厚度； 5．抽检涂层外观质量； 6．抽检安全标识的颜色				3．抽检各构件表面除锈质量，包括表面的粗糙度及清洁度，抽检情况记入日志； 4．抽检涂层的总厚度，填写监理抽检记录表，抽检情况记入日志，在月报（周报）中反映； 5．抽检涂层外观质量，表面应无流挂、针孔、鼓包、皱纹等缺欠，发现表面缺陷问题，应督促制造单位进行处理，满足涂层外观质量的要求，抽检情况记入日志，在月报（周报）中反映； 6．检查有关安全标识的颜色，满足合同约定的要求
14	包装、发运	1．审核部件的包装方案（如需）； 2．抽检主要部件的包装； 3．核签发运清单； 4．见证发运标识				1．审核包装方案，以监理联系单方式，提出审核意见，由总监审核后报委托人； 2．检查主要部件的包装情况，重点检查不同部件的运输防护措施落实情况，包括发电机主轴发运支架及加工部位的保护措施，冲片、磁极、磁轭装箱保护措施，转子防变形保护措施、电气元器件及控制柜防潮防雨防碰撞措施，上、下机架运输保护措施等，检查情况拍照、记入日志，在月报（周报）中反映； 3．核查设备铭牌标识，铭牌的技术参数及项目，应符合合同约定的要求，核查情况记入日志，在月报（周报）中反映； 4．核查发运清单与装车的部件数量的一致性，监理在发运清单上签字，核查情况记入日志； 5．检查包装箱外的发运标识，检查大型或超重件的吊点及重心的标识，满足合同约定的要求，见证情况拍照、记入日志，在月报（周报）中反映； 6．按照委托人发运通知，督促制造单位及时组织设备部件的分次分批发运，满足交货时间的要求； 7．如委托人设备、部件发运时间调整，监理应与制造单位协商，做好部件的存放，避免包装的损坏

附表

发电机设备制造监理检查、见证项目汇总表

序号	部件名称		检查（见证）内容	监理资料		备注
				见证表	检查记录	
1	定子	机座	1．材质证明文件见证及核查	√		填写监理见证表，附材质证明文件
			2．见证主要焊缝无损检测及检测报告	√		填写见证表，附无损检测照片及检测报告
			3．见证焊后整体热处理报告	√		填写见证表，附热处理报告及照片
			4．检查机座整体加工后主要尺寸		√★	填写监理检查记录表，附检查照片
		线棒（线圈）	1．线棒铜材证明文件见证	√		填写监理见证表，附材质证明文件
			2．线棒绝缘材料质量证明文件见证	√		填写见证表，附材质证明文件
			3．线棒主要尺寸抽检		√	填写监理检查记录表，附检查照片
			4．首件线棒电气试验见证		√	填写监理抽检记录表，附抽检照片
		铁芯	1．见证硅钢片材质证明文件	√		填写见证表，附材质证明文件
			2．定子叠片后主要尺寸抽检		√	填写监理抽检记录表，附抽检照片
		整体组装	1．检查定子整体组装后尺寸偏差及外观质量		√★	填写监理检查记录表，附检查照片
			2．见证定子电气试验	√		填写见证表，附试验报告及见证照片
2	上机架 下机架 （制动器、空冷器）		1．机架材质证明文件见证及核查	√		填写见证表，附材质证明文件
			2．机架主要焊缝无损检测报告见证	√		填写见证表，附无损检测照片及检测报告
			3．机架加工后主要尺寸抽检		√	填写检查记录表，附抽检照片
			4．检查机架整体组装主要尺寸及外观质量		√★	填写检查记录表，附检查照片
			5．见证制动器耐压试验	√		填写见证表，附试验报告及见证照片
			6．见证制动器动作及行程试验	√		填写见证表，附试验报告及见证照片
			7．见证空冷器质量证明	√		填写见证表，附材质证明文件
			8．见证空冷却器强度试验	√		填写见证表，附试验报告及见证照片

续表

序号	部件名称		检查（见证）内容	监理资料		备注
				见证表	检查记录	
3	转子	支架	1. 见证支架材质证明文件	√		填写见证表，附材质证明文件
			2. 见证主要焊缝无损检测及检测报告	√		填写见证表，附无损检测报告及见证照片
			3. 检查支架与中心体组装后主要尺寸偏差		√	填写监理抽检记录表，附抽检照片
		磁轭磁极	1. 见证磁轭材质证明文件	√		填写监理见证表，附材质证明
			2. 见证磁极铁芯、电磁线材质证明	√		填写监理见证表，附材质证明
			3. 抽检磁极组装后尺寸及外观质量		√	填写监理检查记录表，附检查照片
			4. 见证磁极电气试验		√	填写见证表，附试验记录及照片
		整体组装	1. 检查转子整体组装后主要尺寸		√★	填写监理检查记录表，附检查照片
			2. 见证转子组装后电气试验		√★	填写见证表，附试验记录及照片
4	发电机转轴		1. 见证转轴材质证明及无损检测报告	√		填写监理见证表，附材质证明及无损检测报告
			2. 检查转轴精加工后主要尺寸		√★	填写检查记录表，附检查照片
			3. 检查发电机转轴与水机主轴的同轴度		√★	填写检查记录表，附检查照片
5	集电环		1. 见证集电环、绝缘材料质量合格证	√		填写监理见证表，附材质证明
			2. 抽检集电环组装后主要尺寸偏差		√	填写检查记录表，附检查照片
			3. 见证集电环电气试验	√		填写监理见证表，附试验报告及见证照片
6	推力轴承 导轴承		1. 见证推力头、导轴承材质证明	√		填写监理见证表，附材质证明文件
			2. 抽检镜板加工后的主要尺寸偏差		√	填写检查记录表，附检查照片
			3. 见证推力头、镜板无损检测	√		填写监理见证表，附无损检测报告及见证照片
			4. 检查推力轴承预组装尺寸偏差		√	填写检查记录表，附检查照片
			5. 见证弹性油箱（如有）充油试验	√		填写监理见证表，附试验记录及见证照片

续表

序号	部件名称	检查（见证）内容	监理资料		备注
			见证表	检查记录	
6	推力轴承 导轴承	6．见证油冷却器耐压试验	√		填写监理见证表，附试验记录及见证照片
7	防腐涂装	1．见证构件防腐涂料的质量合格证	√		填写监理见证表，附质量质量文件
		2．抽检构件涂层的外观质量		√	填写检查记录表，附检查照片

注：1．以上为监理需进行检查、见证的项目，具体可按照合同的约定调整。

2．发电机组有关配套部件及电气元器件按合同的约定进行见证，填写监理见证表。

3．不同型式的机组监理检查见证项目按实施细则规定执行。

2.3 进水阀门（重锤式液控蝶阀）设备制造监理质量控制

序号	监理项目	监理工作内容	监理方式			监理工作要求
			R	W	H	
	提示					1．监理开展工作前，应熟悉合同技术要求、设计图样及相应的标准规范要求，编写监理细则； 2．了解进水阀门的型式（蝶阀、球阀），了解设备的技术参数、主要配置、出厂试验项目；熟悉设计要求，确定监理工作重点和内容； 3．本项目以焊接结构、重锤式液控进水蝶阀为基础进行编写； 4．编制依据：GB/T 14478《大中型水轮机进水阀门基本技术条件》及蝶阀相关的技术标准、规范
1	阀体	1．阀体结构与主要材料质量证明文件见证； 2．抽检阀体焊缝外观质量，见证焊缝无损检测及检测报告； 3．见证轴承箱的材质证明文件，抽检阀体轴承座的焊缝外观质量，见证焊缝无损检测报告	√	√		1．见证阀体结构主要材质的质量证明文件，填写监理见证表（附质量证明文件），见证情况记入日志，在月报（周报）中反映； 2．抽检阀体主要焊缝的外观质量，见证焊缝的无损检测及检测报告，填写监理见证表，抽检及见证情况拍照，记入日志，在月报（周报）中反映； 3．见证轴承箱材质证明文件，填写监理见证表（附质量证明文件及试验报告），抽检轴承座焊缝外观，见证轴承座焊缝的无损检测报告，见证及抽检情况记入日志，在月报（周报）中反映；

续表

序号	监理项目	监理工作内容	监理方式			监理工作要求
			R	W	H	
1	阀体	4．抽检阀体加工后的主要尺寸偏差，抽检密封面的表面粗糙度	√	√		4．检查阀体加工后主要尺寸偏差及表面粗糙度，填写监理检查记录，检查情况拍照，记入日志，在月报（周报）中反映； 5．如发现阀体焊缝外观或无损检测后的超标缺欠，应及时督促制造单位进行处理，并见证处理后的焊缝无损检测报告，见证情况记入日志，在月报（周报）中反映
2	活门（蝶板）	1．见证活门蝶板材质证明文件； 2．抽检活门结构件焊缝外观质量，见证焊缝无损检测及检测报告； 3．抽检活门加工后主要尺寸偏差，抽检密封槽尺寸偏差及表面粗糙度	√	√		1．见证活门蝶板材质证明文件，填写监理见证表（附材质证明文件），见证情况记入日志，在月报（周报）中反映； 2．抽检活门结构件焊缝的外观质量，见证主要焊缝的无损检测及检测报告，填写监理见证表，见证情况拍照，记入日志，在月报（周报）中反映； 3．检查活门蝶板加工后的主要尺寸偏差及密封槽的尺寸偏差及表面粗糙度，抽检情况记入日志，在月报（周报）中反映
3	阀轴	1．见证阀轴锻钢材质证明文件及相应的试验报告、无损检测报告； 2．见证阀轴密封接触部位不锈钢堆焊质量； 3．抽检阀轴加工后主要尺寸偏差	√	√		1．见证阀轴的材质证明文件（化学成分、力学性能、无损检测报告），填写监理见证表（附材质证明文件），见证及核查情况记入日志，在月报（周报）中反映； 2．见证阀轴轴颈密封接触部位的不锈钢堆焊，满足加工工艺要求，见证情况拍照，记入日志，在月报（周报）中反映； 3．抽检阀轴加工后主要尺寸及同轴度偏差，抽检情况拍照、记入日志，在月报（周报）中反映
4	拐臂重锤	1．见证重锤材质证明文件；抽检重锤焊接后外观质量及连接法兰加工后尺寸； 2．见证拐臂铸钢件的材质证明文件	√	√		1．见证重锤材质证明文件；抽检重锤焊接后外观质量及连接法兰加工后尺寸，见证抽检情况拍照、记入日志，在月报（周报）中反映； 2．见证拐臂铸钢件的质量证明文件，填写监理见证表；抽检拐臂加工后的主要尺寸及外观质量，见证及抽检情况拍照、记入日志，在月报（周报）中反映
5	主要外购或进口配套部件	1．见证空气阀、旁通阀、检修阀、排污阀型号及质量合格证； 2．见证外购配套轴承的型号及质量合格证	√	√		1．分别见证外购（或进口）空气阀、旁通阀、检修阀、排污阀的型号、品牌及质量合格证，填写监理见证表，见证情况分别拍照、记入日志，在月报（周报）中反映； 2．见证外购（进口）配套轴承的型号、生产厂家及质量合格证，填写监理见证表，见证情况拍照、记入日志，在月报（周报）中反映；

续表

序号	监理项目	监理工作内容	监理方式			监理工作要求
			R	W	H	
5	主要外购或进口配套部件	3．见证橡胶密封圈质量合格证及型号； 4．见证接力器质量合格证及检验记录	√	√		3．见证橡胶密封圈（或进口）的型号、生产厂家及质量合格证，填写监理见证表，见证情况拍照、记入日志，在月报（周报）中反映； 4．见证接力器的型号、生产厂家、品牌及质量合格证（材质、试验报告、检验记录），填写监理见证表，抽检接力器的主要尺寸，见证及抽检情况拍照、记入日志，在月报（周报）中反映
6	控制柜	1．见证主要外购（或进口）电气元器件型号、品牌、生产厂家及质量合格证； 2．见证控制柜柜体品牌（如有）及质量合格证； 3．抽检柜内布线质量及相关接线编号标识		√	√	1．分别见证控制柜内主要元器件，包括PLC、触摸屏、差压开关、行程开关、变送器等元件的型号、品牌、生产厂家以及质量合格证，填写监理见证表；见证情况拍照、记入日志，在月报（周报）中反映； 2．见证控制柜柜体的质量合格证以及品牌（如需），抽检外观尺寸及开门方向，见证情况拍照、记入日志，在月报（周报）中反映； 3．抽检柜内接线质量及接线标识，抽检接地连接情况及接地母线的截面尺寸，见证及抽检情况记入日志，在月报（周报）中反映； 4．核查柜面操作功能按钮及警示灯、报警装置的配置，核查触摸屏的设置，核查情况记入日志
7	油压装置	1．见证油压装置的质量合格证，抽检外观质量及主要尺寸； 2．见证主要液压元件的型号、品牌及质量合格证； 3．见证油压装置空载试验及产品合格证		√	√	1．见证油压装置的质量合格证，型号及生产厂家，抽检外观质量及主要尺寸，见证及核查情况拍照、记入日志，在月报（周报）中反映； 2．分别核查主要元件的型号、品牌、生产厂家，包括：液压油泵、液压电机、电磁球阀、电磁换向阀、压力变送器、液位变送器液控球阀等，各型号的阀体、品牌、生产厂家，见证质量合格证，填写监理见证表，见证情况拍照、记入日志，在月报（周报）中反映； 3．核查油压装置的产品合格证，见证油压装置空载操作试验，填写监理见证表，见证情况记入日志，在月报（周报）中反映； 4．抽检各液压管路的组装质量，以及管路标志颜色，抽检情况记入日志，在月报（周报）中反映； 5．见证压力表的品牌及质量合格证，填写监理见证表，见证情况拍照、记入日志，在月报（周报）中反映；

续表

序号	监理项目	监理工作内容	监理方式			监理工作要求
			R	W	H	
7	油压装置	4．见证回油箱操作，见证渗漏试验； 5．见证蓄能罐质量合格证，抽检外观质量		√	√	6．见证回油箱不锈钢材质证明文件，抽检回油箱焊缝外观质量，见证渗漏试验，见证情况拍照、记入日志，在月报（周报）中反映； 7．见证外购蓄能罐质量合格证、压力试验报告；抽检外观质量，见证情况拍照、记入日志，在月报（周报）中反映； 8．如发现主要元器件型号或品牌配置与合同不符时，应督促制造单位进行核查处理，必要时以监理联系单书面通知制造单位，并将情况向总监汇报；如需变更元器件的型号及品牌，应按照审批程序，由制造单位申请，监理审核提出意见，报委托人批准；未经批准不得随意变更元器件的品牌及型号
8	总组装及试验	1．检查蝶阀总组装后的主要尺寸偏差； 2．见证蝶阀、油压装置、控制系统的联调试验； 3．见证蝶阀密封试验		√	√	1．检查阀体的组装平台及组装状态，组装平台应能满足密封试验的要求；蝶阀的组装状态（一般情况下应是立式整体组装）应满足出厂验收大纲的要求，检查情况记入日志； 2．检查蝶阀总组装后的主要尺寸，重点检查组装后的主要尺寸偏差，包括活门与阀轴组装；阀轴与拐臂组装；拐臂与接力器组装；重锤的回转半径等尺寸；检查阀体不锈钢密封及橡胶密封组装；以及外观质量检查，填写监理检查记录表，检查情况拍照、记入日志，在月报（周报）中反映； 3．见证油压装置的调试，各阀组运行正常、无异常；各仪表工作正常；管路无渗漏，填写监理见证表，见证情况拍照、记入日志，在月报（周报）中反映； 4．检查电气控制柜各接口与液压系统各接口的连接及接地情况，见证控制柜面板各按钮的操作试验，见证情况拍照、记入日志，在月报（周报）中反映； 5．见证蝶阀阀体的强度试验，查看试验压力、保压时间是否满足设计要求，试验后阀体应无异常变形、见证情况拍照、填写监理见证表、记入日志，在月报（周报）中反映； 6．见证蝶阀的操作试验，包括蝶阀的开闭动作试验（无异常情况、无卡阻）、开闭时间测定、接力器（油缸）行程；重锤的回转半径；控制柜的操作试验，包括压力显

续表

序号	监理项目	监理工作内容	监理方式			监理工作要求
			R	W	H	
8	总组装及试验	1. 检查蝶阀总组装后的主要尺寸偏差； 2. 见证蝶阀、液压站、控制系统的联调试验； 3. 见证蝶阀密封试验		√	√	示、压力报警、事故报警；液压系统运行正常，运行噪声低于规范要求，填写监理见证表，见证情况拍照、记入日志，在月报（周报）中反映； 7. 检查蝶阀密封试验的准备工作，封盖与阀体进行封闭，水压试验各接口进行连接，检测仪器正常；见证密封水压试验过程，逐步加压达到压力值后，阀体无异常、渗漏量在规定值内，填写监理见证表，检查见证情况拍照、记入日志，在月报（周报）中反映； 8. 密封试验后进行密封的检查见证，如密封损坏会变形，应进一步进行分析和处理，确保密封的可靠性和安全性，见证情况记入日志； 9. 检查蝶阀整体组装后的外观质量，外观应无明显的缺欠，检查情况记入日志，在月报（周报）中反映； 10. 如密封试验渗漏量超过规定要求，应督促制造单位进行密封的调整，再次进行试验，直至渗漏量低于规范的限制值；如经多次调整仍渗漏量超标，应督促制造单位进行分析，提出处理方案，经处理合格后，方可进行后续工作；必要时下达监理联系单，书面提出要求，并报总监
9	其他构件	1. 见证伸缩节质量合格证（材质证明、检验报告）；抽检主要尺寸偏差； 2. 见证上游、下游连接管材质证明文件；抽检主要尺寸偏差； 3. 见证回油箱不锈钢材质证明文件，抽检焊缝外观质量，见证渗漏试验	√	√		1. 见证伸缩节的质量合格证（材质证明、检验报告）；填写监理见证表；核查伸缩节的伸缩量试验记录；抽检伸缩节主要接口尺寸偏差，检查情况拍照、记入日志，在月报（周报）中反映； 2. 见证上游连接管、下游连接管的材质证明文件，抽检焊缝外观质量，见证主要焊缝无损检测报告，检查连接管的主要尺寸偏差，并按程序进行出厂前的验收工作，填写监理检查记录表，检查情况拍照、记入日志，在月报（周报）中反映； 3. 见证回油箱不锈钢材质证明文件，填写监理见证表；抽检回油箱主要焊缝外观质量；见证回油箱的渗漏试验，见证及抽检情况记入日志，在月报（周报）中反映
10	出厂验收工作	1. 审核出厂验收大纲； 2. 督促制造单位做好出厂验收资料的准备		√	√	1. 审核进水蝶阀出厂验收大纲，以监理联系单方式提出审核意见，监理部审核后报委托人审批，审核情况记入日志，并在当月月报（周报）中反映；

续表

序号	监理项目	监理工作内容	监理方式			监理工作要求
			R	W	H	
10	出厂验收工作	3．编写监理工作汇报； 4．参加出厂验收，进行现场抽检、见证工作； 5．形成出厂验收纪要； 6．检查见证验收后有关需完善和整改项目的处理结果		√	√	2．督促制造单位编写设备制造情况汇报及质量检验报告，按照合同和规范要求，整理出厂验收资料，做好出厂验收的准备工作； 3．审核制造单位提交的出厂验收申请，签署监理审核意见，由总监签发意见后，报委托人审批，确定具体的验收时间； 4．编写监理工作汇报，包括验收设备的基本情况、质量与生产进度的情况、整体预组装质量检查结果、制造质量缺陷及处理结果、制造质量的评价以及需完善整改的项目； 5．参加委托人组织的出厂验收工作（或受委托主持设备的出厂验收工作），验收程序包括制造单位汇报制造情况及质量检验情况、监理汇报监理工作情况、查阅相关的验收资料、现场抽检组装尺寸及外观质量、见证运行试验、讨论并提出需完善及整改的意见，形成出厂验收纪要，并附出厂验收抽检记录表，以及主要配置的见证记录表，由参加验收的各方代表签字； 6．按照出厂验收纪要，督促制造单位做好需完善或整改的工作，并逐项见证整改后的结果，做好监理见证记录。见证情况记入日志，整改项目处理结果在月报（周报）中反映； 7．督促制造单位提交验收后遗留问题整改完善情况的报告，监理审核后经总监签字以监理联系单方式报委托人审核； ★以上出厂验收准备工作及验收过程的情况，应在当月监理月报中反映，项目验收工作作为大事记的重要内容
11	防腐施工	1．涂料质量证明文件的见证； 2．涂层厚度检查； 3．安全标识颜色的检查				1．见证防腐涂料的品牌及生产厂家，填写监理见证表，见证情况记入日志，在月报（周报）中反映； 2．抽检阀体的表面除锈情况，抽检阀体、泵站、蓄能罐涂层的外观质量，抽检涂层的厚度，填写监理见证表，抽检情况拍照，记入日志，在月报（周报）中反映； 3．检查涂层面漆的颜色，漆膜颜色应符合合同约定的要求； 4．抽检涂层的外观质量，如发现涂层有流挂、针孔、鼓包、皱纹等缺陷时，应督促制造单位处理，合格后方可进行后续工作，抽检情况记入日志在月报（周报）中反映；

续表

序号	监理项目	监理工作内容	监理方式			监理工作要求
			R	W	H	
11	防腐施工	1. 涂料质量证明文件的见证; 2. 涂层厚度检查; 3. 安全标识颜色的检查				5. 抽检泵站相关油管及部件的安全标志颜色，满足合同约定的颜色要求，见证情况记入日志; ★防腐过程的监理工作，应在月报（周报）中反映，如出现涂料的品牌不符，或涂层的施工质量问题，应做好协调工作，必要时下达监理联系单，督促制造单位确保防腐质量的要求
12	包装发运					1. 审核蝶阀的包装方案（如合同有要求），并以监理联系单方式，提出书面审核意见，由总监审核后报委托人; 2. 检查蝶阀部件的包装情况，重点检查阀体的保护措施，检查液压泵站、电气控制柜、接力器油缸的包装是否牢固、是否有相应的防护措施，检查情况拍照、记入日志，在月报（周报）中反映; 3. 核查发运清单与装车的部件的一致性，并在发运清单上监理签字; 4. 检查包装箱外的发运标识，检查超重件的吊点及重心的标识，满足合同约定的要求，见证情况拍照、记入日志，在月报（周报）中反映; 5. 按照委托人的发运通知，督促制造单位及时组织设备发运，满足交货时间的要求; 6. 见证设备装车情况，督促制造单位防止吊装过程中的碰撞和损坏; ★设备的包装发运应按合同要求的批次，分别进行检查见证，设备的发运时间作为大事记做好记录；监理检查见证的包装、发运情况应记入日志，在月报（周报）中反映

附表

水轮机进水蝶阀设备制造监理检查、见证项目汇总表

序号	部件名称	检查（见证）内容	监理资料		备注
			见证表	检查记录	
1	阀体	1. 见证主要材质证明文件	√		填写见证表，附材质证明文件
		2. 见证主要焊缝无损检测及检测报告	√		填写见证表，附见证照片及无损检测报告
		3. 检查加工后主要尺寸及外观质量		√	填写监理检查记录表，附检查照片
		4. 阀体强度试验		√	填写监理检查记录表，附检查照片

续表

序号	部件名称	检查（见证）内容	监理资料		备注
			见证表	检查记录	
2	蝶板	1．见证蝶板材质证明文件	√		填写见证表，附材质证明文件
		2．见证蝶板焊缝无损检测报告	√		填写见证表，附无损检测照片及检测报告
		3．检查蝶板加工后尺寸偏差		√	填写监理检查记录表，附检查照片
3	阀轴	1．见证阀轴材质证明文件	√		填写见证表，附材质证明相关文件
		2．见证阀轴无损检测报告、尺寸检测记录	√		填写见证表，附无损检测报告、尺寸检测记录
4	主要配套部件	1．见证空气阀、旁通阀、检修阀、排污阀等的型号及合格证	√		填写见证表，附质量合格证及各阀体的照片
		2．见证轴承的质量合格证	√		填写见证表，附质量合格证及照片
		3．见证密封件的型号及合格证	√		填写见证表，附质量合格证及照片
		4．见证接力器型号、品牌及质量合格证	√		填写见证表，附质量合格证及照片
5	油压装置	1．见证油压装置主要配置的质量合格证	√		填写见证表，附各配置的质量合格证及照片
		2．见证压力表的品牌及合格证	√		填写见证表，附合格证及照片
6	控制柜	1．见证控制柜主要配置的质量合格证	√		填写见证表，附各配置的质量合格证及照片
		2．见证柜内布线情况	√		填写见证表，附照片
7	整体组装及试验	1．检查整体组装后的主要尺寸及外观质量		√★	填写监理检查记录表，附检查照片
		2．见证油压装置的调试	√★		填写见证表，附试验记录及照片
		3．见证蝶阀的操作试验	√★		填写见证表，附试验记录及照片
		4．见证蝶阀的密封试验	√★		填写见证表，附试验记录及照片
8	上、下游连接管	1．见证连接管的操作证明文件	√		填写见证表，附材质证明文件
		2．检查连接管的尺寸偏差		√	填写监理检查记录表，附检查照片
9	防腐	1．见证防腐涂料的合格证			
		2．抽检涂层的厚度			

注：1．监理检查、见证表的格式及内容由总监确定。
2．有★标记的为停点检查点，为必检项目
3．不同型式的蝶阀监理检查见证项目按实施细则规定执行。

2.4 调速器设备制造巡视质量控制

序号	巡视项目	巡视工作内容	监理方式			监理工作要求
			R	W	H	
1	巡视方式	1．巡视方式及巡视次数确定； 2．文件见证的内容； 3．多批次设备的出厂验收				1．调速器设备制造监理巡视见证方式应按合同规定的要求进行，一般情况下，采取中间巡视和出厂验收等方式，不驻厂监理； 2．中间巡视应按合同规定的次数进行，对关键部件的工序质量进行巡视；进行主要材料、外购配套部件、电气元器件等质量证明文件的见证，或中间试验的见证； 3．出厂试验见证以及验收工作为巡视的停点，应按合同要求做好各批次设备的出厂验收工作，并形成会议纪要； 4．巡视的方式应在巡视大纲中明确，并报委托人同意
2	监理准备工作及相关协调工作	1．熟悉合同技术要求，掌握设备的技术参数、主要配置及功能要求； 2．参加设计联络会（如需）； 3．阶段性巡视工作； 4．收集检验标准及规范	√	√		1．熟悉合同技术要求，掌握设备主要技术参数、功能及配置要求，掌握所使用的设备制造标准，为开展监理巡视做好准备工作； 2．参加委托人组织召开的调速器设计联络会，进一步了解调速器的技术要求及配置，形成会议纪要，参加会议情况拍照、记入巡视日志，在月报（周报）中反映； 3．按照合同要求，做好阶段性的巡视工作，重点进行组装工序质量的抽检（见证）和出厂验收工作，巡视情况拍照、记入巡视日志，在月报（周报）中反映； 4．本设备执行的制造标准：GB/T 150.1《压力容器》、GB/T 15468《水轮机基本技术条件》、DL/T 443《水轮发电机组及其附属设备出厂检验导则》及合同规定的相关标准
3	压力罐回油箱	1．见证压力罐、回油箱主要材料质量证明文件； 2．见证压力罐、回油箱主要焊缝无损检测报告	√	√		1．见证压力罐、回油箱（不锈钢）材质证明文件，填写见证表，见证情况记入巡视日志，在月报（周报）中反映； 2．见证压力罐、回油箱主要焊缝的无损检测报告及无损检测后发现超标缺欠处理后的复检报告（如有），填写见证表，见证情况记入巡视日志，在月报（周报）中反映； 3．抽检压力罐、回油箱的外观质量，抽检情况拍照、记入巡视日志，在月报（周报）中反映；

续表

序号	巡视项目	巡视工作内容	监理方式			监理工作要求
			R	W	H	
3	压力罐回油箱	3．抽检焊缝外观质量及主要尺寸； 4．见证压力罐水压试验报告	√	√		4．见证压力罐的水压试验报告，核查试验压力，见证情况记入巡视日志，在月报（周报）中反映
4	油压系统	1．见证油压系统主要外购配套部件的质量合格证及试验报告； 2．抽检油压系统组装后的主要尺寸及外观质量； 3．见证油压系统的空载试验	√	√		1．见证主要外购（进口）配套部件质量合格证及试验报告，核查配套部件的品牌、生产厂家，主要配套部件包括油泵、电机、阀体等，填写监理见证表，见证情况拍照、记入巡视日志，在月报（周报）中反映； 2．抽检油压系统整体组装后的布置及外观质量，包括管路的布置及各接口的布置，抽检情况拍照、记入巡视日志，在月报（周报）中反映； 3．见证油压系统的空载试运行，包括系统压力、运行噪声、管路渗漏油等，填写监理见证表，见证情况拍照、记入巡视日志，在月报（周报）中反映； 4．如油压系统的空载试验与出厂验收一起进行时，监理仍需填写试验见证表，见证情况拍照、记入巡视日志，与出厂验收情况一起在月报（周报）中反映； 5．抽检事故配压阀组装配及分段关闭装置（如有）的外观质量，见证阀组的材质证明文件，抽检及见证情况拍照、记入巡视日志，在月报（周报）中反映
5	机械柜	1．柜体品牌核查及质量合格证见证； 2．见证柜内主要电气元器件的质量合格证及品牌； 3．抽检柜内接线质量； 4．抽检柜面的布置及标识	√	√		1．见证机械柜柜体的质量合格证及品牌，填写监理见证表，见证情况拍照、记入巡视日志，在月报（周报）中反映； 2．核查柜内主要元器件质量合格证，核查元器件的品牌或生产厂家，核查情况拍照、记入巡视日志，在月报（周报）中反映； 3．抽检柜内内接线及元器件的布置，接线应整齐、线路编号标识明显、安装牢固，抽检情况拍照、记入巡视日志，月报（周报）中反映； 4．抽检机械柜组装后的外观质量及操作功能设置，包括柜面操作按钮、警示灯的布置，核查各功能按钮的标识，填写监理抽检记录表，抽检情况拍照、记入巡视日志，在月报（周报）中反映
6	电气柜	1．柜体品牌核查及质量合格证见证	√	√		1．见证电气柜柜体的质量合格证及品牌，见证情况拍照、记入巡视日志，在月报（周报）中反映； 2．见证电气柜内主要元器件质量合格证，

续表

序号	巡视项目	巡视工作内容	监理方式			监理工作要求
			R	W	H	
6	电气柜	2．见证柜内主要电气元器件的质量合格证及品牌； 3．抽检柜内接线质量； 4．抽检柜面的布置及标识	√	√		核查元器件的品牌或生产厂家，包括PLC、变频器、软启动器、断路器、接触器、触摸屏等，填写监理见证表，见证情况拍照、在月报（周报）中反映； 3．抽检电气柜柜内接线及元器件布置，接线应整齐、线路编号标识明显、安装牢固，抽检情况拍照、记入巡视日志，月报（周报）反映； 4．抽检电气柜组装后的外观质量及柜面布置，核查各功能按钮的标识，填写监理抽检记录表，抽检情况拍照、记入巡视日志，在月报（周报）中反映
7	调速器组装及调试	1．抽检调速器组装后的外形尺寸、外观质量； 2．抽检电气柜柜内接线质量及元器件的标识； 3．核查电气柜主要元器件的品牌及型号； 4．见证电气柜相关的电气试验		√	√	1．检查调速器组装后的外观质量，包括柜体颜色、表面质量、铭牌标识及内容，填写监理检查记录表，检查情况拍照，记入日志，在月报（周报）中反映； 2．抽检柜内接线质量，接线整齐美观、元器件标识明显、接地可靠，抽检情况填写监理检查记录表，柜内组装情况拍照，记入日志，在月报（周报）中反映； 3．核查电气柜主要元器件的品牌、型号，见证元器件的质量合格证，填写监理见证表，分别拍照，记入日志，在月报（周报）中反映； 4．见证电气柜耐受电压试验、绝缘试验，见证情况拍照，记入日志，在月报（周报）中反映； 5．见证调速器功能试验，包括机、电转换试验（滑套在任一位置无卡阻、运动灵活，导向轴运动灵活性、无卡阻现象；滑套输出全行程位移值；复中精度）；开、关机时间（开机时间、关机时间）；急停阀性能试验（急停：按下急停按钮，接力器快速全关，复归：按下急停复位，调速器恢复至正常工作状态）；事故配压阀动作试验（手动急停、复归试验）；分段关闭阀性能试验（手动操作行程阀，检查接力器的速度、关闭时间）以及合同约定的仿真试验、故障模拟试验等其他项目的操作试验，填写监理见证表，见证情况拍照，记入日志，在月报（周报）中反映
8	出厂验收	1．审核出厂验收大纲； 2．参加出厂验收工作，形成验收纪要	√	√	√	1．审核调速器出厂验收大纲，提出审核意见，经制造单位完善后，由总监审签，报委托人审批；

续表

序号	巡视项目	巡视工作内容	监理方式			监理工作要求
			R	W	H	
8	出厂验收	3. 见证调速器模拟试验； 4. 督促做好验收后的完善或整改工作； 5. 督促做好设备的防腐施工	√	√	√	2. 参加或主持调速器出厂验收，并按照出厂验收程序进行设备的出厂验收工作，现场见证调速器的模拟试验，核查主要配置及电气元器件的品牌或生产厂家，提出需完善或整改的意见，形成出厂验收纪要（附现场抽检、见证记录表），验收情况拍照、记入巡视日志，在月报（周报）中反映； 3. 调速器出厂试验，应包括回路绝缘试验，模拟电磁干扰试验，模拟自动开停机试验，模拟停机、空载、负载状态下操作切换试验，模拟停机、空载、负载状态下的故障试验，静特性试验，试验结果填写验收试验见证表。具体试验项目应根据合同的要求及规范规定的试验项目进行试验，并以委托人批准的出厂验收大纲有关试验项目为准； 4. 督促制造单位按照出厂验收纪要的要求，做好验收后的有关完善整改工作，并提交整改（完善）情况的专题报告，由监理进行审核后，报委托人； 5. 督促制造单位做好设备的防腐施工，油漆的品牌及面漆的颜色应满足合同要求
9	包装发运	1. 审核包装方案（如有），提出审核意见； 2. 督促制造单位落实部件的包装； 3. 督促制造单位及时组织设备的发运	√	√		1. 审核制造单位提交的包装方案（如需），提出审核意见，报委托人审批； 2. 督促制造单位按照包装方案，做好部件的包装，落实相应的防护措施，满足运输及转运起吊的要求，防止部件的损坏； 3. 督促制造单位按照委托人的通知，及时组织设备的发运，满足工地安装进度要求

附表

调速器设备制造监理巡视检查、见证项目汇总表

序号	项目	检查、见证内容	方法		备注
			见证表	检查记录	
1	文件见证	1. 见证压力罐材质证明文件	√		填写监理见证表，附材质证明及见证照片
		2. 见证压力罐焊缝无损检测报告	√		填写监理见证表，附无损检测报告及见证照片
		3. 见证回油箱材质证明	√		填写监理见证表，附材质证明及见证照片

续表

序号	项目	检查、见证内容	方法		备注
			见证表	检查记录	
1	文件见证	4. 见证回油箱焊缝无损检测报告	√		填写监理见证表，附无损检测报告及见证照片
		5. 见证油压系统外购配套部件的质量合格证	√		填写监理见证表，附质量合格证及见证照片
		6. 见证机械柜主要元器件质量合格证	√		填写监理见证表，附质量合格证及见证照片
		7. 见证电气柜主要元器件质量合格证	√		填写监理见证表，附质量合格证及见证照片
2	现场检查见证	1. 抽检压力罐外观质量，见证压力试验		√	填写检查记录表，附试验报告及见证照片
		2. 抽检回油箱外观质量及压力试验		√	填写检查记录表，附试验记录及见证照片
		3. 抽检油压系统整体外观质量		√	填写检查记录表，附检查照片
		4. 见证油压系统空载试运行	√		填写见证表，附试验报告及见证照片
		5. 抽检机械柜组装后的外观质量及柜面布置		√	填写检查记录表，附检查照片
		6. 抽检电气柜整体组装后的外观质量及柜面布置		√	填写检查记录表，附检查照片
		7. 见证调速器组装后的外观质量、功能试验	√★		填写见证表，附试验记录及见证照片
		8. 出厂验收抽检及试验见证		√★	填写检查记录表，附抽检记录及验收照片

注：1. 有★标记的为巡视停点检查点，为必检项目

2. 监理见证表、检查记录表的格式及内容由总监确定

3. 试验见证项目可采用认可的制造单位试验记录（报告）签字后，作为监理见证资料

2.5 励磁系统设备制造巡视质量控制

序号	巡视项目	巡视工作内容	监理方式			监理工作要求
			R	W	H	
1	巡视方式	1. 巡视方式及巡视次数； 2. 文件见证的内容； 3. 多批次设备的出厂验收				1. 励磁系统设备制造监理巡视见证方式应按合同规定的要求进行，一般情况下，采取中间巡视和出厂验收等方式，不驻厂监理； 2. 中间巡视应按合同规定的次数进行，对关键部件的工序质量进行巡视；进行主要材料、外购配套部件、电气元器件等质量证明文件的见证，或中间试验的见证；

续表

序号	巡视项目	巡视工作内容	监理方式			监理工作要求
			R	W	H	
1	巡视方式	1．巡视方式确定及巡视次数确定； 2．文件见证的内容； 3．多批次设备的出厂验收				3．出厂试验见证以及验收工作为巡视的停点，应按合同要求做好各批次设备的出厂验收工作，并形成会议纪要； 4．巡视的方式应在巡视大纲中明确，并报委托人同意
2	监理准备及协调工作	1．熟悉合同技术要求，掌握设备的技术参数、主要配置及功能要求； 2．参加设计联络会（如需）； 3．阶段性巡视工作； 4．收集检验标准及规范	√	√		1．熟悉合同技术要求，掌握设备主要技术参数、功能及配置要求，掌握所执行的设备制造标准，为开展监理巡视做好准备工作； 2．参加委托人组织召开的励磁系统设备设计联络会，进一步明确励磁系统设备的技术要求及配置，形成会议纪要，参加会议情况拍照、记入巡视日志，在月报（周报）中反映； 3．做好阶段性巡视工作，重点做好设备的出厂验收工作和必要的中间巡视工作，巡视工作情况拍照、记入巡视日志，在月报（周报）中反映； 4．执行标准：GB/T 7409.3《同步电机励磁系统 大中型同步电机励磁系统技术要求》及合同规定的相关标准
3	励磁调节柜功率柜灭磁柜	1．见证柜体的质量合格证及品牌； 2．见证主要配套部件的品牌及型号； 3．抽检组装质量； 4．见证相关的电气试验	√	√		1．见证励磁柜柜体的质量合格证，核查柜体品牌及生产厂家，抽检柜体的外观质量，见证情况拍照、记入巡视日志，月报（周报）中反映； 2．分别见证励磁调节柜、功率柜、灭磁柜主要电气元器件的品牌及型号，包括可控硅、灭磁开关、非线性电阻、断路器、接触器等，填写监理见证表，见证情况拍照、记入日志，在月报（周报）中反映； 3．分别抽检励磁调节柜、功率柜、灭磁柜组装后柜内内接线及元器件的布置，接线应整齐、线路编号标识明显、安装牢固，填写监理抽检记录表，抽检情况拍照、记入巡视日志，在月报（周报）中反映； 4．分别见证励磁调节柜、功率柜、灭磁柜的调试试验，包括调节柜、功率柜、灭磁柜的电气回路试验、小电流检查、低压大电流试验、空载动模试验、负载动模试验，填写监理见证表，见证情况拍照，记入巡视日志，在月报（周报）中反映。（电气试验见证结果，也可直接在制造单位试验报告上监理签字，作为监理见证表的附件）
4	励磁变压器	1．励磁变压器质量合格证见证	√	√		1．见证励磁变压器的质量合格证，核查变压器的品牌、型号、型式，填写监理见证表，见证情况拍照、记入巡视日志，在月报（周报）中反映；

续表

序号	巡视项目	巡视工作内容	监理方式			监理工作要求
			R	W	H	
4	励磁变压器	2．核查励磁变的型号、见证主要配置； 3．外观质量抽检	√	√		2. 抽检见证励磁变压器的主要配置及相关的接口，包括高低压侧组别联接件、测温元件、温控器、高/低压侧电流互感器、三相汇总端子箱等，抽检见证情况拍照，记入巡视日志，在月报（周报）中反映； 3. 抽检励磁变压器的外观质量，抽检情况拍照，记入巡视日志
5	出厂验收工作	1．审核励磁系统设备出厂验收大纲； 2．参加出厂验收工作，形成验收纪要； 3．见证励磁系统的调试及操作试验	√	√	√	1. 审核励磁系统出厂验收大纲，提出审核意见，经制造单位完善后，由总监审签，报委托人； 2. 参加或主持励磁系统设备的出厂验收，并按照程序进行设备的出厂验收工作，现场见证励磁设备的调试试验，核查主要配置及电气元器件的品牌或生产厂家，提出需完善或整改的意见，形成出厂验收纪要（附现场抽检、见证记录表），验收情况拍照、记入巡视日志，在月报（周报）中反映； 3. 见证励磁系统设备调试试验，包括回路绝缘试验，模拟电磁干扰试验，模拟自动开停机试验，模拟停机、空载、负载状态下操作切换试验，模拟停机、空载、负载状态下的故障试验，静特性试验，试验结果填写以上记录表。具体试验项目应根据合同要求及规范规定的试验项目，或以委托人批准的出厂验收大纲有关试验项目进行试验； 4．出厂验收工作是巡视监理工作的重点，设备组装后监理检查见证工作可结合出厂验收一起进行，并另行填写监理检查（见证）记录表，检查项目内容不全的部分，应在验收后进行补充
6	验收后的有关协调工作	1．督促制造单位进行相关的完善和整改工作； 2．督促做好设备的包装和保护； 3．督促做好出厂资料的整理和移交； 4．督促按时进行发运工作				1．按照出厂验收纪要的要求，采用文件联系方式，下达监理联系单，督促制造单位做好验收后的有关完善或整改工作，并提交整改（完善）后的专题报告（采用照片对比和简要说明的形式），由监理进行审核后报委托人； 2. 采用通信联系的方式督促制造单位做好励磁协调的包装及防护工作，落实防潮防雨防震防碰撞的措施，满足运输及吊装要求； 3．采用文件联系方式，下达监理联系单，督促制造单位按照合同要求，做好随机资料和竣工资料的整理，按时进行资料移交工作； 4．采用通信联系的方式，督促制造单位按照委托人的发运通知，及时组织设备的发运，满足交货时间要求

附表

励磁系统设备制造监理巡视检查、见证项目汇总表

序号	项目	检查、见证内容	方法		备注
			见证表	检查记录	
1	文件见证	1．见证励磁调节柜主要电气元器件的质量合格证及品牌、型号	√		填写监理见证表，附质量合格证及见证照片
		2．见证功率柜主要电气元器件的质量合格证及品牌、型号	√		填写监理见证表，附质量合格证及见证照片
		3．见证灭磁柜主要电气元器件的质量合格证及品牌、型号	√		填写监理见证表，附质量合格证及见证照片
		4．见证励磁变压器质量合格证	√		填写监理见证表，附质量合格证及见证照片
2	现场检查见证	1．见证励磁调节柜调试试验	√		填写见证表，附试验记录及见证照片
		2．见证功率柜调试试验	√		填写见证表，附试验记录及见证照片
		3．见证灭磁柜的调试试验	√		填写见证表，附试验记录及见证照片
		4．抽检励磁调节柜、功率柜、灭磁柜组装后接线及元器件布置质量		√	填写检查记录表，附检查照片
3	出厂验收	1．见证有关试验、主要电器元器件品牌、型号 2．形成出厂验收纪要		√★	填写检查记录表，附抽检记录及验收照片

注：1．有★标记的为巡视停点检查点，为必检项目

2．监理见证表、检查记录表的格式及内容由总监确定

3．试验见证项目可采用认可的制造单位试验记录（报告）签字后，作为监理见证资料

2.6 油系统、滤水系统设备制造巡视质量控制

序号	巡视项目	巡视工作内容	监理方式			巡视工作要求
			R	W	H	
1	巡视准备工作	1．熟悉合同技术要求，掌握设备的技术参数、主要配置及功能要求； 2．参加委托人组织召开的设计联络会	√	√		1．了解掌握油系统、滤水系统设备的主要技术参数、性能要求、主要配置及供货范围，为开展巡视工作做好准备； 2．参加委托人组织召开的设计联络会（如有），进一步掌握设备主要技术要求及相关元器件配置的确定，形成设计联络会纪要；

续表

序号	巡视项目	巡视工作内容	监理方式			巡视工作要求
			R	W	H	
1	巡视准备工作	3．进行中间巡视工作和出厂验收工作； 4．掌握设备制造标准及规范要求	√	√		3．按照监理合同要求，做好设备出厂验收工作，巡视及验收工作情况拍照、记入巡视日志，在月报（周报）中反映； 4．油系统设备、滤水系统设备以巡视监理方式进行
2	机组技术供水滤水系统设备	1．见证主要部件的材质证明文件； 2．抽检外壳的主要尺寸及外观质量； 3．见证设备主要部件的配置； 4．见证水压试验及功能操作试验	√	√	√	1．分别见证滤水器外壳、滤网、滤筒及转动轴的材质证明文件，填写监理见证表，见证情况记入巡视日志，在月报（周报）中反映； 2．核查滤水系统设备的主要部件配置（减速机电机、压差变送器、压力表、排污阀等）的型号、品牌以及质量合格证，填写监理见证表，见证情况拍照，记入巡视日志，在月报（周报）中反映； 3．抽检组装后的主要尺寸及外观质量，重点抽检外壳主要尺寸（外形尺寸、进出口通径、排污管径、筒体直径）、外观质量、铭牌标识的内容（主要技术参数、额定压力、额定流量等），填写监理检查记录表，抽检情况拍照、记入日志，在月报（周报）中反映； 4．见证相关的试验，包括水压试验、操作功能试验，试验结果填写监理见证表，见证情况拍照、记入日志，在月报（周报）中反映； 5．滤水器设备的监理巡视检查及见证工作，可在中间巡视时进行，也可结合出厂验收一起进行，但需逐项将检查、见证的项目填写巡视检查（见证）记录表
3	油系统设备	1．见证油系统设备主要部件的材质证明文件； 2．抽检设备组装后主要尺寸及外观质量； 3. 见证设备相关的调试与试验； 4．见证设备主要配置	√	√	√	1．见证油系统主要部件（包括油罐、中间油箱、齿轮轴）的材质证明文件，填写监理见证表，见证情况记入日志； 2．抽检油系统设备焊缝外观、法兰接口尺寸以及外观质量（涂层颜色及表面质量）；见证罐体水压试验报告，核查油罐表计的规格及品牌，填写监理检查记录表，抽检情况拍照，记入日志，在月报（周报）中反映；

续表

序号	巡视项目	巡视工作内容	监理方式			巡视工作要求
			R	W	H	
3	油系统设备	1. 见证油系统设备主要部件的材质证明文件； 2. 抽检设备组装后主要尺寸及外观质量； 3. 见证设备相关的调试与试验； 4. 见证设备主要配置	√	√	√	3. 见证油系统设备的主要配置，包括齿轮泵电机、精滤芯、真空泵、液位计、流量开关、压力表、真空表等配套部件的型号、性能参数、品牌，见证配套部件的质量合格证，填写监理见证表，见证情况拍照，记入巡视日志，在月报（周报）中反映； 4. 见证油系统设备的相关试验，填写监理见证表，见证情况拍照、记入日志，在月报（周报）中反映； 5. 油系统设备的监理巡视检查及见证工作，可在中间巡视时进行，也可结合出厂验收一起进行，但需逐项将检查、见证的项目填写监理检查（见证）记录表
4	含油污水处理系统设备	1. 见证主要部件的材质证明文件； 2. 抽检油污水处理设备组装后的尺寸及外观质量； 3. 见证设备的主要配置； 4. 见证设备相关的调试与试验	√	√	√	1. 见证油污水处理设备的材质证明文件（包括水泵叶轮、水泵轴），填写监理见证表，见证情况记入日志，在月报（周报）中反映； 2. 抽检设备组装后的主要尺寸、外观质量，见证相关的试验，填写监理检查（见证）记录表，见证情况配置、记入日志，在月报（周报）中反映； 3. 见证油污水处理设备的主要配套部件的质量合格证，见证情况配置，记入日志，在月报（周报）中反映； 4. 见证设备相关的调试与试验，填写见证表，见证情况拍照、记入日志，在月报（周报）中反映； 5. 含油污水处理设备的监理巡视检查及见证工作，可在中间巡视时进行，也可结合出厂验收一起进行，但需逐项将检查、见证的项目填写监理检查（见证）记录表
5	出厂验收工作	1. 审核设备出厂验收大纲； 2. 参加出厂验收工作，抽检组装后尺寸，见证相关试验，形成出厂验收纪要	√	√	√	1. 审核滤水系统、油系统设备出厂验收大纲，提出审核意见，经制造单位完善后，由总监审签，报委托人； 2. 参加或受委托主持设备的出厂验收，按照出厂验收程序进行出厂验收工作，抽检设备组装后的外形尺寸，见证相关的试验，核查主要元器件的型号、规格和品牌，提出需完善或整改的意见，形成出厂验收纪要［附验收抽检（见证）记录表］，验收情况拍照、记入巡视日志，记入大事记，在月报（周报）中反映；

续表

序号	巡视项目	巡视工作内容	监理方式			巡视工作要求
			R	W	H	
5	出厂验收工作	1. 审核设备出厂验收大纲； 2. 参加出厂验收工作，抽检组装后尺寸，见证相关试验，形成出厂验收纪要	√	√	√	3. 见证各项设备的出厂试验，包括水压试验、流量测试、报警显示、电气试验等，试验结果填写记录表（具体试验项目应根据合同的要求及规范规定的试验项目进行，出厂验收抽检见证的项目具体由验收组确定）； 4. 出厂验收工作是巡视监理工作的重要节点，监理可结合出厂验收工作一起进行相关的检查见证工作，分别填写监理检查（见证）记录表，检查的柜屏及项目和内容不全的部分，可在验收后进行补充
6	验收后的有关协调工作	1. 督促制造单位进行相关的完善和整改工作； 2. 督促做好设备的包装和保护； 3. 督促做好出厂资料的资料和移交； 4. 督促按时进行发运工作				1. 按照出厂验收纪要的要求，采用文件联系方式，下达监理联系单，督促制造单位做好验收后的有关完善或整改工作，并提交整改（完善）后的专项报告（采用照片对比和简要说明的方式），由监理进行审核后，报委托人； 2. 采用通信联系的方式督促制造单位做好设备的包装及防护工作，落实防潮防雨防碰撞的措施，满足运输及吊装要求； 3. 采用文件联系方式，下达监理联系单，督促制造单位按照合同要求，做好出厂资料（随机资料和竣工资料）的资料，按时进行资料的移交工作； 4. 采用通信联系的方式，督促制造单位按照委托人的发运通知，及时组织设备发运，满足交货时间要求

附表

油、水系统设备制造监理巡视检查、见证项目汇总表

序号	项目	检查、见证内容	方法		备注
			见证表	检查记录	
1	油系统设备	1. 见证油污水处理设备材质证明	√		填写监理见证表，附操作证明及见证照片
		2. 见证油系统设备的主要配置质量合格证	√		填写见证表，附质量合格证及见证照片
		3. 见证油系统设备的相关试验、外观质量	√★		填写监理见证表，附试验记录及见证照片
2	滤水系统设备	1. 见证滤水器外壳、滤网、滤筒及转动轴的材质证明文件	√		填写见证表，附材质证明及见证照片
		2. 见证减速机电机、压差变送器、压力表、排污阀等配套部件的型号、品牌以及质量合格证	√		填写见证表，附质量合格证及见证照片

续表

序号	项目	检查、见证内容	方法		备注
			见证表	检查记录	
2	滤水系统设备	3. 检查主要尺寸及外观质量		√★	填写检查记录表，附检查照片
		4. 见证水压试验、操作功能试验	√★		填写见证表，附试验记录及见证照片
3	含油污水处理设备	1. 见证水泵叶轮、水泵轴材质证明文件	√		填写见证表，附材质证明及见证照片
		2. 见证油污水设备的调试与试验	√		填写见证表，附试验记录及见证照片
		3. 抽检组装后主要尺寸及外观质量		√★	填写检查记录表，附检查照片
4	出厂验收	1. 抽检相关设备组装后主要尺寸及见证有关试验 2. 形成出厂验收纪要		√★	填写检查记录表，附抽检记录及验收照片

注：1. 有★标记的为巡视停点检查点，为必检项目

2. 监理见证表、检查记录表的格式及内容由总监确定

3. 试验见证项目可采用认可的制造单位试验记录（报告）签字后，作为监理见证资料

第 3 章　金属结构设备制造质量控制

水工金属结构是水利水电工程挡水系统、引水系统的关键设备，其制造质量能否满足设计要求将直接影响到水利工程的运行安全，严重时可能会造成社会影响。本章节对金属结构设备，包括平面闸门设备、弧形闸门设备、拦污栅设备、固定卷扬启闭机设备、移动式启闭机（双向门机）设备、液压启闭机设备、桥式（双梁）起重机设备、高强度钢岔管、压力钢管波纹管伸缩节设备监理专业部分的重点工作分别进行了阐述（实际执行时需根据合同、设计图样的具体要求进行调整）。

3.1　平面闸门设备制造监理质量控制

序号	监理项目	监理工作内容	监理方式			监理工作要求
			R	W	H	
	提示					1. 监理工作开展前，监理应熟悉合同技术条款、设计图样及相应的标准规范要求，编写监理细则； 2. 了解平面闸门的型式（定轮闸门、滑道式闸门、叠梁门）；了解门叶的分节情况；了解门槽埋件的型式、组装要求；了解门叶及埋件的防腐要求，以确定监理工作的重点，便于确定监理工作的内容； 3. 执行的主要标准：NB/T 35045《水电工程钢闸门制造安装及验收规范》、GB/T 14173《水利水电工程钢闸门制造、安装及验收规范》及合同规定的相关标准； ★不包括平面链轮闸门
1	门槽埋件	1. 门槽埋件（主轨、侧轨、反轨、门楣、底槛、胸墙）材质证明文件见证； 2. 埋件工序质量（下料、组拼、焊接、机加工）抽检	√	√		1. 分别见证门槽埋件的材质证明文件，如埋件材料为分批进厂，需分批进行材料质量证明文件的见证，填写监理见证表（附材质报告），见证情况记入日志，在月报（周报）中反映； 2. 主轨如采用铸钢且加工后成品进厂的，需见证外协铸钢主轨的材质证明、热处理报告、无损检测报告、表面硬度检测报告及主要尺寸质检记录，填写监理见证表，见证情况记入日志，在月报（周报）中反映（如铸钢主轨的材质与合同不符，应下达监理联系单，并报告委托人，暂时停止该主轨的使用，待申请批复后方可进行后续工序或报废重新生产）； 3. 分别抽检首件（单节）埋件下料后主要尺寸及形位公差，抽检情况记入日志，在月报（周报）中反映； 4. 分别抽检各类埋件首批（单组）组拼后的尺寸和形位公差（见 NB/T 35045 表 7.1.7 构件拼装公差），合格后方可进行后续工序，抽检情况拍照、记入日志，工序质量情况在月报（周报）中反映； 5. 分别抽检单节埋件焊缝外观质量（见 NB/T 35045 表 4.5.2 焊接接头外观质量及尺寸要求），抽检情况拍照、记入日志，在月报（周报）中反映； 6. 如发现单节埋件的焊缝外观缺欠问题（焊高不够、咬边、飞溅焊渣、未焊满等缺欠）应督促制造单位进行返工处理，抽检情况记入日志，在月报（周报）中反映； 7. 分别抽检首批分节埋件主轨轨面、水封座面及端头机加工后的尺寸偏差；铸钢主轨踏面加工后的尺寸偏差，抽检情况拍照、记入日志，在月报（周报）中反映

续表

序号	监理项目	监理工作内容	监理方式			监理工作要求
			R	W	H	
1	门槽埋件	3. 埋件分项整体预组装质量检查		√	√	1. 检查门槽埋件整体预组装平台是否平整、是否满足组装长度要求，检查情况记入日志； 2. 分别检查每套门槽埋件主轨、副轨、反轨、侧轨、底槛、门楣、主轨与门楣的整体预组装尺寸偏差及外观质量，按照 NB/T 35045 表 7.3.1 具有止水要求的埋件公差、表 7.3.2 没有止水要求的埋件公差要求，结合不同型式的埋件，确定检查项目，包括埋件总长度、工作面直线度、侧面直线度、工作面局部平面度、扭曲；以及节间间隙、相邻构件组合处错位，止水座板与主轨面的中心距及高差、止水座板与反轨工作面的中心距及高差等项目进行逐项检查（见 NB/T 35045 规范 7.3 埋件制造）的要求，填写监理检查记录表，检查情况分别拍照、记入日志，在月报（周报）中反映； 3. 分别检查每套埋件的门楣与主轨（或主轨上段）的预组装尺寸偏差，（见规范 7.3 埋件制造）的要求，填写监理检查记录表，检查情况拍照、记入日志，在月报（周报）中反映； 4. 如埋件长度较长，需分段进行预组装的，制造单位应事先申请并经委托人批准同意，监理分别进行检查，填写监理检查记录表，在月报（周报）中反映； 5. 埋件的整体预组装检查为停止见证点，每套、每种型式的埋件预组装，监理必须进行停点检查，做好检查记录；如因生产进度或验收时间问题，埋件组装后直接进行出厂验收的，可在出厂验收抽检项目的基础上，填写监理检查记录表，如有缺项的可在验收后补充进行检查，并将检查项目进行完善； 6. 铸钢主轨整体预组装除主要尺寸偏差检查外，还需进行主轨踏面硬度抽检，填写监理抽检记录表，抽检情况拍照、记入日志，在月报（周报）中反映
2	门叶结构	1. 门叶主要材质证明文件见证	√	√		1. 见证门叶主要材质证明文件，填写监理见证表（附材质证明文件），见证情况记入日志，在月报（周报）中反映； 2. 如主要材料分批进厂，应按进厂的批次分别做好监理见证工作； ★高寒地区使用的闸门及门槽埋件，合同对钢板牌号有规定时，应重点进行钢板牌号的核查并拍照，填写监理见证表，记入日志，在月报（周报）中反映； 3. 见证门叶主要型钢的材质，见证情况记入日志，在月报（周报）中反映
		2. 门叶面板对接焊缝无损检测及检测报告见证	√	√		1. 抽检门叶面板对接焊缝（二类焊缝）外观质量，见证焊缝超声波检测及检测报告，填写监理见证表（附无损检测报告或照片），工序质量情况在月报（周报）中反映； 2. 抽检主梁、边梁翼板、腹板对接焊缝（一类焊缝）的外观质量，见证对接焊缝的无损检测报告，填写监理见证表（附无损检测报告或照片），焊接质量情况在月报（周报）中反映；

续表

序号	监理项目	监理工作内容	监理方式			监理工作要求
			R	W	H	
2	门叶结构	3. 主梁翼板、腹板对接焊缝焊接及无损检测报告见证	√	√		3. 检查所使用的焊接材料是否符合工艺要求及与母材的匹配，检查情况记入日志；合同对焊材有特殊规定的，需做好焊材质量证明文件的见证，填写监理见证表（附焊材质量证明文件），见证情况记入日志； 4. 门叶面板、边梁翼板、腹板的对接焊缝无损检测后，如发现超标缺欠，应督促制造单位进行返工处理，并见证焊缝的二次无损检测，合格后方可进行后续工序，见证情况记入日志，在月报（周报）中反映
		4. 分别抽检门叶主梁、边梁、隔板组拼尺寸偏差； 5. 抽检吊耳组拼尺寸	√	√		1. 分别抽检首件次梁、隔板组拼后主要尺寸偏差（见NB/T 35045 表 7.1.7 构件拼装公差），抽检情况拍照、记入日志，在月报（周报）中反映； 2. 分别抽检首件主梁（箱型梁）、边梁组拼后的主要尺寸偏差，抽检情况拍照、记入日志，在月报（周报）中反映； 3. 抽检吊耳组拼尺寸，抽检情况拍照、记入日志，在月报（周报）中反映
		6. 抽检构件焊缝外观质量，见证主要焊缝的无损检测及报告	√	√		1. 核查构件焊缝焊接工艺执行情况，一、二类焊缝焊接应具有资质的焊接人员进行焊接，核查情况记入日志； 2. 抽检构件焊缝的外观质量，见 NB/T 35045 表 4.5.2 焊缝接头外观质量和尺寸要求，见证主要焊缝的无损检测和检测报告，抽检情况记入日志，在月报（周报）中反映； 3. 一类、二类焊缝的无损检测比例，应符合合同及 NB/T 35045 表 4.5.4 焊缝无损检测长度占全长百分比，抽检情况记入日志； 4. 焊缝无损检测发现的超标缺欠，应及时督促制造单位进行返工处理，并见证二次无损检测及报告，合格后方可进行后续工序，抽检情况记入日志，在月报（周报）中反映； 5. 主梁、边梁设计为箱型梁时，重点抽检翼缘板与腹板的组合焊缝（腹板与翼板组合焊缝如设计未要求焊透时，按照 NB/T 35045 中 4.5.8 条款规定执行）或角焊缝的外观质量，见证批次首件焊缝无损检测及报告，填写监理见证表，见证情况记入日志，在月报（周报）中反映
		7. 抽检结构部件（单件）焊后变形校正尺寸偏差和形位偏差				抽检构件（单件）焊后的校正，重点抽检翼缘板与腹板焊接后的尺寸偏差和形位偏差，包括翼板的水平倾斜度、翼板翘曲度、腹板的局部平面度（见 NB/T 35045 表 7.1.7 构件拼装公差），抽检情况拍照、记入日志
		8. 检查门叶整体拼装及焊缝外观质量，见证主要焊缝的无损检测及检测报告	√	√		1. 检查组拼平台的平面度，应满足工艺及闸门组装工艺要求，检查情况拍照、记入日志； 2. 检查门叶面板的铺设，重点抽检门叶面板的划线（中心线、对角线、分节线、两边梁的中心线）、检查面板分节连接处的间隙，做好监理抽检记录，抽检情况拍照、记入日志，在月报（周报）中反映； 3. 抽检主梁、两边梁、隔板在门叶上的组拼尺寸及间隙，抽检情况记入日志；

续表

序号	监理项目	监理工作内容	监理方式			监理工作要求
			R	W	H	
2	门叶结构	8. 检查门叶整体拼装及焊缝外观质量，见证主要焊缝的无损检测及检测报告	√	√		4. 检查门叶整体组拼后（焊前）主要尺寸偏差，应满足工艺设计的要求，填写监理抽检记录表，检查情况拍照、记入日志，在月报（周报）中反映； 5. 抽检焊缝的外观质量（见 NB/T 35045 表 4.5.2 焊缝接头外观质量和尺寸要求），重点抽检焊缝余高不足、咬边、飞溅焊渣、未焊满等缺欠，发现后督促制造单位进行处理，抽检情况拍照、记入日志，在月报（周报）中反映； 6. 检查吊耳焊接后的尺寸偏差及焊缝外观质量，见证焊缝的无损检测及检测报告，填写监理见证表，见证情况拍照，记入日志，在月报（周报）中反映； 7. 检查门叶整体组焊后主要尺寸偏差，做好监理检查记录，检查情况记入日志； 8. 见证门叶的解体，完成分节门叶剩余焊缝焊接，抽检焊缝外观质量，抽检情况记入日志； 9. 见证门叶主要焊缝的无损检测情况及报告，核查焊缝无损检测总长度及比例，填写监理见证表（附无损检测报告或照片），见证情况记入日志，在月报（周报）中反映
3	门叶支承	1. 见证滑块材质证明文件； 2. 抽检滑块主要尺寸及外观质量	√	√		1. 核查滑道支承材料的材质，应符合设计要求（支承的充填材料包括四氟板材、钢基铜塑复合材料、自润滑铜合金支承材料、工程塑料合金等），见证支承外购部件的质量证明文件（如合同对滑道品牌有要求时，应核查滑道品牌，填写监理见证表），见证核查情况拍照、记入日志，在月报（周报）中反映； 2. 抽检外购支承滑块的主要尺寸及外观质量，重点抽检表面有无杂质、砂眼、缩孔等缺欠情况（详见 NB/T 35045 附录 M 支承滑道常用材料），抽检情况记入日志
		3. 见证定轮（锻件）、定轮轴（锻件）材质证明； 4. 抽检定轮主要尺寸及外观质量	√	√		1. 见证外协锻钢定轮的质量合格证，包括材料化学成分、理学性能试验报告、热处理报告、无损检测报告等，填写监理见证表（附质量证明文件）见证情况拍照、记入日志，在月报（周报）中反映； 2. 见证外协定轮轴（锻钢）的质量合格证，包括材料化学成分、力学性能试验报告；热处理报告；无损检测报告，填写监理见证表（附质量证明文件）见证情况拍照、记入日志，在月报（周报）中反映； 3. 如外协定轮为成品进厂，进厂时应进行相关质量文件的见证，包括材质证明文件、热处理报告、无损检测报告、检验记录，抽检主要尺寸偏差及踏面硬度，检查定轮的外观质量，合格后方可入库，填写监理见证表，见证情况拍照、记入日志，在月报（周报）中反映； 4. 督促制造单位进行定轮、定轮轴进厂后的无损检测复检工作，见证无损检测情况及报告，见证情况记入日志； 5. 合同如要求第三方单位进行无损检测的，监理应及时配合做好第三方单位的无损检测工作，见证情况记入日志，在月报（周报）中反映

续表

序号	监理项目	监理工作内容	监理方式			监理工作要求
			R	W	H	
4	整体预组装	1. 审查平面闸门的组装方案； 2. 检查组装平台及组装状态		√		1. 审查平面门的整体预组装方案（出厂验收方案），提出审核意见，经制造单位修改后，由总监签字，报委托人； 2. 检查组装平台及安全措施，门叶组装支撑应牢固，满足闸门的承载要求，应有便于爬高的措施及安全标志，检查情况拍照、记入日志，在月报（周报）中反映
		3. 检查门叶的整体拼组状态，抽检拼组后的相关尺寸及间隙偏差，见证门叶组拼尺寸； 4. 见证水封座板的整体机加工情况； 5. 检查滑块或定轮的组装尺寸偏差； 6. 检查预组装后主要尺寸偏差		√	√	1. 核查平面闸门整体预组装的状态,应满足合同或出厂验收大纲的要求（平面闸门一般情况下，采取门叶工作面朝上卧式组装的方式），见证情况拍照、记入日志，在月报（周报）中反映； 2. 抽检组装后各节门叶组合处的错位、间隙、中心线标识等，抽检情况记入日志； 3. 抽检水封座面、滑块座面整体机加工后主要尺寸偏差，以及止水座面至支承座面的距离，抽检情况拍照、记入日志，在月报（周报）中反映； 4. 见证定轮孔加工和定轮的组装，抽检定轮组装后的尺寸偏差，包括定轮共面度、定轮支承跨度等，对存在的组装偏差，督促制造单位进行调整，抽检情况记入日志，在月报（周报）中反映； 5. 抽检吊耳焊缝的外观质量，见证焊缝的无损检测情况，抽检吊耳组焊后主要尺寸偏差（见 NB/T 35045 第 7.4.11 款要求），抽检情况拍照、记入日志，在月报（周报）中反映； 6. 抽检自动挂脱定位销组焊后或定位孔加工后的尺寸偏差，抽检情况拍照、记入日志； 7. 见证充水阀的组装，抽检组装后的尺寸偏差，见证充水或透光试验，填写监理见证表，抽检见证情况拍照、记入日志，在月报（周报）中反映； 8. 门体整体组装完成后，进行主要尺寸及外观质量的检查（见按 NB/T 35045 表 7.4.1 平面闸门的允许偏差），填写监理检查记录表，检查情况拍照、记入日志，在月报（周报）中反映； 9. 检查相关的中心线、定位线，以及编号、标识，检查情况记入日志； ★如平面闸门的反向支承、侧向支承在整体预组装时不参与组装，应在验收后进行试组装，监理进行检查见证工作； ★如平面闸门设计有吊杆的，吊杆单节合格后，应进行整体预组装，检查吊杆的总长度及分节编号标志，与闸门门体一起进行出厂验收
5	出厂验收工作	1. 审核平面闸门出厂验收大纲； 2. 督促制造单位做好出厂验收资料的准备工作		√	√	1. 审核制造单位提交的平面闸门出厂验收大纲，以监理联系单方式提出审核意见，监理部审核后报委托人审批，审核情况记入日志，在月报（周报）中反映； 2. 协调制造单位编写设备制造情况汇报及质量检验报告，按照合同要求，整理出厂验收资料，做好出厂验收的准备工作；

续表

序号	监理项目	监理工作内容	监理方式			监理工作要求
			R	W	H	
5	出厂验收工作	3. 编写监理工作汇报； 4. 参加出厂验收，进行现场主要尺寸抽检工作； 5. 讨论并形成出厂验收纪要		√	√	3. 审核制造单位提交的出厂验收申请，签署监理审核意见，由总监签发意见后，报委托人审批； 4. 编写监理工作汇报资料，包括验收设备的基本情况、质量与生产进度的情况、整体预组装质量检查结果、制造质量缺陷及处理结果、制造质量的评价以及需完善整改的项目； 5. 参加委托人组织的出厂验收工作（或受委托主持设备的出厂验收工作），验收程序包括制造单位汇报制造情况及质量检验情况、监理汇报工作情况、查阅相关的验收资料、现场抽检组装尺寸及外观质量、讨论并提出需完善及整改的意见，形成出厂验收纪要，附出厂验收抽检记录表，由参加验收的各方代表签字； ★以上出厂验收准备工作及验收过程的情况，应在当月监理月报中反映，项目验收工作记入大事记
6	验收后相关工作	1. 督促制造单位及时完成闸门相关的中心线、规定安装标识和分节标志； 2. 检查见证需完善和整改项目的处理结果； 3. 见证充水阀的试验和行程检测； 4. 抽检反向支承、侧向支承的试组装				1. 见证门叶相关中心线、工地安装线的标识情况，进一步检查分节标志，见证情况记入日志； 2. 按照出厂验收纪要的要求，分别检查见证相关项目的完善和整改工作，逐项拍照，检查情况记入日志，在月报（周报）中反映； 3. 见证需在验收后进行的充水阀试验以及行程的测量，拍照或录视频，填写监理见证表，记入日志，在月报（周报）中反映； 4. 见证侧向支承的试组装（如整体预组装时未组装），抽检相应的尺寸偏差，填写监理检查记录表，抽检情况拍照、记入日志，在月报（周报）中反映； 5. 督促制造单位提交验收后遗留问题整改完善情况的报告（如合同有要求），监理审核后经总监签字以监理联系单方式报委托人审核
7	防腐施工	1. 见证涂料质量证明文件	√			1. 见证防腐涂料的品牌及生产厂家，填写监理见证表（附涂料质量合格证），见证情况记入日志，在月报（周报）中反映； 2. 核查涂料面漆、中间漆、底漆是否是同一厂家的配套涂料，核查情况记入日志
		2. 抽检表面除锈工序质量		√		1. 抽检门叶等构件表面油污、焊渣、氧化皮、焊疤等表面缺欠的清除情况，确保表面除锈质量要求，抽检情况记入日志； 2. 督促制造单位做好埋件机加工部位的保护，防止加工表面的损坏； 3. 采取巡查、抽检的方式，采取首节门叶必检和一定比例抽检的方法，检查除锈后的表面质量，包括粗糙度及清洁度，填写监理检查表，抽检情况拍照、记入日志，在月报（周报）中反映

续表

序号	监理项目	监理工作内容	监理方式			监理工作要求
			R	W	H	
7	防腐施工	3. 抽检涂层施工质量				1. 门叶采用热喷锌防腐的，喷锌前应重点抽检除锈表面的清洁度和粗糙度，满足规范要求后进行热喷锌和封闭漆的施工；抽检喷锌层的厚度，填写抽检记录表，抽检情况拍照、记入日志，在月报（周报）中反映； 2. 中间漆涂装后，如发现表面有流挂、针孔、鼓包、皱纹等缺陷时，应督促制造单位进行处理，合格后方可进行后续漆膜的涂装，检查情况记入日志；工地焊缝应按规范要求涂装不影响焊接性能的车间底漆； 3. 抽检涂层的总厚度，填写监理检查记录表，抽检情况拍照、记入日志，在月报（周报）中反映； 4. 采取划格的方式，抽检漆膜的附着力，抽检情况拍照、记入日志，在月报（周报）中反映； 5. 检查面漆涂层的外观质量，表面应无流挂、针孔、鼓包、皱纹等缺欠，发现表面缺陷问题，应督促制造单位进行处理，满足涂层外观质量的要求，检查情况记入日志； 6. 检查面漆涂层的颜色，满足合同约定的色标要求；防腐质量的抽检情况应及时在月报（周报）中反映
8	包装发运	1. 检查门槽埋件部件包装情况； 2. 检查门叶加固情况； 3. 检查发运标识； 4. 签署发运清单； 5. 见证装车发运情况	√	√		1. 检查门槽埋件的包装情况，见证机加工后的水封座面保护措施，抽检框架包装埋件是否牢固，检查情况拍照、记入日志，在月报（周报）中反映； 2. 检查门叶各隔板间的加固情况，避免运输及装运吊装过程的变形，见证紧固螺栓、备品备件等部件是否包装牢固；抽检水封的包装，抽检情况拍照、记入日志，在月报（周报）中反映； 3. 核查发运清单与装车的部件的一致性，并在发运清单上签字； 4. 检查包装箱外的发运标识，检查大型或超重件的吊点及重心的标识，满足合同约定的要求，见证情况记入日志； 5. 按照委托人的发运通知，督促制造单位及时组织设备发运，满足交货时间要求； 6. 见证设备装车情况并拍照，发运情况记入日志，在月报（周报）中反映

附表

平面定轮闸门制造监理检查、见证项目汇总表

序号	项目	内容	方法		备注
			见证表	检查记录	
1	门叶	1. 见证门叶材质证明文件	√		填写见证表，附材质证明文件
		2. 见证主要焊缝无损检测及报告	√		填写见证表，附无损检测报告

续表

序号	项目	内容	方法		备注
			见证表	检查记录	
1	门叶	3. 检查首套门叶焊前主要尺寸		√	填写监理检查记录表，附检查照片
		4. 检查门叶焊后主要尺寸		√	填写监理检查记录表，附检查照片
		5. 检查水封座板加工后尺寸及表面质量		√	填写监理检查记录表，附检查照片
		6. 检查定轮孔尺寸及孔距偏差		√	填写监理检查记录表，附检查照片
2	支承	1. 见证锻件定轮材质证明文件	√		填写见证表，附材质证明文件及照片
		2. 见证定轮轴材质证明文件	√		填写见证表，附材质证明文件及照片
		3. 抽检定轮加工尺寸及踏面硬度		√	填写监理检查记录表，附抽检照片
		4. 见证滑块质量证明文件	√		填写见证表，附材质证明文件及照片
3	门叶整体预组装	1. 检查整体组装后主要尺寸及外观质量		√★	填写监理检查记录表，附检查照片
		2. 见证充水阀组装质量	√		填写见证表，附见证照片
4	防腐	1. 见证涂料质量合格证及品牌	√		填写见证表，附材质证明文件
		2. 抽检除锈后表面清洁度和粗糙度		√	填写监理检查记录表，附抽检照片
		3. 抽检喷锌层厚度及表面质量		√	填写监理检查记录表，附抽检照片
		4. 抽检涂层厚度及外观质量		√	填写监理检查记录表，附抽检照片
5	主轨	1. 见证主轨构件质量证明文件	√		填写见证表，附材质证明文件及照片
		2. 抽检主轨尺寸偏差及踏面硬度		√	填写监理检查记录表，附抽检照片
		3. 检查主轨整体预组装尺寸及外观质量		√★	填写监理检查记录表，附检查照片
		4. 抽检主轨除锈后表面质量		√	填写监理检查记录表，附抽检照片
		5. 抽检主轨防腐涂层厚度		√	填写监理检查记录表，附抽检照片
6	侧轨、反轨	1. 见证构件材质证明文件	√		填写见证表，附材质证明文件及照片
		2. 检查侧轨、反轨单件尺寸及外观质量		√	填写监理检查记录表，附抽检照片

续表

序号	项目	内容	方法		备注
			见证表	检查记录	
6	侧轨、反轨	3．检查侧轨、反轨整体预组装尺寸及外观质量		√★	填写监理检查记录表，附检查照片
		4．抽检侧轨、反轨除锈后表面质量		√	填写监理检查记录表，附抽检照片
		5．抽检侧轨、反轨防腐涂层厚度		√	填写监理检查记录表，附抽检照片
7	底槛	1．见证底槛材质证明文件	√		填写见证表，附材质证明文件及照片
		2．检查底槛单件尺寸及外观质量		√	填写监理检查记录表，附抽检照片
		3．检查底槛整体预组装尺寸及外观质量		√★	填写监理检查记录表，附检查照片
		4．抽检底槛除锈后表面质量		√	填写监理检查记录表，附抽检照片
		5．抽检底槛防腐涂层厚度		√	填写监理检查记录表，附抽检照片
8	门楣	1．见证门楣材质证明文件	√		填写见证表，附材质证明文件及照片
		2．检查门楣焊后尺寸及外观质量		√	填写监理检查记录表，附抽检照片
		3．检查门楣与主轨整体预组装尺寸及外观质量		√★	填写监理检查记录表，附检查照片
		4．抽检门楣除锈后表面质量		√	填写监理检查记录表，附抽检照片
		5．抽检门楣防腐涂层厚度		√	填写监理检查记录表，附抽检照片
9	水封	见证水封质量合格证	√		填写见证表，附材质合格证及照片

注：1．材料分批进厂的，需分批进行见证，填写见证表

2．主要焊缝指规范规定的一、二类焊缝，监理需进行无损检测及检测报告进行见证，填写见证表

3．每套门槽埋件整体预组装后监理进行检查，分别填写监理检查记录表

4．每扇门叶整体预组装后进行监理停点检查，分别填写监理检查记录表

5．有★标记的为监理停点检查点，为必检项目

3.2 弧形闸门设备制造监理质量控制

序号	监理项目	监理工作内容	监理方式			监理工作要求
			R	W	H	
	提示					1. 监理工作开展前，监理应熟悉合同技术条款、设计图样及相应的标准规范要求，编写监理细则； 2. 了解弧形闸门型式（潜孔式、露顶式）、门叶分节形式（横向分节、纵向分节）、门叶面板是否有机加工要求、止水型式（偏心铰压紧式止水、充压式止水），便于确定监理工作的内容及重点； 3. 执行的主要标准：NB/T 35045《水电工程钢闸门制造安装及验收规范》、GB/T 14173《水利水电工程钢闸门制造、安装及验收规范》及合同规定的相关标准
1	门槽埋件	1. 抽检支铰座埋件工序质量	√	√		1. 见证支铰座埋件的材质证明文件，填写监理见证表（如材料为分批进厂，应分批见证），见证情况记入日志，在月报（周报）中反映； 2. 抽检首件支铰座埋件组拼尺寸及焊缝外观质量，抽检情况拍照、记入日志； 3. 抽检首件支铰座埋件连接面机加工及螺栓孔加工的尺寸偏差，抽检情况拍照、记入日志，在月报（周报）中反映； 4. 抽检支铰座埋件的防腐质量，埋入部分水泥砂浆涂刷应均匀，连接面应涂刷防锈漆，抽检情况记入日志，在月报（周报）中反映
		2. 抽检门槽埋件（露顶式弧门埋件包括底槛侧轨；潜孔式弧门埋件包括底槛、侧轨和门楣）下料、组拼、焊接工序质量	√	√		1. 见证门槽埋件的材质证明文件，填写监理见证表（如材料为分批进厂，应分批做好见证工作），见证情况记入日志，在月报（周报）中反映； 2. 抽检门槽埋件下料尺寸，满足工艺文件要求，抽检情况记入日志； 3. 抽检每套底槛、侧轨组拼后主要尺寸（见 NB/T 35045 表 7.1.7 构件拼装公差），抽检情况拍照、记入日志； 4. 抽检分节埋件焊缝外观质量（见 NB/T 35045—2014 表 4.5.2 焊接接头外观质量及尺寸要求），如发现焊缝外观缺欠问题（余高不足、咬边、飞溅焊渣、未焊满等缺欠）应督促制造单位进行处理，抽检情况拍照、记入日志，在月报（周报）中反映； 5. 抽检每套埋件水封座面及端头机加工后的尺寸偏差，填写监理检查记录，抽检情况拍照、记入日志，在月报（周报）中反映

续表

序号	监理项目	监理工作内容	监理方式			监理工作要求
			R	W	H	
1	门槽埋件	3．检查底槛、侧轨整体预组装质量		√	√	1．检查门槽埋件整体预组装平台，组装平台应平整、满足组装长度要求；如埋件需分段组装的，应在出厂验收大纲中说明，并采取相应的措施，满足埋件总体尺寸偏差的要求，检查情况记入日志； 2．分别检查每套门槽底槛、侧轨的整体预组装，按照NB/T 35045规范表7.3.1 具有止水要求的埋件公差、表 7.3.2 没有止水要求的埋件公差，检查埋件预组装的尺寸偏差及外观质量，填写监理检查记录表，检查情况拍照、记入日志，在月报（周报）中反映； 3.潜孔式弧门埋件，需检查门楣的主要尺寸偏差，填写监理检查记录，记入日志，在月报（周报）中反映
		4．充压式止水装置（★深孔弧门）		√	√	1．见证充压式止水装置主止水座（铸钢件）的材质证明文件（化学成分、力学性能）、热处理报告、无损检测报告，见证水封压板的材质证明，填写监理见证表，见证情况记入日志，在月报（周报）中反映； 2．抽检止水座精加工后的尺寸偏差，重点抽检槽宽和表面粗糙度，端面加工偏差，抽检情况拍照、记入日志，在月报（周报）中反映； 3.检查充压式止水装置整体预组装后主要尺寸偏差，包括曲率半径、节间间隙及错位、压板螺栓孔偏差，填写监理检查记录表，检查情况拍照、记入日志，在月报（周报）中反映； 4.见证充压式止水装置的密封性试验及水封充压试验（如有），填写监理见证表，见证情况拍照、记入日志，在月报（周报）中反映
2	门叶结构	1．见证门叶主要材质证明文件	√	√		1．见证弧门门叶主要材质证明文件，填写监理见证表（附材质证明文件，如材料为分批进厂，应分批做好见证工作），见证情况记入日志，在月报（周报）中反映； 2．高寒地区使用的弧门，合同对钢板牌号有规定时，应重点进行钢板牌号的核查并拍照，填写监理见证表，记入日志，在月报（周报）中反映； 3.见证门叶主要型钢的材质，见证情况记入日志，如主要型钢材料牌号有特殊要求时，应按合同要求做好监理见证工作，填写监理见证表，见证情况拍照、记入日志，在月报（周报）中反映； ★如门叶面板设计为不锈钢复合钢板时，应相应见证不锈钢复合钢板的质量证明文件，核查不锈钢及基板的材质牌号，填写监理见证表，见证情况拍照、记入日志，在月报（周报）中反映；

续表

序号	监理项目	监理工作内容	监理方式			监理工作要求
			R	W	H	
2	门叶结构	1. 见证门叶主要材质证明文件	√	√		★如门叶设计采用贴不锈钢板，应见证不锈钢板的材质证明文件，填写监理见证表，见证情况拍照、记入日志，在月报（周报）中反映
		2. 见证面板拼接焊缝无损检测及检测报告； 3. 见证主梁翼板、腹板拼接焊缝外观及无损检测报告	√	√		1. 检查弧门门叶面板对接焊缝外观质量，见证焊缝超声波检测及检测报告，填写监理见证表（附无损检测报告或照片），见证情况拍照、记入日志，在月报（周报）中反映； 2. 抽检弧门主梁翼板、腹板对接焊缝的外观质量，见证对接焊缝的无损检测报告，填写监理见证表（附无损检测报告或照片），见证情况拍照、记入日志，在月报（周报）中反映； 3. 检查所使用的焊接材料是否符合工艺要求及与母材的匹配性，检查情况记入日志；做好焊材质量证明文件的见证，填写监理见证表（附焊材质量证明文件）； 4. 门叶面板、主梁翼板、腹板的对接焊缝无损检测后，如发现超标缺欠，应督促制造单位进行返工处理，并见证焊缝的二次无损检测，合格后方可进行后续工序，见证情况记入日志，在月报（周报）中反映
		4. 分别抽检门叶主梁、次梁、隔板组拼尺寸； 5. 抽检吊耳组拼尺寸抽检及焊缝外观质量抽检	√	√		1. 抽检每扇弧门首件主梁、次梁、隔板组拼后主要尺寸偏差（见 NB/T 35045 表 7.1.7 构件拼装公差），抽检情况拍照、记入日志，在月报（周报）中反映； 2. 进行主梁箱型梁主要焊缝坡口和焊缝质量的抽检（见 NB/T 35045 表 4.5.2 焊缝接头外观质量和尺寸要求），见证主要焊缝无损检测及检测报告，填写监理见证表（附无损检测报告或照片），见证情况记入日志，在月报（周报）中反映； 3. 抽检吊耳焊缝外观质量，见证吊耳焊缝（二类焊缝）的无损检测及检测报告，填写监理见证表，记入日志，在月报（周报）中反映； 4. 如门叶焊缝无损检测后发现超标缺欠问题，应及时督促制造单位进行处理，并见证焊缝的二次无损检测，合格后方可进行后续工序，见证情况记入日志，在月报（周报）中反映
		6. 抽检门叶整体拼组及焊接工序质量		√		1. 检查弧胎的主要尺寸，重点检查弧胎各支承点的高差是否满足工艺弧度的要求，检查情况拍照、记入日志，在月报（周报）中反映； 2. 检查见证首扇门叶面板铺设后的弧度，抽检门叶面板的放样（中心线、对角线、分节线、上下主梁中心线）、检查面板分节连接处的组拼间隙，抽检情况拍照、记入日志，在月报（周报）中反映；

续表

序号	监理项目	监理工作内容	监理方式			监理工作要求
			R	W	H	
2	门叶结构	6. 抽检门叶整体拼组及焊接工序质量		√		3. 抽检门叶主梁、次梁、隔板与面板的组拼间隙，抽检情况做好记录、记入日志； 4. 检查门叶（横向分节）整体组拼后（焊前）主要尺寸偏差，填写监理检查记录表，检查情况拍照、记入日志，在月报（周报）中反映； 5. 抽检门叶焊缝的外观质量（见 NB/T 35045 表 4.5.2 焊缝接头外观质量和尺寸要求），重点抽检焊缝余高不足、咬边、飞溅焊渣、未焊满等缺欠，发现后督促制造单位进行处理，抽检情况拍照、记入日志，在月报（周报）中反映； 6. 检查门叶整体组焊后主要尺寸偏差以及分节组合处的间隙，重点核查门叶焊后的弧度变化，检查情况做好记录、拍照、记入日志，在月报（周报）中反映； 7. 见证门叶组焊解体后，翻面剩余焊缝的焊接，抽检剩余焊缝的外观质量，抽检情况拍照、记入日志，在月报（周报）中反映； 8. 见证门叶主要焊缝的无损检测情况及检测报告，填写监理见证表（附无损检测报告或照片），见证情况拍照、记入日志，在月报（周报）中反映； ★门叶纵向分节的弧门，应抽检分节节间连接板连接面及螺栓孔的配钻孔加工情况，以及组拼焊接前的连接定位情况，门叶的组拼及焊接质量抽检按横向分节弧门的要求，抽检情况记入日志
3	支臂结构	1. 见证臂柱主要材质	√	√		1. 见证支臂主要材质证明文件，填写监理见证表（附材质证明文件），见证情况记入日志，在月报（周报）中反映； 2. 如闸门数量多材料分批进厂时，应按材料进厂批次做好监理见证工作； ★高寒地区使用的弧门，合同对钢板牌号有规定时，应重点进行钢板牌号的核查并拍照，填写监理见证表，记入日志，在月报（周报）中反映
		2. 抽检臂柱下料、组拼、焊接工序质量； 3. 抽检臂柱连接板机加工尺寸		√		1. 抽检弧门臂柱翼板、腹板的下料尺寸，满足工艺设计要求，抽检情况拍照、记入日志，在月报（周报）中反映； 2. 抽检首节（件）臂柱组拼后尺寸偏差（按 NB/T 35045 表 7.1.7 构件拼装公差），抽检情况拍照、记入日志，在月报（周报）中反映；

续表

序号	监理项目	监理工作内容	监理方式			监理工作要求
			R	W	H	
3	支臂结构	2．抽检臂柱下料、组拼、焊接工序质量； 3．抽检臂柱连接板机加工尺寸		√		3．抽检支臂箱型梁的焊缝外观质量，见证焊缝无损检测及检测报告，如发现存在超标缺欠，应及时督促制造单位进行返工处理，并见证二次无损检测，合格后方可进行后续工序，填写监理见证表（附无损检测报告或照片），记入日志，在月报（周报）中反映； 4．检查臂柱两端与门叶、铰链连接板平面度及主要尺寸偏差； ★如设计图样要求支臂后端与铰链为整体焊接结构，需检查见证铰链的焊前加温和保温措施，见证焊缝的无损检测及检测报告，见证焊后的整体热处理报告，填写监理见证表，见证情况拍照、记入日志，在月报（周报）中反映
		4．支臂整体组装尺寸检查		√	√	1．见证检查首套支臂的整体预组装，检查组装后的支臂夹角、支臂开口处弦长、直支臂的侧面扭曲、分节连接板间隙，填写监理检查记录表，检查见证情况拍照、记入日志，在月报（周报）中反映； 2．见证支臂分节编号，见证情况记入日志
4	支铰	1．见证外协铸钢件铰座、铰链质量证明文件，无损检测报告、热处理报告； 2．见证外协支铰轴（锻钢）的质量证明文件	√	√		1．分别见证外协铸钢铰座、铰链的质量证明（化学成分、力学性能试验报告）、热处理报告、无损检测报告，填写监理见证表，见证情况拍照、记入日志，在月报（周报）中反映； 2．铰链如采用锻钢轴套与支臂焊接的，应见证锻钢轴套的材质证明文件，填写监理见证表，记入日志，在月报（周报）中反映； 3．见证支铰轴的材质报告、无损检测报告，填写监理见证表，见证情况拍照、记入日志，在月报（周报）中反映
		3．见证铰座、铰链进厂后无损检测复检	√	√		1．进行外协铰座、铰链外观质量的抽检，重点检查铰轴孔表面、底面等部位是否存在缺陷及焊补情况，抽检情况记入日志； 2．见证铰座、铰链进厂后的无损检测复检情况，见证情况拍照、记入日志，在月报（周报）中反映
		4．检查铰座、铰链、支铰轴主要尺寸偏差		√		1．抽检铰座、铰链精加工后的尺寸偏差，包括轴孔直径、轴孔表面粗糙度、底面平面度、同轴度等，检查情况拍照、记入日志，在月报（周报）中反映； 2．抽检支铰轴加工后的表面粗糙度和尺寸偏差，见证表面镀铬的质量证明文件，抽检情况拍照、记入日志，在月报（周报）中反映； 3．检查铰座、铰链、支铰轴的外观质量，不得有裂纹、缩孔、夹层等缺陷，检查情况记入日志

续表

序号	监理项目	监理工作内容	监理方式			监理工作要求
			R	W	H	
4	支铰	5．见证轴承质量合格证，核查轴承型号	√	√		1．见证轴承的质量合格证，核查轴承的品牌及生产厂家，填写监理见证表（附质量证明文件），见证情况拍照、记入日志，在月报周报中反映； 2．抽检轴承的外观质量，核查轴承型号，如合同对轴承品牌有要求时，应见证轴承品牌或生产厂家，抽检情况拍照、记入日志，在月报（周报）中反映
		6．见证支铰组装		√	√	1．见证首件铰座轴承的组装情况，见证情况拍照，记入日志； 2．抽检每套铰座与铰链、支铰轴的试组装，见证情况拍照、记入日志，在月报（周报）中反映； 3．见证组装后铰链的转动情况，应无卡阻、无异常情况，填写监理见证表，见证情况拍照，记入日志，在月报（周报）中反映
5	整体预组装	1．审核弧门的组装方案； 2．检查组装平台及组装状态； 3．见证组装安全措施	√	√		1．审核弧门整体组装方案，提出审核意见，经制造单位修改后，由总监审签，报委托人审批； 2．检查组装平台及安全措施情况，底节门叶下部支撑应牢固，满足闸门的总承载要求，并便于底缘尺寸的检测，安全措施应满足门叶分节组装爬高操作的要求，门叶整体组装周围应有安全标志，检查情况拍照、记入日志，在月报（周报）中反映； 3．检查安全操作措施落实情况，高度超过2m的应有便于爬高设施及安全网等，检查见证情况填写见证表，见证情况拍照、记入日志，在月报（周报）中反映
		4．检查门叶整体预组装后主要尺寸偏差		√	√	1．见证弧门底节门叶底缘与组装支承的结合情况（便于底缘的检测），检查情况记入日志； 2．检查弧门的预组装状态，满足合同约定的组装状态或批准的出厂验收大纲组装状态的要求，检查情况拍照、记入日志，在月报（周报）中反映； 3．检查门叶各节间的组装间隙、支臂各节组装的偏差，两铰链孔的同轴度偏差，检查情况拍照、记入日志，在月报（周报）中反映； 4．门体整体组装完成后，参加制造单位进行预组装后主要尺寸的检查（见按NB/T 35045表7.5.2弧形闸门的允许偏差），以及两个铰链轴孔的同轴度、铰链中心至门叶中心距离、支臂中心至门叶中心距离、铰链轴孔中心至面板外缘半径R的偏差、组合处错位等，填写监理检查记录表，检查情况拍照、记入日志，在月报（周报）中反映； 5．支臂前端板与门叶主梁采用连接板连接方式的，需检查连接面的间隙；采用工地焊接方式的，应检查坡口制备情况，抽检情况做好记录，记入日志；

续表

序号	监理项目	监理工作内容	监理方式			监理工作要求
			R	W	H	
5	整体预组装	4. 检查门叶整体预组装后主要尺寸偏差		√	√	6. 检查组装后整体外观质量，对发现焊缝表面缺欠以及构件表面缺欠的，应做好记录，督促制造单位进行整改处理； 7. 检查门体组装相关的中心线、定位线、编号、标识，检查情况记入日志
		5. 偏心铰装置组装（如是）		√	√	1. 见证外协偏心铰材质证明文件，填写监理见证表（附材质证明文件），见证情况记入日志，在月报（周报）中反映； 2. 见证偏心铰质量合格证（质量检验记录、热处理报告、无损检测报告），检查外观质量，抽检加工后主要尺寸偏差，抽检情况记入日志，在月报（周报）中反映； 3. 见证偏心铰装置与支臂的组装，见证情况记入日志； 4. 如弧门采用偏心铰装置，门叶整体预组装后主要尺寸偏差，应按照偏心铰中心线的要求检查相应的弧度偏差
6	出厂验收	1. 审核弧形闸门出厂验收大纲； 2. 督促制造单位做好出厂验收资料的准备工作； 3. 编写监理工作汇报； 4. 参加出厂验收，进行现场主要出厂抽检工作； 5. 讨论并形成出厂验收纪要； 6. 验收后检查见证有关需完善和整改项目的处理结果		√	√	1. 审核弧形闸门出厂验收大纲，以监理联系单方式提出意见，监理部审核后报委托人审批，审核情况记入日志，并在月报（周报）中体现； 2. 督促制造单位编写设备制造情况汇报及质量检验报告，按照合同和规范要求，整理出厂验收资料，做好出厂验收的准备工作； 3. 审核制造单位提交的出厂验收申请，签署监理审核意见，由总监签发意见后，报委托人审批； 4. 编写监理工作汇报资料，包括验收设备的基本情况、质量与生产进度的情况、整体预组装质量检查结果、制造质量缺陷及处理结果、制造质量的评价以及需完善整改的项目； 5. 参加委托人组织的出厂验收工作（或受委托人委托主持设备的出厂验收工作），验收程序包括制造单位汇报制造情况及质量检验情况、监理汇报工作情况、查阅相关的验收资料、现场抽检组装尺寸及外观质量、讨论并提出需完善及整改的意见，形成出厂验收纪要，附出厂验收抽检记录表，由参加验收的各方代表签字； 6. 按照出厂验收纪要，督促制造单位做好需完善或整改的工作，并逐项见证整改后的结果，做好监理见证记录。见证情况写入日志，整改项目处理结果在月报（周报）中反映； 7. 督促制造单位提交验收后遗留问题整改完善情况的报告，监理审核后经总监签字以监理联系单方式报委托人审核；

续表

序号	监理项目	监理工作内容	监理方式			监理工作要求
			R	W	H	
6	出厂验收			√	√	★以上出厂验收准备工作及验收过程的情况，应在当月监理月报中反映，项目验收工作记入大事记
7	防腐施工	1. 涂料质量证明文件见证	√			1. 见证防腐涂料的品牌及生产厂家，填写监理见证表（附涂料质量合格证），见证情况记入日志，在月报（周报）中反映； 2. 核查涂料面漆、中间漆、底漆是否是同一厂家的配套涂料，核查情况记入日志
		2. 表面除锈工序质量抽检		√		1. 抽检门叶、支臂等构件表面油污、焊渣、氧化皮、焊疤等表附着物的清除，确保表面除锈质量要求，抽检情况记入日志； 2. 采取巡查、抽检的方式，抽检各结门叶构件表面除锈工序质量，重点检查表面粗糙度及清洁度，填写监理检查表，记入日志，在月报（周报）中反映
		3. 涂层施工质量检查				1. 门叶和支臂采用热喷锌防腐的，喷锌前应重点抽检除锈表面的清洁度和粗糙度，满足规范要求后进行热喷锌施工；抽检喷锌层的厚度，填写检查记录表，抽检情况记入日志，在月报（周报）中反映； 2. 中间漆涂装后，如发现表面有流挂、针孔、鼓包、皱纹等缺陷时，应督促制造单位进行处理，合格后方可进行后续漆膜的涂装，检查情况记入日志； 3. 抽检涂层的总厚度，填写监理检查记录表，抽检情况记入日志，在月报（周报）中反映； 4. 抽检漆膜的附着力，抽检情况记入日志，在月报（周报）中反映； 5. 检查面漆涂层的外观质量，表面应无流挂、针孔、鼓包、皱纹等缺欠，发现表面缺陷问题，应督促制造单位进行处理，满足涂层外观质量的要求，检查情况记入日志； 6. 检查面漆涂层的颜色，满足合同约定的色标要求； 7. 抽检铰座及铰链的防腐涂层以及加工部位涂刷防锈漆保护情况，抽检情况记入日志； 8. 防腐质量的抽检情况在月报（周报）中反映
8	包装发运	1. 审核包装方案（合同如有要求）； 2. 检查部件包装情况； 3. 检查发运标识	√	√		1. 审核包装方案（如合同有要求），并以监理联系单方式，提出书面审核意见，由总监审核后报委托人； 2. 检查门槽埋件的包装情况，见证机加工后的水封座面保护措施，抽检框架包装埋件的包装情况，检查情况记入日志，在月报（周报）中反映；

续表

序号	监理项目	监理工作内容	监理方式			监理工作要求
			R	W	H	
8	包装发运	4. 签署发运清单； 5. 查看装车发运情况	√	√		3. 检查构件的包装情况，检查门叶隔板间的加固情况；抽检框架包装的杆件是否牢固可靠；见证紧固螺栓、备品备件等部件是否包装完好；抽检水封的包装，抽检情况记入日志，在月报（周报）中反映； 4. 核查发运清单与装车的部件的一致性，并在发运清单上签字； 5. 检查包装箱外的发运标识，检查大型或超重件的吊点及重心的标识，满足合同约定的要求，并在监理日志做好见证记录； 6. 按照委托人发运通知，督促制造单位及时组织发运，满足交货时间要求； 7. 检查设备装车情况并拍照，发运情况记入日志，在月报（周报）中反映

附表

弧形闸门设备制造监理检查、见证项目汇总表

序号	项目	内容	方法		备注
			见证表	检查记录	
1	门叶结构	1. 见证门叶材质证明文件	√		填写见证表，附材质证明文件
		2. 见证主要焊缝无损检测及检测报告	√		填写见证表，附无损检测报告及见证照片
		3. 检查首套门叶面板拼组后主要尺寸		√	填写监理检查记录表，附检查照片
		4. 检查门叶整体焊后主要尺寸		√★	填写监理检查记录表，附检查照片
2	支臂结构	1. 见证支臂材质证明文件	√		填写见证表，附材质证明文件
		2. 见证支臂主要焊缝无损检测及检测报告	√		填写见证表，附无损检测报告及见证照片
		3. 见证支臂焊后热处理报告	√		填写见证表，附热处理报告
		4. 检查支臂整体试组装后主要尺寸		√★	填写监理检查记录表，附检查照片
3	支铰	1. 见证铰链及铰座铸钢件质量证明文件（材质、热处理、无损检测报告）	√		填写见证表，附质量证明文件及见证照片
		2. 抽检铰链、铰座加工后主要尺寸及外观质量		√	填写监理检查记录表，附抽检照片
		3. 见证支铰轴材质证明文件（材质、热处理、无损检测报告）	√		填写见证表，附材质报告及见证照片

续表

序号	项目	内容	方法		备注
			见证表	检查记录	
3	支铰	4. 抽检支铰轴主要尺寸及表面镀锌		√	填写监理检查记录表，附检查照片
		5. 见证轴承质量合格证及品牌	√		填写见证表，附质量合格证及见证照片
		6. 见证支铰整体试组装质量	√		填写见证表，附质量合格证及见证照片
4	整体预组装门槽埋件	1. 检查整体预组装后主要尺寸及外观质量		√★	填写监理检查记录表，附检查照片
		2. 见证弧门整体预组装的安全措施	√		填写见证表，附见证照片
		3. 见证门槽埋件支铰座、侧轨、门楣、底坎的材质证明文件	√		填写见证表，附材质证明文件
		4. 见证侧轨、门楣、底坎主要焊缝无损检测报告	√		填写见证表，附无损检测报告及见证照片
		5. 检查侧轨、门楣、底坎整体预组装主要尺寸及外观质量		√★	填写监理检查记录表，附检查照片
		6. 检查支铰座主要尺寸		√	填写监理检查记录表，附检查照片
5	防腐	1. 见证门叶、埋件涂料质量证明文件及品牌	√		填写见证表，附质量证明文件及见证照片
		2. 抽检门叶、埋件除锈后表面质量		√	填写监理检查记录表，附检查照片
		3. 检查喷锌层的厚度及外观质量		√	填写见证表，附检查照片
		4. 检查涂层厚度及外观质量		√	填写监理检查记录表，附检查照片
		5. 见证涂层附着力检查	√		填写见证表，附质量证明文件及见证照片
6	水封及螺栓	1. 见证水封质量证明文件及品牌	√		填写见证表，附质量证明文件及见证照片
		2. 抽检水封的型式及尺寸		√	填写监理检查记录表，附检查照片
		3. 见证支铰埋件连接螺栓的材质证明		√	填写见证表，附材质证明及见证照片

注：1. 材料分批进厂的，需分批进行见证，填写见证表
2. 主要焊缝指规范规定的一、二类焊缝，监理需进行无损检测及检测报告的见证，填写见证表
3. 每套门槽埋件整体预组装后监理进行检查，分别填写监理检查记录表
4. 每扇门叶整体预组装后进行监理停点检查，分别填写监理检查记录表
5. 有★标记的为监理停点检查点，为必检项目
6. 弧门铰链座预埋连接螺栓及门叶水封合同如有约定，监理应进行相应的见证工作，填写监理见证表

3.3 拦污栅设备制造监理质量控制

序号	监理项目	监理工作内容	监理方式			监理工作要求
			R	W	H	
	提示					1．监理工作开展前，监理应熟悉合同技术条款、设计图样及相应的标准规范要求，编写监理细则； 2．了解拦污栅的结构型式是活动式还是固定式、是斜拉式还是垂直提升式、栅条组装是焊接方式还是分片螺栓串联组合方式、栅叶节间连接方式，便于确定监理工作的内容及重点； 3．执行的主要标准：NB/T 35045《水电工程钢闸门制造安装及验收规范》、GB/T 14173《水利水电工程钢闸门制造、安装及验收规范》及合同规定的相关标准
1	栅槽埋件	1．见证栅槽埋件（主轨、反轨、底槛、栅槽钢衬）材质证明文件； 2．抽检埋件工序质量（下料、组拼、焊接）	√	√		1．分别见证栅槽埋件的材质证明文件，如栅槽埋件材料为分批进厂，需分批进行材质证明的见证，填写监理见证表（附材质证明文件），见证情况记入日志，在月报（周报）中反映； 2．分别抽检栅槽埋件下料后尺寸及形位公差，抽检情况拍照、记入日志； 3．分别抽检首节栅槽埋件组拼后的尺寸和形位公差（见 NB/T 35045 表 7.1.7 构件拼装公差），合格后方可进行后续工序，抽检情况拍照、记入日志，在月报（周报）中反映； 4．分别抽检栅槽埋件焊缝外观质量（见 NB/T 35045 表 4.5.2 焊接接头外观质量及尺寸要求），抽检情况记入日志，在月报（周报）中反映； 5．如发现栅槽埋件焊缝外观缺欠问题（余高不足、咬边、飞溅焊渣、未焊满等缺欠）应督促制造单位进行返工处理，抽检情况记入日志，在月报（周报）中反映
		3．抽检栅槽埋件机加工尺寸				抽检栅槽埋件机加工后的主要尺寸偏差及表面粗糙度，抽检情况拍照、记入日志，在月报（周报）中反映
		4．检查埋件整体预组装尺寸				1．检查每套栅槽埋件的整体预组装尺寸偏差及外观质量，按照 NB/T 35045 表 9.1.1 拦污栅埋件制造允许偏差，填写监理检查记录表，检查情况拍照、记入日志，在月报（周报）中反映； 2．检查分节埋件的编号及安装标识，督促制造单位进行完善，满足工地安装的要求
2	栅叶结构	1．见证栅体主要材质证明文件	√	√		1．见证栅叶主要材质证明文件，如主要材料分批进厂，应按进厂的批次做好监理见证工作，见证情况记入日志，在月报（周报）中反映；

续表

序号	监理项目	监理工作内容	监理方式			监理工作要求
			R	W	H	
2	栅叶结构	1. 见证栅体主要材质证明文件	√	√		2. 见证栅叶主要型钢的材质证明文件，见证情况记入日志
		2. 见证栅体框架主梁主要焊缝无损检测报告，抽检组拼后主要尺寸偏差； 3. 抽检栅条下料后尺寸偏差； 4. 抽检栅条组焊（组装）尺寸及焊缝外观	√	√		1. 抽检栅叶框架主梁、边梁组拼后尺寸偏差，抽检情况拍照、记入日志； 2. 抽检栅条下料后尺寸偏差，重点抽检栅条的直线度和平面度，抽检情况拍照、记入日志，在月报（周报）中反映； 3. 抽检栅叶框架主梁、边梁翼板、腹板拼接焊缝外观质量及无损检测报告见证（主梁、边梁对接焊缝为二类焊缝），填写监理见证表（附无损检测报告及照片），抽检情况拍照、记入日志，在月报（周报）中反映； 4. 抽检栅条组焊后的尺寸偏差，重点检查栅条的间距偏差、栅条的直线度，抽检情况拍照、记入日志，在月报（周报）中反映； 5. 如栅条采用分片串联组装方式，进行栅条串联组装后尺寸偏差的抽检，抽检情况拍照、记入日志，在月报（周报）中反映
		5. 抽检吊耳组焊后主要尺寸以及节间连接螺栓孔加工尺寸偏差； 6. 抽检主梁轨道和滑块座面机加工后尺寸偏差； 7. 见证吊耳组拼尺寸及焊缝无损检测报告； 8. 抽检栅体分节节间连接板主要尺寸偏差	√	√		1. 抽检栅叶吊耳组焊后主要尺寸偏差，检查焊缝外观质量，见证吊耳焊缝的无损检测报告，抽检见证情况拍照、记入日志，在月报（周报）中反映； 2. 检查吊耳孔加工后主要尺寸偏差，抽检双吊点吊耳中心距，抽检情况拍照、记入日志，在月报（周报）中反映； 3. 如吊耳焊缝无损检测后发现超标缺欠问题，应及时督促制造单位进行处理，并见证焊缝的二次无损检测，合格后方可进行后续工序，见证情况记入日志，在月报（周报）中反映； 4. 抽检栅叶节间连接板厚度、螺栓孔直径及中心距，填写监理抽检记录表，抽检情况拍照、记入日志； 5. 抽检栅叶节间连接孔主要尺寸，抽检情况拍照、记入日志； 6. 抽检主梁滑块座面机加工后主要尺寸偏差（按设计要求或规范要求），做好监理记录，抽检情况拍照、记入日志，在月报（周报）中反映
3	栅叶整体预组装	1. 审查拦污栅整体预组装方案； 2. 检查组装平台及安全措施	√	√		1. 审查拦污栅整体预组装方案，以监理联系单提出审核意见，经制造单位修改后，由总监审核，报委托人审批； 2. 检查拦污栅组装平台及支承布置情况，满足拦污栅整体预组装要求，检查情况记入日志； 3. 督促制造单位落实相关的安全措施，满足安全生产的要求

续表

序号	监理项目	监理工作内容	监理方式			监理工作要求
			R	W	H	
3	栅叶整体预组装	3. 检查拦污栅整体预组装状态； 4. 检查滑块或定轮的组装尺寸偏差； 5. 检查整体预组装后主要尺寸及外观质量； 6. 检查分节编号及安装标识		√	√	1. 检查拦污栅整体预组装的状态，需满足合同约定或批准的出厂验收大纲对组装状态的要求，检查情况拍照、记入日志，在月报（周报）中反映； 2. 抽检组装后栅叶分节节间的错位、间隙，以及主轨轨面、滑块座面的尺寸偏差，进行连接板的试组装，抽检情况记入日志； 3. 栅体整体组装完成后，进行主要尺寸检查，包括栅体宽度、厚度；对角线差、栅体相互平行度、吊耳中心距差；滑道支承平面度等，填写监理检查记录表，检查情况拍照、记入日志，在月报（周报）中反映； 4. 检查相关的中心线、定位线，以及编号、标识，检查情况记入日志
4	出厂验收工作	1. 审核拦污栅出厂验收大纲； 2. 督促制造单位做好出厂验收资料的准备工作； 3. 编写监理工作汇报； 4. 参加出厂验收，进行现场主要出厂抽检工作； 5. 讨论并形成出厂验收纪要		√	√	1. 审核制造单位提交的拦污栅出厂验收大纲，以监理联系单方式提出审核意见，监理部审核后报委托人审批，审核情况记入日志，在月报（周报）中反映； 2. 督促制造单位编写设备制造情况汇报及质量检验报告，按照合同要求，整理出厂验收资料，做好出厂验收的准备工作； 3. 审核制造单位提交的出厂验收申请，签署监理审核意见，由总监签发意见后，报委托人确定验收时间； 4. 编写监理工作汇报，包括验收设备的基本情况、质量与生产进度的情况、拦污栅整体预组装质量检查结果、制造质量缺陷及处理结果、制造质量的评价以及需完善整改的意见； 5. 参加委托人组织的出厂验收工作（或受委托人委托主持设备的出厂验收工作），验收程序包括制造单位汇报制造情况及质量检验情况、监理汇报工作情况、查阅相关的验收资料、现场抽检组装尺寸及外观质量、讨论并提出需完善及整改的意见，形成出厂验收纪要，附出厂验收抽检记录表，由参加验收的各方代表签字； 6. 按照出厂验收纪要，督促制造单位做好需完善或整改的工作，并逐项见证整改后的结果，做好监理见证记录。见证情况写入日志，整改项目处理结果在月报（周报）中反映； ★出厂验收情况，在监理月报中反映，验收工作记入工作大事记
5	验收后相关工作	1. 督促制造单位及时完成相关的整改或完善工作		√		1. 见证拦污栅相关的中心线、工地安装线的标识情况，检查分节标志，见证情况记入日志；

续表

序号	监理项目	监理工作内容	监理方式			监理工作要求
			R	W	H	
5	验收后相关工作	2. 见证需完善和整改项目的处理结果		√		2. 按照出厂验收纪要的要求，分别检查见证相关项目的完善和整改工作，并逐项拍照，检查情况记入日志，在月报（周报）中反映； 3. 督促制造单位提交验收后遗留问题整改完善情况的报告，监理审核后经总监签字以监理联系单方式报委托人审核
6	防腐施工	1. 见证涂料质量证明文件	√			1. 见证防腐涂料的品牌及生产厂家，填写监理见证表（附涂料质量合格证），见证情况记入日志，在月报（周报）中反映； 2. 核查涂料面漆、中间漆、底漆是否是同一厂家的配套涂料，核查情况记入日志
		2. 抽检表面除锈工序质量		√		1. 抽检栅叶等构件表面油污、焊渣、氧化皮、焊疤等附着物的清除情况，确保表面除锈质量要求，抽检情况记入日志； 2. 采取巡查、抽检的方式，抽检各节栅叶构件表面除锈质量，重点检查表面的粗糙度及清洁度，填写监理检查表，记入日志，在月报（周报）中反映
		3. 抽检涂层厚度及表面质量		√		1. 栅体如采用热喷锌防腐的，喷锌前应重点抽检除锈表面的清洁度和粗糙度，满足规范要求后进行热喷锌和封闭漆的施工；抽检喷锌层的厚度，填写抽检记录表，抽检情况记入日志，在月报（周报）中反映； 2. 中间漆涂装后，如发现表面有流挂、针孔、鼓包、皱纹等缺陷时，应督促制造单位进行处理，合格后方可进行后续漆膜的涂装，检查情况记入日志；工地焊缝应按规范要求涂装不影响焊接性能的车间底漆； 3. 抽检涂层的总厚度，填写监理检查记录表，抽检情况记入日志，在月报（周报）中反映； 4. 抽检漆膜的附着力，抽检情况记入日志，在月报（周报）中反映； 5. 检查面漆涂层的外观质量，表面应无流挂、针孔、鼓包、皱纹等缺欠，发现表面缺陷问题，应督促制造单位进行处理，满足涂层外观质量的要求，检查情况记入日志； 6. 检查面漆涂层的颜色，满足合同约定的色标要求；防腐质量的抽检情况应及时在月报（周报）中反映
7	包装发运	1. 检查栅槽埋件部件包装情况； 2. 检查发运标识	√	√		1. 检查栅槽埋件包装情况，检查情况记入日志，在月报（周报）中反映； 2. 检查栅叶的包装以及发运标识，是否符合合同约定的要求；

续表

序号	监理项目	监理工作内容	监理方式			监理工作要求
			R	W	H	
7	包装发运	3．签署发运清单； 4．查看装车发运情况	√	√		3．核查发运清单与装车的部件的一致性，并在发运清单上监理签字； 4．按照委托人的发运通知，督促制造单位及时组织设备发运，满足交货时间的要求； 5．查看设备装车情况并拍照，发运情况记入日志，在月报（周报）中反映

附表

拦污栅设备制造监理检查、见证项目汇总表

序号	项目	内容	方法		备注
			见证表	检查记录	
1	栅体	1．见证构件主要材质证明文件	√		填写见证表，附质量证明文件
		2．见证主要焊缝无损检测及检测报告	√		填写见证表，附无损检测报告及照片
		3．见证滑块质量证明文件	√		填写见证表，附质量证明文件
		4．抽检栅叶节间连接板主要尺寸		√	填写检查记录表，附检查照片
		5．检查栅体整体预组装尺寸及外观质量		√★	填写检查记录表，附检查照片
2	主轨、侧轨、反轨	1．见证主轨、侧轨、反轨材质证明文件	√		填写见证表，附质量证明文件
		2．见证主要焊缝的无损检测报告	√		填写见证表，附无损检测报告及照片
		3．检查主轨、侧轨、反轨整体预组装尺寸及外观质量		√★	填写检查记录表，附检查照片
3	防腐	1．见证涂料质量证明文件及品牌	√		填写见证表，附质量证明文件
		2．抽检构件除锈表面质量		√	填写检查记录表，附检查照片
		3．抽检涂层厚度及外观质量		√	填写检查记录表，附检查照片

注：1．主要材料分批进厂的，需分批进行见证，填写见证表
2．首扇拦污栅栅体一、二类焊缝无损检测报告见证，填写见证表；后续焊缝无损检测报告见证情况记入日志
3．每套栅槽埋件、每扇栅体需逐项进行整体预组装后的尺寸偏差检查，并分别填写监理检查记录表
4．拦污栅的节间连接，如采用连接板连接方式的，需进行连接板的试组装，见证情况记入检查记录
5．有★标记为监理停点检查点，为必检项目

3.4 固定卷扬式启闭机设备制造监理质量控制

序号	监理项目	监理工作内容	监理方式			监理工作要求
			R	W	H	
	提示					1．监理开展工作前，应熟悉合同技术条款、设计图样及相应的标准规范要求，编写监理细则； 2．了解固定卷扬启闭机的型式（台车式移动启闭机、固定卷扬启闭机、盘香式卷扬启闭机）；了解设备的主要配置要求，起升机构的型式（开放式齿轮），确定监理工作的内容及重点； 3．执行的主要标准：NB/T 35051《水电工程启闭机制造安装及验收规范》、SL 381《水利水电工程启闭机制造安装及验收规范》及合同规定的相关标准
1	启闭机机架	1．机架主要材质证明文件见证	√	√		见证机架材质证明文件，核查钢板的标识与材质证明文件牌号的一致性，填写监理见证表（附材质证明文件），见证、核查情况记入日志，在月报（周报）中反映
		2．机架结构下料尺寸抽检		√		按照工艺文件的要求，抽检机架结构下料后的主要尺寸及焊缝坡口制备情况，抽检情况记入日志
		3．机架组拼工序质量抽检		√		抽检机架组拼工序的尺寸偏差（NB/T 35051 表 9.11 构件制作质量要求），抽检情况记入日志，在月报（周报）中反映
		4．机架焊缝外观抽检	√	√		1．抽检焊缝外观质量（按 NB/T 35051 第 4.4.1 焊缝外观质量和尺寸要求），抽检情况记入日志，在月报（周报）中反映； 2．机架翼板、腹板有对接焊缝时，监理应见证对接焊缝的无损检测及检测报告，记入日志，在月报（周报）中反映
		5．机架机加工尺寸抽检		√		1．检查机架各支承座垫板机加工平面度及各加工面相对高差，在监理日志做好监理检查记录； 2．检查机架分节处连接螺栓孔加工及与连接板螺栓孔的配合情况，在监理日志做好抽检记录，在月报（周报）中反映
2	起升系统	1．卷筒、卷筒轴工序质量抽检	√	√		1．分别见证卷筒、卷筒轴的材质证明文件，填写监理见证表（附材质证明文件），见证情况记入日志，在月报（周报）中反映； 2．钢板卷制的卷筒，应检查焊缝外观质量，见证卷筒焊缝无损检测报告、热处理报告（附热处理曲线图），抽检见证情况记入日志，在月报（周报）中反映； 3．检查卷筒的主要加工尺寸（包括卷筒直径、绳槽处壁厚、绳槽底径、绳槽宽度、绳槽跨越过渡段表面质量），填写监理检查记录表，检查情况记入日志，在月报（周报）中反映； 4．抽检卷筒轴的尺寸偏差及表面粗糙度，抽检情况记入日志，在月报（周报）中反映；

续表

序号	监理项目	监理工作内容	监理方式			监理工作要求
			R	W	H	
2	起升系统	1. 卷筒、卷筒轴工序质量抽检	√	√		5. 如采用铸造卷筒，应见证铸件材质证明、力学性能试验报告、无损检测报告、热处理报告，检查卷筒外观是否有铸造缺陷，填写监理见证表，如发现铸造缺陷应按NB/T 35051第9.1.4-6铸造卷筒加工后的缺陷处理要求，督促制造单位进行分析处理；如属重大质量缺陷，应督促制造单位编制缺陷处理方案并按程序报送，批准后方可进行处理，发现的质量缺陷情况应及时向总监汇报，处理结果在月报（周报）中反映
		2. 开放齿轮副工序质量检查（如有）		√		1. 见证大齿轮的材质证明、力学性能试验报告、无损检测报告、热处理报告，填写监理见证表，附质量证明文件，并将见证情况记入日志，在月报（周报）中反映； 2. 按照设计图样要求，检查齿轮的外观质量、齿轮齿面粗糙度、齿面硬度、轴孔尺寸偏差，检查情况记入日志，在月报（周报）中反映
		3. 外购配套部件见证	√	√		1. 文件见证外购配套电动机、减速机、制动器、联轴器、荷重仪、高度指示器、编码器等的质量证明文件（进口部件提供原产地证明），现场核查各配套部件的型号、品牌（生产厂家）、外观质量，填写监理见证表，见证情况记入日志，在月报（周报）中反映； 2. 如外购配套部件的品牌、型号、技术参数与合同要求不符，应下发监理联系单督促制造单位进行核查或重新购置，以满足合同约定的要求，并及时向总监汇报，处理情况记入日志
		4. 钢丝绳质量合格证明见证、外观检查、型号核查	√	√		1. 见证钢丝绳质量合格证，核查钢丝绳的型号、生产厂家，检查钢丝绳的外观质量，见证情况填写监理见证表（附质量证明文件），见证情况记入日志，在月报（周报）中反映； 2. 如合同对钢丝绳有预拉伸约定，应见证相应的预拉伸试验报告，见证情况填写监理见证表
3	滑轮组	1. 滑轮质量抽检	√	√		1. 见证外购钢制滑轮质量证明文件（包括滑轮材质证明），填写监理见证表，附相关质量证明文件，见证情况记入日志，在月报（周报）中反映； 2. 抽检滑轮的主要尺寸和绳槽的外观质量，绳槽内不得有凹凸缺陷，抽检情况记入日志，在月报（周报）中反映； 3. 滑轮如为铸造滑轮，应见证滑轮的材质证明文件、力学性能试验报告、热处理报告，并检查绳槽的表面质量，不得有超规范要求的缺陷，检查情况记入日志，在月报（周报）中反映
		2. 滑轮轴、动滑轮吊耳轴工序质量抽检	√	√		1. 分别见证滑轮轴、吊耳轴的材质证明文件，填写监理见证表，见证情况记入日志，在月报（周报）中反映；

续表

序号	监理项目	监理工作内容	监理方式			监理工作要求
			R	W	H	
3	滑轮组	2. 滑轮轴、动滑轮吊耳轴工序质量抽检	√	√		2. 检查滑轮轴、吊耳轴的主要尺寸偏差和表面粗糙度，检查情况记入日志，在月报（周报）中反映
		3. 滑轮组装工序质量检查		√	√	1. 检查定滑轮组的组装尺寸偏差，见证组装后转动试验，填写监理检查记录表，检查情况拍照、记入日志，在月报（周报）中反映； 2. 抽检动滑轮组的组装尺寸偏差和组装后用手转动情况；如滑轮组有穿销装置的，应进行穿销动作试验（无卡阻、抖动现象），检查穿销的行程，抽检见证情况记入日志，在月报（周报）中反映
4	电气控制柜	1. 电气元器件配置的核查及见证； 2. 柜体品牌见证及外观质量检查； 3. 柜内接线质量及标识的检查		√		1. 按照合同要求，核查主要电气元器件的配置（包括PLC、变频器、显示屏等元器件）及型号；见证元器件的质量合格证，填写监理见证表，附质量合格证或部件照片，见证情况记入日志，在月报（周报）中反映； 2. 合同对控制柜柜体品牌有要求时，需进行柜体品牌（生产厂家）的核查，填写监理见证表，见证情况记入日志，在月报（周报）中反映； 3. 抽检柜体的尺寸及表面质量，抽检柜内元器件的组装及接线（布线齐整、编号标识清晰、元件标识）情况、接地母线的截面尺寸、各接口的标识标志、柜面操作按钮、报警装置的布置，填写监理检查记录表，检查情况拍照，记入日志，在月报（周报）中反映； 4. 见证接地线（排）的截面积，填写见证表，见证情况拍照、记入日志，在月报（周报）中反映； 5. 如发现主要元器件配置或功能设置与合同要求不符时，应以监理联系单的方式，书面提出整改要求，并及时向总监汇报，记入日志，在月报（周报）中反映
5	整体预组装	启闭机整体预组装质量检查		√	√	1. 检查组装平台及组装环境是否符合组装的条件；检查启闭机的组装状态是否符合出厂验收大纲的要求，检查情况记入日志； 2. 检查启闭机整体预组装后的主要尺寸偏差，包括工作制动轮表面硬度、工作制动轮径向跳动、安全制动盘端面跳动（如有）、开放齿轮的啮合间隙（如有）、齿面硬度、齿高齿长方向的啮合接触斑点、减速机漏油情况，并填写监理检查记录表，检查情况记入日志，在月报（周报）中反映； 3. 见证启闭机的空载试验，包括机构运行是否平稳、无异常，运行噪声，减速机有无漏油、温度变化等项目，填写监理检查记录表，见证情况记入日志，在月报（周报）中反映（如因验收时间的安排问题，组装后需进行出厂验收工作的，监理检查

续表

序号	监理项目	监理工作内容	监理方式			监理工作要求
			R	W	H	
5	整体预组装	启闭机整体预组装质量检查		√	√	记录表的内容可同步进行，但必须另行填写监理检查记录表）； 4. 双吊点启闭机需检查双吊点的中心距离、同步轴与弹性联轴器的组装情况，并记入检查记录表； ★设备整体预组装主要尺寸检查及空载试运行见证工作，是监理主要的停点检查项目，必须做好监理检查记录，为出厂验收做好准备；对预组装过程出现的缺陷问题，应督促制造单位进行分析处理，重大质量问题应及时汇报总监
6	出厂验收工作	1. 审核出厂验收大纲； 2. 督促制造单位做好出厂验收资料的准备； 3. 编写监理工作汇报； 4. 参加出厂验收，进行现场抽检、见证工作； 5. 形成出厂验收纪要； 6. 验收后有关完善和整改项目的处理结果做好见证工作		√	√	1. 审核固卷启闭机出厂验收大纲，以监理联系单书面提出审核意见，总监审核后报委托人审批，审核情况记入日志，在月报（周报）中反映； 2. 督促制造单位编写设备制造情况汇报及质量检验报告，按照合同和规范要求，整理出厂验收资料，做好出厂验收的准备工作； 3. 审核制造单位提交的出厂验收申请，签署监理审核意见，由总监签发后，报委托人审批； 4. 编写监理工作汇报，包括设备技术参数及要求、验收依据、组装状态、质量与生产进度的情况、整体预组装质量检查结果、制造质量缺陷及处理结果、制造质量的评价以及需完善整改的意见； 5. 参加委托人组织的出厂验收工作（或受委托人委托主持设备的出厂验收工作），验收程序包括制造单位汇报制造情况及质量检验情况、监理汇报工作情况、查阅相关的验收资料、现场抽检组装尺寸及外观质量、见证空载运行试验、讨论并提出需完善及整改的意见，形成出厂验收纪要，并附出厂验收抽检记录表，以及主要配置的见证表（如需），由参加验收的各方代表签字； 6. 按照出厂验收纪要，督促制造单位做好需进行消缺或整改的工作，并逐项见证整改后的结果，做好监理见证记录。见证情况写入日志，整改项目处理结果在月报（周报）中反映； 7. 督促制造单位提交验收后遗留问题整改完善情况的报告，监理审核后经总监签字以监理联系单方式报委托人审核（合同有要求时）； ★以上出厂验收会议及验收过程的情况，应拍照，记入日志，在月报（周报）中反映，项目验收工作记入大事记
7	启闭机防腐	1. 涂料质量证明文件的见证		√	√	1. 见证防腐涂料的品牌及生产厂家，填写监理见证表；核查涂料面漆、中间漆、底漆是否是同一厂家的配套涂料，核查情况记入日志；

续表

序号	监理项目	监理工作内容	监理方式			监理工作要求
			R	W	H	
7	启闭机防腐	2．面漆涂层厚度的检查； 3．面漆颜色的检查； 4．安全标识颜色的检查		√	√	2．抽检机架除锈后的表面清洁度、粗糙度，填写监理见证表，抽检情况拍照记入日志，在月报（周报）中反映； 3．面漆施工后检查涂层的总厚度，填写监理检查记录表，检查情况拍照，记入日志，在月报（周报）中反映；如发现涂层有流挂、针孔、鼓包、皱纹等缺陷时，应督促制造单位处理，合格后方可进行后续工作； 4．检查面漆的颜色，满足合同约定的色号要求，检查情况的日志，如面漆颜色与合同要求有差异时，应督促制造单位及时进行处理。满足合同约定的面漆颜色要求； 5．按照合同要求，检查有关安全标识的涂装颜色； ★启闭机防腐质量是监理工作的内容，如出现涂料的品牌、涂层的施工质量问题，应做好协调工作，督促制造单位进行处理，必要时下达监理联系单，以确保总体防腐质量的要求
8	包装发运工作	包装质量检查 发运时间协调		√		1．审核包装方案（如合同有要求），并以监理联系单方式，提出书面审核意见，由总监审核后报委托人；审核情况记入日志，在月报（周报）中反映； 2．检查部件包装情况，见证加工后的部件、电气控制柜、机电部件（减速机、电动机、制动器等）木箱包装情况；检查备品备件的装车情况，检查包装是否牢固、相应的防护措施，检查见证情况拍照、记入日志，在月报（周报）中反映； 3．核查发运清单与装车的部件的一致性，并在发运清单上签字； 4．检查包装箱外的发运标识，检查大型或超重件的吊点及重心标识，满足合同约定的要求，检查见证情况记入日志； 5．按照委托人的发运通知，督促制造单位及时组织设备发运，见证设备装车情况，督促制造单位防止吊装过程中的碰撞和损坏，装车见证情况拍照、记入日志，在月报（周报）中反映； ★设备的包装发运应按合同要求的批次，分别进行检查见证，设备的发运时间作为大事记做好记录；监理检查包装、发运情况应分别拍照、记入日志，在月报（周报）中反映

附表 1

固定卷扬启闭机设备监理检查、见证项目汇总表

序号	项目	检查见证内容	监理方法		备注
			见证表	检查记录	
1	机架	1．见证机架构件材质证明文件	√		填写见证表，附质量证明文件
		2．见证机架主要焊缝无损检测报告	√		填写见证表，附无损检测报告及见证照片
		3．检查机架主要尺寸及外观质量		√	填写检查记录表，附检查照片
2	起升机构	1．见证卷筒钢板材质证明文件	√		填写见证表，附质量证明文件
		2．见证卷筒无损检测报告	√		填写见证表，附焊缝无损检测报告及见证照片
		3．检查卷筒主要尺寸及外观质量		√	填写检查记录表，附抽检照片
		4．见证减速机、电动机、制动器、荷重传感器、高度指示器、编码器、钢丝绳、联轴器的品牌、型号及质量合格证	√		填写见证表，附合格证及见证照片
		5．见证卷筒轴材质证明文件	√		填写见证表，附合格证及见证照片
		6．见证中间轴材质证明及合格证	√		填写见证表，附质量证明文件及见证照片
3	整体组装空载试运行	1．检查组装后主要尺寸及外观质量		√★	填写检查记录表，附检查照片
		2．见证电气柜柜面主要功能设置	√		填写见证表，附见证照片
		3．见证启闭机空载试验	√★		填写见证表，附质量证明文件
4	滑轮组	1．见证钢制滑轮材质证明文件	√		填写见证表，附合格证及见证照片
		2．抽检滑轮的主要尺寸及外观质量		√	填写检查记录表，附检查照片
		3．见证滑轮轴、吊耳轴材质证明文件	√		填写见证表，附合格证及见证照片
		4．检查组装后主要尺寸及外观质量		√	填写检查记录表，附检查照片
5	防腐	1．见证涂料品牌及质量证明文件	√		填写见证表，附质量证明文件及见证照片
		2．抽检机架除锈后表面质量		√	填写检查记录表，附抽检照片
		3．抽检涂层厚度及外观质量		√	填写检查记录表，附抽检照片
6	电气控制柜	1．见证主要元器件的合格证及品牌	√		填写见证表，附质量合格证及见证照片
		2．见证控制柜的合格证及品牌	√		填写见证表，附质量合格证及见证照片
		3．见证接地线（排）的截面积	√		填写见证表，附见证照片
		4．检查柜内接线及标识		√	填写检查记录表，附抽检照片

注：1．有★标记的为监理停点检查点，为必检项目

2．监理见证表、检查记录表的格式及内容由总监确定

3．电气控制柜的元器件见证、接地线（排）的见证，应按合同的约定进行

4．外购配套部件包括进口配套部件

3.5 移动式启闭机（双向门机）设备制造监理质量控制

序号	监理项目	监理工作内容	监理方式			监理工作要求
			R	W	H	
	提示					1．监理开展工作前，应熟悉合同技术要求、设计图样及相应的标准规范要求，编写监理细则； 2．详细了解门机的型式（单向、双向）；门机是否有悬臂吊或偏轨吊的设计要求，以及起升机构的型式，确定监理工作的内容及重点； 3．本设备以双向门机为基础进行编写，单向门机可进行参照； 4．执行的主要标准：NB/T 35051《水电工程启闭机制造安装及验收规范》、SL 381《水利水电工程启闭机制造安装及验收规范》及合同规定的相关标准
1	门架结构	1．门架结构主要材质证明文件见证； 2．钢板标识与材质证明牌号一致性核查	√	√		1．材料进厂后现场核查钢板的标识及牌号；见证钢板材质证明文件，填写监理见证表，见证情况拍照，记入日志，在月报（周报）中反映； 2．如主要材料分批进厂，应按进厂的批次分别做好监理见证工作； 3．高寒地区使用的门机，合同对钢板牌号有规定时，应填写见证表，见证情况拍照（待钢板标识）、记入日志，在月报（周报）中反映； 4．见证主要型钢的材质，见证情况记入日志
		3．门架主要构件下料尺寸抽检； 4．门架箱型构件组拼尺寸抽检		√		1．进行下料工序的日常巡查，巡查情况记入日志在月报（周报）中反映； 2．主梁、门腿、端梁、下横梁的翼板或腹板有对接焊缝的，应见证焊缝无损检测及检测报告，现场见证情况拍照，记入日志，在月报（周报）中反映； 3．抽检主梁、门腿、下横梁等构件组拼后的主要尺寸（见 NB/T 35045 表 7.1.7 构件拼装公差），抽检情况拍照，记入日志，在月报（周报）中反映； 4．抽检大车行走台车架的组拼尺寸，抽检情况拍照，记入日志，在月报（周报）中反映； ★需注意：箱型梁翼板封闭前，应按合同要求检查梁内的防腐情况
		5．焊接材料的质量文件见证； 6．门架构件焊接工序质量检查、见证； 7．门架构件焊缝外观质量抽检	√	√		1．见证焊材质量证明文件，填写监理见证表，见证情况记入日志； 2．巡查焊接工序质量，重点进行焊缝坡口制备、焊接工艺的执行、焊接人员资质、焊缝外观质量的抽检，如发现存在的工序质量缺欠，应及时督促制造单位进行处理，巡查抽检情况拍照，记入日志，在月报（周报）中反映；

续表

序号	监理项目	监理工作内容	监理方式			监理工作要求
			R	W	H	
1	门架结构	8.门架箱型梁构件主要焊缝无损检测及检测报告见证； 9．焊缝无损检测后超标缺欠处理见证（如有）	√	√		3．见证一、二类焊缝的无损检测情况，督促制造单位做好一、二类焊缝无损检测长度的统计工作，见证情况拍照，记入日志，在月报（周报）中反映； 4．结合门机主要构件一、二类焊缝无损检测要求，抽检见证主梁、端梁、门腿、下横梁、台车架的组合焊缝、对接焊缝的无损检测报告，所见证的焊缝无损检测报告填写见证表（附相应的无损检测报告），见证情况记入日志，在月报（周报）中反映； 5．对焊缝无损检测发现的超标缺欠，应及时督促制造单位处理，并见证缺欠处理后的无损检测复检，见证情况记入日志，在月报（周报）中反映
2	起升机构	1．小车架构件材质证明文件见证	√			见证小车架构件主要材质证明文件，填写监理见证表，记入日志，在月报（周报）中反映
		2．小车架构件组焊工序质量检查		√		1．采取巡视的方式，抽检构件下料后的尺寸偏差，抽检情况记入日志； 2．抽检小车主梁组拼后的尺寸偏差，抽检情况拍照、记入日志，在月报（周报）中反映； 3．抽检构件主要焊缝坡口的制备，抽检焊缝外观质量，见证主要焊缝的无损检测及检测报告，填写见证表，见证情况拍照、记入日志，在月报（周报）中反映； 4．焊缝无损检测后发现的超标缺欠，督促制造单位进行处理，见证焊缝处理后的无损检测复检，见证情况记入日志，在月报（周报）中反映
		3．见证小车车轮及车轮轴材质证明文件见证，抽检加工后的主要尺寸偏差； 4.如车轮为外协成品进厂，见证材质证明文件，抽检相关尺寸		√		1．见证小车车轮及车轮轴（圆钢或锻件）的材质证明文件，填写监理见证表，见证情况拍照，记入日志，在月报（周报）中反映； 2．见证车轮及车轮轴的热处理报告，见证情况记入日志； 3．抽检小车车轮及车轮轴加工后的主要尺寸偏差及表面粗糙度，抽检车轮踏面的硬度，抽检情况记入日志，在月报（周报）中反映； 4．车轮如系外协专业厂生产，车轮进厂后需进行材质证明、热处理报告（附曲线图）、无损检测报告以及质量检验记录的见证，并参加制造单位的复检工作，抽检主要尺寸偏差及踏面硬度，检查情况填写监理见证表，见证情况拍照，记入日志，在月报（周报）中反映
		5．见证主要外购配套部件质量证明文件见证		√		1．见证起升机构外购配套电动机、减速机、工作制动器、安全制动器等配套部件的质量证明文件，核查各配套部件的型号、品牌、生产厂家，抽检外观质量，填写监理见证表，见证情况拍照，记入日

续表

序号	监理项目	监理工作内容	监理方式			监理工作要求
			R	W	H	
2	起升机构	5. 见证主要外购配套部件质量证明文件见证	√	√		志，在月报（周报）中反映。[合同如对以上配套部件未明确品牌及生产厂家的，部件进厂后应进行外观质量检查和型号核查，见证质量合格证明文件，填写监理见证表，见证情况拍照，记入日志，在月报（周报）中反映]； 2. 如外购配套部件的品牌、型号、技术参数与合同要求不符，应督促制造单位进行核查或重新购置，必要时以监理联系单的书面提出监理意见报监理部或委托人进行协调；或督促制造单位按程序进行相关变更的审批工作，经委托人书面批准同意后方可使用
		6. 起升机构卷筒及卷筒轴材质文件见证及主要尺寸偏差抽检； 7. 检查卷筒轴承座尺寸偏差	√	√		1. 分别见证卷筒、卷筒轴的材质证明文件，填写监理见证表（附材质证明文件），见证情况拍照，记入日志，在月报（周报）中反映； 2. 钢板卷制的卷筒，应检查焊缝外观质量，见证卷筒焊缝的无损检测报告、焊后热处理报告，检查见证情况拍照，记入日志，在月报（周报）中反映； 3. 抽检卷筒的主要加工尺寸（包括：卷筒直径、绳槽处壁厚、绳槽底径、绳槽宽度、绳槽跨越过渡段表面质量），以及绳槽表面粗糙度，填写监理检查记录表，检查见证情况拍照，记入日志，在月报（周报）中反映； 4. 按照图样要求，检查卷筒轴的尺寸偏差及表面粗糙度，检查情况记入日志，在月报（周报）中反映； 5. 设计为双小车时，监理应注意检查两个卷筒的绳槽旋转方向，检查情况记入日志； 6. 见证轴承座的材质证明，检查轴承座加工后的尺寸偏差，检查情况记入日志，在月报（周报）中反映； 7. 如采用铸造卷筒，应见证铸件材质证明、力学性能试验报告、无损检测报告，检查卷筒外观是否有铸造缺陷（NB/T 35051 第 9.1.4-6 款铸造卷筒加工后的缺陷处理），检查见证情况记入日志，在月报（周报）反映； 8. 如卷筒系统为整体外协生产，卷筒进厂后应见证焊接卷筒的材质证明文件、焊缝无损检测报告、焊后热处理报告、质量检验记录以及卷筒轴的材质证明及无损检测报告；参与卷筒主要尺寸的检查，见证、检查情况拍照，记入日志，在月报（周报）中反映
		8. 小车行走机构组装尺寸检查及试运行见证		√	√	1. 分别见证小车行走机构三合一减速机的品牌及型号；见证外购轴承的品牌及型号，填写监理见证表（附质量证明文件），见证情况拍照，记入日志，在月报（周报）中反映；

续表

序号	监理项目	监理工作内容	监理方式			监理工作要求
			R	W	H	
2	起升机构	8．小车行走机构组装尺寸检查及试运行见证		√	√	2．抽检行走机构车轮组装后主动轮与三合一减速机的装配情况，以及行走轮组装后的尺寸偏差，包括车轮垂直度、车轮水平偏移、同一端梁下车轮同位差，检查情况拍照，记入日志，在月报（周报）中反映； 3．见证行走机构主动轮组装后的空载试运行（运行是否平稳、无异常）；抽检行走机构被动轮组装后的转动情况，采取手动的方式，车轮转动无卡阻，检查见证情况拍照，记入日志，在月报（周报）中反映
		9．起升机构组装质量检查； 10．起升机构试运行见证		√	√	1．检查小车架各支承座的加工面高度差；检查卷筒装置、减速机、电动机、工作制动器、安全制动器装配后各部尺寸偏差，检查情况拍照，记入日志，在月报（周报）中反映； 2．检查制动器（制动盘）的表面硬度和表面跳动偏差，填写监理检查记录表，检查情况记入日志，在月报（周报）中反映； 3．检查电动机、减速机、制动器、卷筒轴承座等组装后定位及剪力块设置情况，检查情况记入日志； 4．检查起升机构整体组装后的外观质量及主要尺寸偏差，见证起升机构的空载试运行［运行是否平稳、无异常，运行噪声1m处应小于85dB(A)］，填写监理检查记录，检查情况拍照，记入日志，在月报（周报）中反映； 5．检查起升机构整体组装的节点进度，记入日志，月报（周报）中反映； 6．如合同约定小车起升机构单独进行出厂验收，或因组装后直接进行出厂验收，可结合出厂验收的抽检项目，另行填写监理检查记录表，检查项目不全的部分，可在验收后进行补充检查或见证工作
3	大车行走机构组装	1．行走三合一减速机品牌及型号见证； 2．组装尺寸偏差检查； 3．主动轮空载试运行见证		√	√	1．见证大车运行机构三合一减速机的品牌及型号；见证外购轴承的品牌及型号，填写监理见证表，见证情况记入日志，在月报（周报）中反映； 2．抽检行走机构台车架与车轮组装后，主动轮与三合一减速机的装配情况，以及行走轮组装后的尺寸偏差，包括车轮垂直度、车轮水平偏移、同一端梁下车轮同位差，填写监理检查记录表，检查情况拍照，记入日志，在月报（周报）中反映； 3．见证大车行走机构主动轮组装后的空载试运行，运行是否平稳、无异常，运行噪声1m处应小于85dB(A)；填写监理检查记录表，检查见证情况拍照，记入日志，在月报（周报）中反映

续表

序号	监理项目	监理工作内容	监理方式			监理工作要求
			R	W	H	
4	悬臂吊回转吊（如有）	1．见证臂架结构主要材质证明； 2．见证臂架回转机构铸锻件的材质证明文件； 3．抽检臂架起升机构机加工部件的尺寸偏差； 4．检查臂架整体组装尺寸偏差； 5．见证回转吊组装后的调试机动作试验		√	√	1．见证臂架构件的材质证明文件（附材质证明文件），填写监理见证表，见证情况记入日志，在月报（周报）中反映； 2．见证悬臂吊（回转吊）齿轮主要材质证明文件见证（化学成分、力学性能试验、热处理报告、无损检测报告、检验记录、质量合格证），填写监理见证表，见证情况拍照，记入日志，在月报（周报）中反映； 3．抽检回转大齿轮、小齿轮的齿形尺寸偏差、齿面硬度、齿面粗糙度，填写监理检查记录表，抽检情况拍照，记入日志，月报（周报）中反映； 4．抽检起升机构主要部件机加工后的尺寸偏差，填写监理检查记录表，抽检情况拍照，记入日志，在月报（周报）中反映； 5．见证吊具的材质证明文件（化学成分、力学性能试验、热处理报告、无损检测报告、检验记录、质量合格证），检查外观质量，填写监理见证表，见证情况记入日志，在月报（周报）中反映； 6．检查悬臂吊（回转吊）预组装工序质量，重点检查回转支承及上、下支承面的清洁度、下支承的平面度及倾斜度；检查回转支承与上、下支承的局部间隙（≤0.3mm）；见证回转支承与上、下支承面的紧固螺栓拧紧情况；检查回转齿轮副的组装尺寸偏差、臂架整体结构轴线在垂直面与水平面的直线度偏差；检查同一铰点两轴孔的同轴度尺寸偏差（见 NB/T 35051 第 10.1.5 款），填写监理检查记录表，检查情况拍照，记入日志，在月报（周报）中反映； 7．如悬臂吊与门架一起进行整体预组装，则按上述检查项目进行检查，检查情况拍照，记入日志，在月报（周报）中反映； 8．见证悬臂吊（回转吊）组装后的调试和动作试验，填写监理检查记录表，检查见证情况拍照，记入日志，在月报（周报）中反映
5	电气控制柜	1．电气元器件配置的核查及见证； 2．柜体品牌见证及外观质量检查； 3．柜内接线质量及标识的检查； 4．司机室操作台功能配置的检查	√	√		1．如合同对主要电气元器件配置的品牌及型号有规定时（包括 PLC、变频器、显示屏等元器件），核查主要电气元器件的品牌、生产厂家以及型号，见证元器件的质量合格证，填写监理见证表（附质量合格证）或部件照片，见证情况记入日志，在月报（周报）中反映。如合同对电气元器件未明确品牌及生产厂家时，应符合设计图样的配置、品牌及型号要求，监理将见证情况记入日志； 2．合同对控制柜柜体品牌有要求时，应进行柜体品牌（生产厂家）的核查，填写监理见证表，见证情况拍照、记入日志；

续表

序号	监理项目	监理工作内容	监理方式			监理工作要求
			R	W	H	
5	电气控制柜	1．电气元器件配置的核查及见证； 2．柜体品牌见证及外观质量检查； 3．柜内接线质量及标识的检查； 4．司机室操作台功能配置的检查	√	√		3．抽检柜体的尺寸及表面油漆质量，抽检柜内元器件的组装及接线情况（接线牢靠、标示清晰、布置合理）、接地母线的截面尺寸、各接口的标识标志；抽检柜面操作按钮、报警装置的布置，填写监理抽检记录表，检查情况拍照记入日志，在月报（周报）中反映； 4．核查司机室操作台有关功能的设置及仪表配置（操作手柄品牌、显示屏位置、相关仪表），填写监理见证表，核查情况拍照记入日志，在月报（周报）中反映； 5．如发现主要元器件配置或功能设置与合同要求不符时，应以监理联系单书面提出整改要求，并及时向总监汇报，并在月报（周报）中反映。如制造单位需变更元器件的配置，应按审批程序进行，经委托人批准后方可进行变更
6	整体预组装	1．门机整体预组装准备工作检查		√	√	1．检查组装平台是否满足门机整体组装的要求；检查轨道的轨距是否满足设计的轨距要求，检查情况记入日志； 2．检查门机整体预组装的状态，是否符合出厂验收大纲要求； 3．检查门机组装的安全措施落实情况，检查情况记入日志，在月报（周报）中反映
		2．门架整体预组装质量检查		√	√	1．检查门架组装后，门腿高度相对差、门腿跨度方向的垂直度、门腿侧面对角线差、门架上部结构的对角线差、门架上部结构与门腿法兰的连接间隙、门腿下法兰与行走梁连接法兰的组装间隙（检查项目见 NB/T 35051 第 10.2 厂内组装），填写监理检查记录表，检查情况拍照，记入日志，在月报（周报）中反映； 2．检查大车行走组装后主要尺寸偏差，包括轮距、跨距、车轮垂直度、车轮水平偏移、同一端梁下车轮同位差，（检查项目见 NB/T 35051 第 10.2.3 运行机构组装），填写监理检查记录表，检查情况拍照，记入日志，在月报（周报）中反映； 3．检查门架上平台小车轨道安装后的尺寸偏差，包括小车轨距、两侧轨道高度差、轨道直线度、小车轨道与轨道梁腹板中心位置差、轨道与主梁上翼板结合间隙、轨道接头处高低差和侧向错位，填写监理检查记录表，检查情况拍照，记入日志，在月报（周报）中反映； 4．检查小车安放在轨道后的跨度、车轮垂直倾斜度、车轮水平偏移、同一端梁下车轮同位差、主动轮与轨道的接触间隙等偏差，填写监理检查记录表，检查情况拍照，记入日志，在月报（周报）中反映；

续表

序号	监理项目	监理工作内容	监理方式			监理工作要求
			R	W	H	
6	整体预组装	2. 门架整体预组装质量检查		√	√	5. 检查门机的组装状态，如经委托人批准采取大车行走机构与门架整体预组装，上部平台与起升机构整体预组装验收的方法时，监理应分别按照规范的要求，检查门架组装后的主要尺寸偏差及起升机构与上部平台预组装后的尺寸偏差和空载试运行，并填写监理检查记录表，检查情况拍照，记入日志，在月报（周报）中反映； 6. 悬臂吊（回转吊）（如有）预组装，检查臂架与门腿组装后的主要尺寸偏差，检查下支承的平面度及倾斜度；检查回转支承与上、下支承的局部间隙（≤0.3mm）；检查回转齿轮副的组装尺寸偏差、臂架整体结构轴线在垂直面与水平面的直线度偏差、同一铰点两轴孔的同轴度尺寸偏差（见：NB/T 35051 第 10.1.5 款），填写监理检查记录表，检查情况拍照，记入日志，在月报（周报）中反映
		3. 电气接线抽检		√		1. 见证控制柜相关接口与电动机、减速机、制动器的连接情况，见证情况记入日志； 2. 核查接地布置、接地母排截面积；司机室的操作手柄、仪表设置、操作功能，以及报警装置是否符合设计要求，核查情况记入日志； 以上电气接线检查情况的核查和抽检情况拍照，记入日志，在月报（周报）中反映
		4. 见证起升机构空载试运行		√	√	1. 见证起升机构的试运行［运行平稳、无卡阻，运行噪声小于 85dB(A)］，减速机无渗漏油、温度无异常；见证两小车运行的同步性，填写监理见证表，见证情况拍照，记入日志，在月报（周报）中反映； 2. 见证电气功能操作试验，包括报警、功能显示，试验见证情况记入日志，在月报（周报）中反映； 3. 如试验过程发现卡阻等异常情况，应督促制造单位进行分析处理，必要时下达监理联系单；缺陷处理过程应做好现场见证工作，并将处理情况及结果做好记录，在月报（周报）中反映； 4. 见证悬臂吊（如有）的空载运行情况，见证项目按合同及规范要求，填写见证表，见证情况拍照，记入日志，在月报（周报）中反映
		5. 门机荷载试验见证（如有）		√	√	1. 审核制造单位提交的门机荷载试验方案，提出审核意见，由总监审核后，报委托人审批； 2. 检查门机荷载试验的准备工作，包括试验程序、检测仪器，配重，吊篮以及安全措施，检查情况记入日志，在月报（周报）中反映； 3. 见证门机静载试验，分别按照试验大纲要求进行加载，进行测试，做好试验记录，并在试验记录监理签字。见证情况拍照，记入日志，在月报（周报）中反映；

续表

序号	监理项目	监理工作内容	监理方式			监理工作要求
			R	W	H	
6	整体预组装	5．门机荷载试验见证（如有）		√	√	4．如荷载试验过程，经调整后仍出现异常情况，未能满足合同要求，应督促制造单位进行分析，提出处理方案，经委托人批准后方可进行处理，必要时下达监理联系单，提出书面意见，报监理部和委托人，协调处理。处理的过程情况记入日志，在月报（周报）中反映； ★门机整体预组装是监理检查见证的重要节点，采取旁站监理和停点检查的方式进行组装过程质量的检查，与制造单位质检人员一起，按照合同和规范的要求，进行相关尺寸偏差的检查及试验的见证工作，做好监理检查记录，为出厂验收做好准备工作
7	门机抓梁（液压自动挂脱梁）	1．抓梁材质证明文件见证； 2．抓梁主要尺寸及焊缝外观抽检、无损检测报告见证； 3．抓梁组装尺寸偏差检查； 4．抓梁静平衡试验及动作试验见证		√	√	1．见证抓梁体材质证明文件，填写监理见证表（附材质证明文件），见证情况记入日志，在月报（周报）中反映； 2．抽检抓梁箱型梁组拼及焊接工序质量，重点对梁体构件拼组的尺寸偏差和焊缝的外观质量进行检查，见证梁体翼板和腹板的对接焊缝，上下吊耳的组合焊缝的无损检测报告，填写监理见证表，见证情况拍照，记入日志，在月报（周报）中反映； 3．见证外购液压装置的质量证明文件，填写监理见证表，见证情况拍照，记入日志，在月报（周报）中反映； 4．检查抓梁的整体预组装后主要尺寸偏差，包括梁宽度、高度、厚度；下部左右吊耳中心线同轴度；上吊耳中心线至梁中心线距离差；定位销孔中心线至梁中心线的距离差；滚轮（主滑块）中心线至梁中心线距离差；滚轮（主滑块）工作面至反向滑块工作面距离差；滚轮（主滑块）工作面至相邻定位销孔中心线距离差；滚轮（主滑块）工作面的平面度；侧滑块（滚轮）工作面至梁中心线距离差，填写监理检查记录表，检查情况拍照，记入日志，在月报（周报）中反映； 5．见证抓梁的静平衡试验（起吊后应保持水平），见证情况拍照或录像，记入日志，在月报（周报）中反映； 6．见证水下电缆接头、液压装置、各传感器的密封性试验（如有），见证情况记入日志，在月报（周报）中反映； 7．见证抓梁的穿销动作试验（销轴运行平稳、无卡阻、无异常）；液压系统无渗漏油，穿销行程等，填写监理见证表，见证情况拍照或录像，记入日志，在月报（周报）中反映

续表

序号	监理项目	监理工作内容	监理方式			监理工作要求
			R	W	H	
8	动滑轮组	1. 滑轮及吊耳轴材质证明文件见证； 2. 滑轮外观质量抽检； 3. 吊耳板轴孔尺寸偏差检查； 4. 滑轮组组装尺寸偏差检查及转动试验	√	√	√	1. 见证外购滑轮的材质证明及质量合格证，见证吊耳轴的材质证明，填写监理见证表，见证情况拍照，记入日志，在月报（周报）中反映； 2. 抽检滑轮外观质量及滑轮轴孔的尺寸偏差，抽检绳槽表面质量（不得有凹凸不平及轧制缺欠），抽检情况记入日志，在月报（周报）中反映； 3. 见证动滑轮组吊耳板的材质证明文件，填写监理见证表，见证情况记入日志； 4. 检查吊耳板轴孔、吊耳轴的尺寸偏差，检查情况记入日志； 5. 检查吊耳板焊缝的外观质量，见证吊耳板对接焊缝无损检测报告（如有），填写监理见证表，检查见证情况拍照，记入日志，在月报（周报）中反映； 6. 分别检查定滑轮组、动滑轮组的组装尺寸偏差，填写监理抽检记录表；滑轮组装后用手转动进行检查，转动应灵活转动，无卡阻，检查见证情况拍照、记入日志，在月报（周报）中反映； 7. 抽检动滑轮组外罩外观质量（不得有明显的凹坑缺欠，不得与钢丝绳相碰摩擦），抽检情况记入日志。如发现外罩存在制作缺欠，应督促制造单位进行处理，满足安全运行的要求
9	辅助结构及配套部件	1. 电缆卷筒质量合格证见证； 2. 司机室配置核查； 3. 爬梯、平台、栏杆外观质量抽检； 4. 机房尺寸抽检，外观质量抽检； 5. 检修电动葫芦质量合格证见证； 6. 夹轨器质量合格证见证； 7. 轨道材质文件见证及型号核查	√	√		1. 核查外购电缆卷筒的型号，生产厂家，见证质量合格证，见证情况拍照，记入日志，在月报（周报）中反映； 2. 核查司机室的品牌及生产厂家，以及司机室的相关配置情况，核查情况记入日志； 3. 抽检爬梯、平台及栏杆的外观质量，栏杆的对接焊缝应平滑，材质应符合设计图样的要求，检查情况记入日志，在月报（周报）中反映； 4. 检查机房的组装尺寸及外观质量，机房门打开方向应符合设计要求，检查情况记入日志，在月报（周报）中反映； 5. 检查检修电动葫芦的生产厂家、规格，见证产品合格证，抽检外观质量，核查铭牌技术参数，核查情况记入日志，在月报（周报）中反映； 6. 见证夹轨器的型号及生产厂家，抽检外观质量，见证情况记入日志； 7. 见证大车轨道材质证明文件，核查轨道的型号，填写监理见证表（附材质证明文件），见证情况拍照，记入日志，在月报（周报）中反映
10	出厂验收工作	1. 审核出厂验收大纲； 2. 督促制造单位做好出厂验收资料的准备	√		√	1. 审核门机出厂验收大纲，以监理联系单方式提出审核意见，总监审核后报委托人审批；

续表

序号	监理项目	监理工作内容	监理方式			监理工作要求
			R	W	H	
10	出厂验收工作	3．编写监理工作汇报； 4．参加出厂验收工作； 5．形成出厂验收纪要； 6．见证验收后有关完善和整改项目的处理结果	√		√	2．督促制造单位编写设备制造情况汇报及质量检验报告，做好出厂验收资料的准备工作； 3．审核制造单位提交的出厂验收申请，签署监理审核意见，由总监签字意见后，报委托人确定验收时间； 4．编写监理工作汇报，包括验收设备的基本情况、质量与生产进度的情况、整体预组装质量检查及试验见证情况、制造质量缺陷及处理结果、制造质量的评价以及需完善或整改的意见； 5．参加委托人组织的出厂验收工作（或受委托主持设备的出厂验收工作），验收程序包括：制造单位汇报制造情况及质量检验情况、监理汇报工作情况、审查相关的验收资料、现场抽检主要尺寸偏差及外观质量、见证起升机构空载运行试验、见证液压抓梁的平衡试验及穿销动作试验；讨论并提出需完善及整改的意见，形成出厂验收纪要，并附出厂验收抽检（见证）记录表，以及主要配置的见证记录表（如需），由参加验收的各方代表签字； 6．按照出厂验收纪要，督促制造单位做好需完善或整改的工作，并逐项见证整改后的结果，见证情况拍照，记入日志，在月报（周报）中反映； 7．督促制造单位提交验收后遗留问题整改完善情况的报告，监理审核后经总监签字以监理联系单方式报委托人； 8．如门机起升机构、门架进行单独验收，仍应按照验收程序，做好各项检查见证工作，并分别形成出厂验收纪要； 9．出厂验收会议及验收情况，监理应做好记录，验收情况拍照，记入日志，记入大事记，在月报（周报）中反映
11	防腐施工质量	1．涂料质量证明文件见证； 2．抽检出锈后的表面质量； 3．抽检涂层漆膜厚度及外观质量	√	√	√	1．见证门机防腐涂料的品牌及生产厂家，填写监理见证表（附涂料质量合格证），见证情况拍照，记入日志，在月报（周报）中反映； 2．核查涂料面漆、中间漆、底漆是否是同一厂家的配套涂料，核查情况记入日志； 3．巡视各构件表面除锈工序质量，重点抽检喷砂除锈后表面的粗糙度及清洁度，抽检情况拍照，记入日志，在月报（周报）中反映； 4．抽检涂层的总厚度，填写监理抽检记录表，抽检情况拍照，记入日志，在月报（周报）中反映； 5．抽检涂层外观质量，表面应无流挂、针孔、鼓包、皱纹等缺欠，抽检情况记入日志，在月报（周报）中反映；如发现涂层表面存在缺欠情况，应督

续表

序号	监理项目	监理工作内容	监理方式			监理工作要求
			R	W	H	
11	防腐施工质量	1. 涂料质量证明文件见证； 2. 抽检出锈后的表面质量； 3. 抽检涂层漆膜厚度及外观质量	√	√	√	促制造单位进行处理，必要时以监理联系单提出书面意见，督促制作单位进行处理整改； 6. 抽检构件面漆涂层的颜色，满足合同约定的色标要求；如表面颜色与合同要求存在差异，应督促制造单位进行分析处理；如表面颜色需进行变更，应按程序进行审批，经委托人同意后方可出厂，变更情况记入日志； 7. 检查门机有关部件安全标志的颜色，满足有关规范的要求
12	包装发运	1. 审核包装方案（如需）； 2. 抽检包装质量； 3. 核查发运清单； 4. 检查发运标识； 5. 督促设备发运				1. 审核包装方案（如合同有要求），并以监理联系单方式，提出书面审核意见，由总监审核后报委托人； 2. 检查部件的包装情况，见证加工后部件表面的防护情况，检查电气控制柜、机电部件（减速机、电动机、制动器等）木箱包装的情况；检查备品备件的装车情况，包装需牢固、有相应的防护措施，检查情况记入日志，在月报（周报）中反映； 3. 核查发运清单与装车的部件的一致性，并在发运清单上监理签字； 4. 检查包装箱外的发运标识，检查大型或超重件的吊点及重心的标识，满足合同约定的要求，见证情况拍照，记入日志； 5. 按照委托人发运通知，督促制造单位及时组织设备发运，见证设备装车情况，装车见证情况拍照，记入日志，在月报（周报）中反映
13	监理注意事项		√	√		1. 本指南是以双向门机为例进行编写的，如监理设备为单向门机、移动台式启闭机，可参照本指南的相关内容进行监理工作； 2. 本指南按照 NB/T 35051《水电工程启闭机制造安装及验收规范》，参考了有关门机的设计图样，结合监理工作的实际情况进行编写的，如设备供货合同对门机有特殊设计要求时，监理工作的重点及内容相应进行相应调整； 3. 单向门式启闭机起升机构直接组装在门架上部平台，有关起升机构组装后的检查见证工作，应参照本指南及规范要求进行检查见证工作； 4. 所附的门机整体预组装监理检查（见证）记录表，监理在设备组装完成后进行检查的项目，表中的检查项目可按合同要求进行调整，如检查项目内容缺项或合同另有要求时可进行补充； 5. 门机起升机构组装后监理需进行主要尺寸偏差的检查及空运转试验的见证，是监理停点控制节点，如因验收时间问题，起升机构组装后未能进行

续表

序号	监理项目	监理工作内容	监理方式			监理工作要求
			R	W	H	
13	监理注意事项		√	√		监理检查见证时，可与出厂验收时的检查见证工作一起进行，所缺少的项目可待验收工作完成后进行补充； 6. 门机行走机构组装及主动轮的空载试验是监理的工作内容，见证情况应做好记录，填写监理见证表； 7. 门机行走机构组装及主动轮的空载试验见证情况应做好记录，填写监理见证表； 8. 门机的主要配置及电气元器件，当合同品牌及型号要求时（含主要配套部件），监理在见证后需填写见证表，并附相应的质量合格证或照片；门机的主要材料、主要焊缝的无损检测报告见证，需填写监理见证表，并附相关的证明文件、无损检测报告或照片； 9. 监理工作的内容还应按照指南通用部分的相关规定一起实施

附表

移动式启闭机设备监理检查、见证项目明细表

序号	项目	检查见证内容	监理方法		备注
			见证表	检查记录	
1	门架结构	1. 见证构件材质证明文件	√		填写见证表，附质量证明文件
		2. 见证构件主要焊缝无损检测及检测报告	√		填写见证表，附无损检测报告及见证照片
		3. 检查门架预组装尺寸及外观质量		√	填写监理检查记录表，附检查照片
		4. 见证小车轨道材质证明文件	√		填写见证表，附质量证明文件及见证照片
2	大车行走机构	1. 见证台车架构件材质证明文件	√		填写见证表，附质量证明文件
		2. 见证构件主要焊缝无损检测及检测报告	√		填写见证表，附无损检测报告及见证照片
		3. 见证行走轮、轮轴质量证明文件	√		填写见证表，附质量证明文件及见证照片
		4. 见证三合一减速机质量证明文件	√		填写见证表，附质量证明文件及见证照片
		5. 见证行走轮组装后空转试验	√		填写见证表，附见证照片
		6. 检查行走机构组装尺寸及外观质量		√	填写检查记录表，附检查照片

续表

序号	项目	检查见证内容	监理方法		备注
			见证表	检查记录	
2	大车行走机构	7. 见证大车轨道型号及材质证明文件	√		填写见证表，附质量证明文件及见证照片
3	起升机构	1. 见证小车架构件材质证明文件	√		填写见证表，附质量证明文件
		2. 见证小车主梁构件焊缝无损检测报告	√		填写见证表，附无损检测报告及照片
		3. 见证小车车轮、车轮轴主梁证明文件	√		填写见证表，附质量证明文件及见证照片
		4. 见证减速机、电动机、制动器、联轴器、荷载仪、高度指示器等外购配套的质量证明文件	√		填写见证表，附质量证明文件及实物照片
		5. 检查小车整体组装尺寸及外观质量		√★	填写检查记录表，附检查照片
		6. 见证起升机构试运行	√		填写见证表，附试验见证照片
4	电气控制	1. 见证柜内主要元器件质量证明文件	√		填写见证表，附质量证明文件
		2. 检查柜内接线、标识及接地排截面积		√	填写检查记录表，附检查照片
		3. 见证司机室操作台有关配置	√		填写见证表，附见证照片
5	整体预组装	1. 检查整体组装后主要尺寸及外观		√★	填写检查记录表，附检查照片
		2. 见证起升机构空载试验	√★		填写见证表，附试验记录及见证照片
6	液压自动抓梁	1. 见证抓梁结构材质证明文件	√		填写见证表，附材质证明文件
		2. 见证抓梁主要焊缝无损检测报告	√		填写见证表，附无损检测报告及见证照片
		3. 检查抓梁整体组装后主要尺寸及外观质量		√★	填写检查记录表，附检查照片
		4. 见证抓梁静平衡试验	√		填写见证表，附试验照片
7	滑轮组	1. 见证滑轮质量证明文件	√		填写见证表，附质量证明文件
		2. 见证吊耳板材质证明文件	√		填写见证表，附材质证明文件
		3. 见证吊耳轴材质证明文件	√		填写见证表，附材质证明文件
		4. 检查滑轮组组装尺寸及外观质量		√	填写检查记录表，附检查照片

续表

序号	项目	检查见证内容	监理方法		备注
			见证表	检查记录	
8	外购配套及钢丝绳	1．见证夹轨器的型号及质量合格证	√		填写见证表，附质量合格证及见证照片
		2．见证电缆卷筒质量合格证	√		填写见证表，附质量合格证及见证照片
		3．见证钢丝绳的牌号及质量合格证	√		填写见证表，附质量合格证及见证照片
		4．见证荷重仪的型号及质量合格证	√		填写见证表，附质量合格证及见证照片
9	防腐	1．见证防腐涂料质量证明	√		填写见证表，附质量合格证及见证照片
		2．抽检除锈后表面质量		√	填写检查记录表，附检查照片
		3．抽检涂层厚度及外观质量		√★	填写检查记录表，附检查照片

注：1．★标记为监理停点检查项目

2．外购配套部件按照合同约定的项目进行见证

3．合同约定进行载荷试验的，监理应进行试验过程的见证，填写见证表

4．监理见证表、检查记录表的格式及内容由总监确定

3.6 液压启闭机设备制造监理质量控制

序号	监理项目	监理工作内容	监理方式			监理工作要求
			R	W	H	
	提示					1．监理开展工作前，应熟悉合同技术要求、设计图样及相应的标准规范要求，编写监理细则； 2．详细了解液压启闭机的设计要求，单油缸或者双油缸、活塞杆镀铬或喷涂陶瓷层，支座的型式等，确定监理工作的内容及重点； 3．执行的主要标准：NB/T 35051《水电工程启闭机制造安装及验收规范》、SL 381《水利水电工程启闭机制造安装及验收规范》及合同规定的相关标准
1	预埋件（机架）	1．见证机架主要材质证明文件	√	√		见证机架材质证明文件，核查钢板标识与材质证明文件牌号的一致性，填写监理见证表（附材质证明文件），见证情况记入日志，月报（周报）中反映
		2．见证机架焊缝质量情况	√	√		抽检机架焊缝外观质量（按NB/T 35051第4.4.1焊缝外观质量和尺寸要求）；见证焊缝无损检测及检测报告，填写监理见证表（附无损检测报告），抽检情况拍照、记入日志，在月报（周报）中反映

续表

序号	监理项目	监理工作内容		监理方式			监理工作要求
				R	W	H	
1	预埋件（机架）	3．抽检机架主要尺寸偏差			√		1．抽检机架支铰座连接轴孔主要尺寸偏差，抽检情况记入日志； 2．见证支铰轴的材质证明文件，填写监理见证表；检查支铰轴的主要尺寸偏差，检查情况记入日志，在月报（周报）中反映
		4．抽检机架防腐施工质量		√	√		1．见证涂料的质量证明文件，填写监理见证表（附质量证明文件），见证情况拍照、记入日志，在月报（周报）中反映； 2．抽检涂层的厚度，抽检情况拍照、记入日志，在月报（周报）中反映； 3．抽检埋入部位的水泥砂浆防腐质量，抽检情况记入日志
2	液压缸	缸体	1．见证油缸材质证明文件； 2．抽检焊缝外观质量，见证无损检测报告（如有）； 3．抽检油缸加工后主要尺寸偏差	√	√		1．见证缸体（无缝钢管或钢锻件）材质证明文件，填写监理见证表（附材质证明文件）见证情况记入日志，在月报（周报）中反映； 2．见证缸体对接焊缝无损检测及检测报告，填写监理见证表，见证情况拍照、记入日志，在月报（周报）中反映； 3．检查缸体精加工后主要尺寸偏差及表面粗糙度，填写监理检查记录表，检查情况拍照、记入日志，在月报（周报）中反映
		缸盖	1．见证端盖材质证明文件； 2．见证无损检测及检测报告； 3．抽检端盖主要尺寸	√	√		1．见证上、下缸盖（铸件或锻件）的材质证明文件，填写监理见证表，见证情况拍照、记入日志，在月报（周报）中反映； 2．见证上、下缸盖无损检测报告，填写监理见证表，见证情况拍照、记入日志，在月报（周报）中反映； 3．抽检缸盖机加工后尺寸及外观质量，抽检情况拍照、记入日志，在月报（周报）中反映
		活塞杆	1．见证活塞杆材质证明文件； 2．抽检活塞杆机加工后尺寸； 3．抽检活塞杆涂层质量	√	√		1．见证活塞杆（锻件）材质证明文件，填写监理见证表，见证情况记入日志，在月报（周报）中反映； 2．抽检活塞杆精加工后主要尺寸偏差及表面粗糙度，填写监理检查记录表，抽检情况拍照、记入日志，在月报（周报）中反映； 3．抽检活塞杆表面陶瓷层涂装质量（如是），陶瓷涂层应符合 NB/T 35051 规定的要求，或见证外协活塞杆陶瓷涂层第三方检测报告，抽检活塞杆主要尺寸，填写监理检查记录表，抽检见证情况拍照、记入日志，在月报（周报）中反映； 4．抽检活塞杆表面镀铬层质量（如是），镀铬层质量应符合 NB/T 35051 规定的要求，抽检情况记入日志，在月报（周报）中反映

续表

序号	监理项目	监理工作内容		监理方式			监理工作要求
				R	W	H	
2	液压缸	活塞	1. 见证活塞材质证明文件； 2. 抽检活塞机加工后尺寸	√	√		1. 见证活塞材质证明文件，填写监理见证表，见证情况记入日志，在月报（周报）中反映； 2. 抽检活塞精加工后主要尺寸偏差及表面粗糙度，做好监理抽检记录，抽检情况拍照、记入日志，在月报（周报）中反映
		吊头	1. 见证吊头材质证明文件； 2. 抽检吊头杆机加工后尺寸； 3. 抽检吊头涂层质量	√	√		1. 见证吊头（锻件）材质证明及无损检测报告文件，填写监理见证表（附材质证明及无损检测报告）见证情况拍照、记入日志，在月报（周报）中反映； 2. 检查吊头加工后主要尺寸偏差及表面粗糙度，抽检情况拍照、记入日志，在月报（周报）中反映； 3. 抽检吊头防腐涂层质量，抽检情况记入日志
		导向套	1. 见证导向套质量合格证； 2. 抽检导向套表面粗糙度	√	√		1. 见证金属导向套的材质证明，填写监理见证表，见证情况记入日志，在月报（周报）中反映； 2. 抽检导向套表面粗糙度，抽检情况记入日志，在月报（周报）中反映
		密封件	1. 见证油缸密封件质量合格证； 2. 核查密封件型号、规格	√			1. 见证外购（进口）油缸密封件、行程传感器质量合格证，填写监理见证表（附质量合格证），见证情况拍照、记入日志，在月报（周报）中反映； 2. 核查密封件的规格、品牌及生产厂家，填写监理见证表（附质量合格证），见证情况拍照、记入日志，在月报（周报）中反映
		整体组装调试	1. 检查油缸的组装尺寸及外观质量； 2. 见证油缸的调试及空载试验		√	√	1. 抽检液压油缸整体组装后主要尺寸及外观质量，见证缸体、活塞与活塞杆、密封、端盖、上下吊头装配时的清洁度，抽检油压管路的组装质量，抽检情况拍照、记入日志，在月报（周报）中反映； 2. 见证液压油缸的调试及试验，包括空载运行（无泄漏和爬行情况）；耐压试验（不得有泄漏和破坏现象）；行程测量（符合合同要求的行程长度）等，填写监理检查（见证）表，检查见证情况拍照、记入日志，在月报（周报）中反映； 3. 如调试时，出现漏油量超过规范要求，或出现破坏性的情况，应督促制造单位分析原因，提出处理意见，经再次试验后，全部满足合同及规范的要求，方可进行后续工作，必要时下达监理联系单提出书面意见，并报监理部总监
3	液压泵站	1. 见证油箱材质证明文件；抽检焊缝外观质量		√	√	√	1. 见证油箱的材质证明文件，核查所使用的材质，填写监理见证表，见证情况记入日志，在月报（周报）中反映；

续表

序号	监理项目	监理工作内容	监理方式			监理工作要求
			R	W	H	
3	液压泵站	2. 见证液压油泵、油泵电机型号、品牌； 3. 见证液压组件（外购或进口部件）的型号、品牌； 4. 见证液压泵站组装及调试	√	√	√	2. 抽检油箱焊接后的外观质量及焊缝外观，确保油箱内焊缝光滑平整的要求，抽检情况拍照、记入日志； 3. 见证油箱的渗漏试验，见证情况拍照、记入日志，在月报（周报）中反映； 4. 分别见证外购液压油泵、油泵电动机的配置情况，核查油泵、油泵电机的型号、品牌及生产厂家，填写监理见证表，见证情况拍照、记入日志，在月报（周报）中反映； 5. 分别见证压力变送器、液位控制器、温度传感器、行程检测装置、电磁溢流阀、电磁换向阀、高压球阀、溢流阀、液控单向阀、滤油器、压力继电器、高压油管、压力表等配套液压元器件的质量合格证，核查配套元器件的型号、品牌及生产厂家，填写监理见证表，见证情况拍照、记入日志，在月报（周报）中反映； 6. 检查油箱内部的清洁度，不得有杂物等污染物； 7. 抽检泵站的外观质量，见证管路标识，阀体标识等，检查情况拍照、记入日志； 8. 见证液压泵站的调试情况，空载运行应平稳无异常；泵站运行噪声应符合规范要求；各保护功能报警应准确；耐压试验不得出现渗漏或破坏现象，保压试验不得有泄漏和异常情况，见证情况填写监理见证表，记入日志，在月报（周报）中反映； 9. 如调试过程出现异常情况，应督促制造单位进行问题的分析并及时排除异常情况，满足功能调试的要求，并将处理的结果记入日志
4	电气控制柜	1. 核查柜体的品牌；抽检外观质量； 2. 见证主要元器件配置； 3. 抽检柜内接线质量； 4. 抽检面板操作按钮的功能	√	√		1. 见证柜体的品牌及生产厂家（如合同有要求），抽检柜体的外观质量及面漆的颜色，抽检柜体布置形式及主要尺寸，抽检见证情况拍照、记入日志，在月报（周报）中反映； 2. 见证柜内主要电气元器件的配置，重点核查触摸屏、PLC、变频器、继电器、接线端子等元器件的品牌及规格，填写监理见证表，见证情况拍照、记入日志，在月报（周报）中反映； 3. 电气元器件如合同要求是湿热型或适应低温要求时，应进行型号及技术参数的核查，核查情况拍照、记入日志，在月报（周报）中反映； 4. 如发现所配置的主要元器件的品牌及型号与合同要求不符时，应督促制造单位进行更换，或办理相应的变更审批手续，发现的情况记入日志；如需变更元器件的品牌或型号，应按审批程序进行，经委托人同意后方可使用，未经批准不

续表

序号	监理项目	监理工作内容	监理方式			监理工作要求
			R	W	H	
4	电气控制柜	1. 核查柜体的品牌；抽检外观质量； 2. 见证主要元器件配置； 3. 抽检柜内接线质量； 4. 抽检面板操作按钮的功能； 5. 检查控制柜生产进度	√	√		得任意变更合同认可的元器件品牌或型号，必要时，以监理联系单书面报告总监或委托人进行协调处理； 5. 抽检柜内接线情况，接线布置应整齐、固定牢固；端子排的安装及接线应符合 GB 50171 规范的要求；接线的标识应明显并符合设计要求，填写抽检记录表，抽检情况拍照、记入日志，在月报（周报）中反映； 6. 抽检面板各操作按钮、报警装置，警示灯的配置及布置情况，核查各元件的品牌及型号，抽检情况拍照、记入日志，在月报（周报）中反映； 7. 抽检柜内各接地情况，重点核查接地铜排（母线）的截面面积，抽检情况记入日志； 8. 抽检柜内照明、风扇、加热器的配置及安装情况，满足合同约定的要求，抽检情况记入日志； 9. 见证电气柜的功能及电气试验，包括绝缘电阻、接地测试，以及报警、指示灯的显示，填写见证表，见证情况拍照、记入日志，在月报（周报）中反映； 10. 如控制柜为外协专业生产厂家生产，进厂后仍需做好以上见证检查工作
5	机电液联调试验	1. 检查液压启闭机的试验状态； 2. 见证机、电、液联调试验		√	√	1. 检查液压启闭机的试验状态（液压油缸卧式平放在组装支架上，活塞杆伸出端由活动支架支承，泵站接口分别与油缸及控制柜的接口连接，处于机电液联调状态），检查见证情况拍照、记入日志，在月报（周报）中反映； 2. 分别见证液压油缸相关接口与泵站的连接情况，控制柜相关接口与泵站及液压油缸电气接口的连接情况，满足试验的要求，见证情况记入日志； 3. 见证液压油缸的各项试验，包括空载试验、耐压试验、外泄露试验、行程检测，填写监理检查记录表见证情况拍照、记入日志，在月报（周报）中反映； 4. 见证电气操作试验，包括启门、闭门动作试验；系统超压、失压、滤清器堵塞、温度异常等保护功能的试验；自动纠偏功能操作试验；见证泵站的空载试验、保压试验、耐压试验、运行噪声以及油箱液压油温度；见证电路的绝缘电阻测试、各开关的触点分合情况等，填写监理检查（见证）记录表，见证情况拍照、记入日志，在月报（周报）中反映；

续表

序号	监理项目	监理工作内容	监理方式			监理工作要求
			R	W	H	
5	机电液联调试验	1．检查液压启闭机的试验状态； 2．见证机、电、液联调试验		√	√	5．检查液压泵站各阀体、管路渗漏情况以及油泵噪声，检查泵站的外观质量，填写监理检查记录表，抽检情况拍照、记入日志，在月报（周报）中反映； 6．分别见证泵站、油缸的铭牌标识，铭牌的技术参数、型号等应符合合同约定的要求，见证情况记入日志
6	出厂验收工作	1．审核出厂验收大纲； 2.督促制造单位做好出厂验收资料的准备； 3．编写监理工作汇报； 4．参加出厂验收，进行现场抽检、见证工作； 5．形成出厂验收纪要； 6.检查见证验收后有关需完善和整改项目的处理结果		√	√	1．审核液压启闭机出厂验收大纲，以监理联系单方式提出审核意见，监理部审核后报委托人审批，审核情况记入日志，在月报（周报）中反映； 2．督促制造单位编写设备制造情况汇报及质量检验报告，按照合同和规范要求，整理出厂验收资料，做好出厂验收的准备工作； 3．审核制造单位提交的出厂验收申请，签署监理审核意见，由总监签发意见后，报委托人审批； 4．编写监理工作汇报，包括验收设备的基本情况、质量与生产进度的情况、整体预组装质量检查结果、制造质量缺陷及处理结果、制造质量的评价以及需完善整改的项目； 5．参加委托人组织的出厂验收工作（或受委托主持设备的出厂验收工作），验收程序包括：制造单位汇报制造情况及质量检验情况、监理汇报工作情况、查阅相关的验收资料、现场抽检组装尺寸及外观质量、见证空载运行试验、讨论并提出需完善及整改的意见，形成出厂验收纪要，并附出厂验收抽检记录表，以及主要配置的见证记录表，由参加验收各方代表签字； 6．按照出厂验收纪要，督促制造单位做好需完善或整改的工作，并逐项见证整改后的结果，做好监理见证记录。见证情况记入日志，整改项目处理结果在月报（周报）中反映； 7．督促制造单位提交验收后遗留问题整改完善情况的报告，监理审核后经总监签字以监理联系单方式报委托人审核； ★以上出厂验收准备工作及验收过程的情况，应在当月监理月报中反映，项目验收工作记入大事记
7	防腐施工	1．涂料质量证明文件的见证； 2．涂层厚度检查； 3．安全标识颜色的检查		√	√	1．见证结构部件防腐涂料的品牌及生产厂家，填写监理见证表，见证情况记入日志，在月报（周报）中反映； 2．抽检活塞杆表面喷涂陶瓷的质量（如有）；抽检机架除锈及表面清洁度，抽检情况记入日志，在月报（周报）中反映；

续表

序号	监理项目	监理工作内容	监理方式			监理工作要求
			R	W	H	
7	防腐施工	1．涂料质量证明文件的见证； 2．涂层厚度检查； 3．安全标识颜色的检查		√	√	3．检查液压油缸、泵站防腐施工质量，抽检油漆涂层厚度及附着力，以及外观质量，填写监理检查记录表；如发现涂层有流挂、针孔、鼓包等缺陷时，应督促制造单位进行处理，合格后方可进行后续工作，防腐质量抽检情况拍照，在月报（周报）中反映； 4．检查相关油管及部件的安全标志颜色，满足合同约定的颜色要求，见证情况记入日志； 5．如出现涂料的品牌与合同要求不符，或发现涂层质量的缺陷，应督促制造单位进行处理，发现的问题记入日志，在月报（周报）中反映
8	包装发运工作	1．包装质量检查； 2．发运时间协调		√		1．审核液压启闭机（部件）的包装方案（如合同有要求），并以监理联系单方式，提出书面审核意见，由总监审核后报委托人； 2．检查部件的包装情况，重点检查液压油缸、电气控制柜、泵站的包装的情况，包装是否牢固、有相应的防护措施，检查情况拍照、记入日志，在月报（周报）中反映； 3．核查发运清单与装车的部件的一致性，并在发运清单上监理签字； 4．检查包装箱外的发运标识，检查大型或超重件的吊点及重心的标识，满足合同约定的要求，见证情况记入日志，在月报（周报）中反映； 5．按照委托人发运通知，督促制造单位及时组织设备发运，满足交货时间要求； 6．见证设备装车情况，督促制造单位防止吊装过程中的碰撞和损坏； ★设备的包装发运应按合同要求的批次，分别进行检查见证，设备的发运情况记入大事记；监理检查见证的包装、发运情况应记入日志，并在月报（周报）中反映

附表

液压启闭机设备监理检查、见证项目汇总表

序号	检查、见证项目	检查、见证内容	监理文件		备注
			见证表	检查记录	
1	预埋件	1．见证预埋件材质证明文件	√		填写见证表，附材质证明文件
		2．检查埋件主要尺寸及外观质量		√	填写监理检查记录表，附检查照片
		3．见证埋件主要焊缝无损检测报告	√		填写见证表，附无损检测报告及见证照片

续表

序号	检查、见证项目	检查、见证内容	监理文件		备注
			见证表	检查记录	
1	预埋件	4．抽检埋件防腐涂层质量		√	填写监理检查记录表，附检查照片
2	液压缸	1．见证油缸、活塞杆、活塞、吊头、导向套材质证明文件	√		填写见证表，附相应的材质证明文件
		2．检查油缸表面粗糙度及尺寸偏差		√	填写监理检查记录表，附检查照片
		3．检查活塞杆主要尺寸、表面粗糙度及镀层质量		√	填写监理检查记录表，附检查照片
		4．检查活塞主要尺寸偏差及表面粗糙度		√	填写监理检查记录表，附检查照片
		5．见证油缸密封件、行程传感器质量合格证	√		填写见证表，附材质证明及见证照片
		6．检查液压油缸组装尺寸及外观质量		√	填写监理检查记录表，附检查照片
		7．见证液压油缸各项试验		√★	填写见证表，附试验记录及见证照片
3	液压泵站	1．见证油箱的材质证明文件	√		填写见证表，附材质证明
		2．见证油箱的渗漏试验	√		填写见证表，附见证照片
		3．见证各液压阀及液压元件质量合格证及品牌	√		填写见证表，附合格证及实物照片
		4．见证液压泵站调试及空载试验、外观质量		√★	填写见证表，附试验记录及见证照片
4	电气控制柜	1．见证主要元器件质量合格及品牌	√		填写见证表，附质量合格及见证照片
		2．抽检柜内接线及相关标识		√	填写监理检查记录表，附抽检照片
		3．见证电气柜的功能及电气试验	√		填写见证表，附试验记录及见证照片
5	机、电、液联调试验	1．见证液压油缸各项功能试验	√★		填写见证表，附试验报告及见证照片
		2．见证电气操作试验	√★		填写见证表，附试验记录见证照片
		3．检查液压泵站阀体、管路渗漏及油泵运行噪声		√	填写检查记录表，附检查记录及照片
6	防腐	1．见证防腐涂料质量合格证及品牌	√★		填写见证表，附合格证及见证照片
		2．抽检涂层厚度及外观质量		√★	填写监理检查记录表，附抽检照片

注：1．有★标记为监理停点检查项目，为必检项目

2．外购配套部件按照合同约定项目进行见证，包括油缸密封圈，泵站各型式的阀体，油泵、电动机等

3．合同约定的试验项目，监理应进行试验过程的见证，填写见证表

4．监理见证表、检查记录表的格式及内容由总监确定

3.7 桥式（双梁）起重机设备制造监理质量控制

序号	监理项目	监理工作内容	监理方式			监理工作要求
			R	W	H	
	提示					1．监理开展工作前，应熟悉合同技术要求、设计图样及相应的标准规范要求，编制监理细则； 2．详细了解桥机的型式（单小车，或双小车）；桥机主要配套和电气元器件配置要求，以及出厂前试验要求，确定监理工作的内容及重点； 3．本设备以双梁双小车桥机为基础进行编写，其他形式的桥机可参照本指南开展监理工作； 4．执行的主要标准：NB/T 35051《水电工程启闭机制造安装及验收规范》、SL 381《水利水电工程启闭机制造安装及验收规范》、GB/T 14405《通用桥式起重机》及合同规定的相关标准
1	桥架结构	1．见证钢板的材质证明文件； 2. 督促制造单位落实钢板的复检试验，见证试验报告	√	√		1．核查钢板的标识及牌号，见证材质证明文件，填写监理见证表（附材质证明文件），见证情况记入日志，在月报（周报）中反映； 2．如材料分批进厂，应按批次分别做好监理见证工作； 3．材料进厂情况拍照，记入日志，在月报（周报）中反映； 4．如合同要求主要材质进厂后需进行复检试验的，应督促制造单位落实钢板的复检试验工作，提供复检后的试验报告，记入日志，在月报（周报）中反映
		3．主要构件下料尺寸抽检； 4．箱型主梁、端梁等构件组拼尺寸抽检		√		1．巡查构件的下料工序质量，抽检下料部件的尺寸及形状，巡查情况拍照，记入日志，在月报（周报）中反映； 2．抽检主梁、端梁、大车支承架箱型梁组拼后的主要尺寸偏差，抽检内容包括翼板水平倾斜度、翼板平面度、直线度、梁腹板的垂直度、翼板相对于梁中心线的对称度、腹板局部平面度等（详见 NB/T 35051 表 9.1.1 构件制作质量要求)，填写监理抽检记录表，抽检情况拍照，记入日志，在月报（周报）中反映； ★需注意：箱型梁翼板封闭前，应按合同要求检查梁内的防腐情况
		5．焊接材料质量文件见证； 6．结构焊缝外观质量检查，主要焊缝无损检测报告见证； 7．桥架试组装尺寸及外观质量	√	√		1．见证焊材质量证明文件，见证情况记入日志； 2．巡查抽检构件焊接工序质量，重点对焊缝坡口型式及制备、焊接工艺的执行、焊接人员的资质、焊缝外观质量抽检，抽检情况记入日志，在月报（周报）中反映。如发现焊缝外观质量缺欠问题，应及时督促制造单位进行处理，焊缝外观质量要求（详见 NB/T 35051 表 4.4.1 焊缝外观质量和尺寸要求)；

续表

序号	监理项目	监理工作内容	监理方式			监理工作要求
			R	W	H	
1	桥架结构	5．焊接材料质量文件见证； 6．结构焊缝外观质量检查，主要焊缝无损检测报告见证； 7．桥架试组装尺寸及外观质量	√	√		3．见证一、二类焊缝的无损检测，填写见证表，见证情况拍照、记入日志，在月报（周报）中反映。督促制造单位做好无损检测焊缝的统计工作（焊缝无损检测比例见 NB/T 35051 表 4.4.3）； 4．见证主梁、端梁、小车行走架主要焊缝的无损检测报告（组合焊缝、对接焊缝），填写监理见证表（附无损检测报告），见证情况记入日志，在月报（周报）中反映； 5．焊缝无损检测发现的超标缺欠，监理应及时督促制造单位做好缺欠处理，并现场见证缺欠处理后的无损检测工作；缺欠处理后的见证情况记入日志，在月报（周报）中反映； 6．检查桥架试组装尺寸，重点检查桥架跨度、小车轨道轨距、总长度等，填写监理检查记录表，检查情况拍照、记入日志，在月报（周报）中反映； ★主梁为关键部件，是监理工作的重点，需重点检查主梁主要焊缝的质量，进行主要焊缝无损检测及检测报告的见证，无损检测后发现的焊缝超标缺欠，应督促制造单位及时进行处理，并对处理后的焊缝再次无损检测后进行检测报告的见证，合格后方可进行后续工序；焊接工序过程情况进行拍照，在月报（周报）中反映
2	辅助构件	1．行走平台外观质量检查； 2．爬梯、栏杆外观质量抽检； 3．司机操作室配置核查； 4．滑线及附件质量证明文件见证； 5．大车轨道材质证明文件见证				1．检查行走平台外观质量，以及走道板焊后的平整度，检查情况拍照，记入日志，在月报（周报）中反映； 2．抽检爬梯及转角平台的外观质量，抽检情况拍照，记入日志； 3．桥机栏杆如采用不锈钢管，应见证不锈钢管的材质证明文件，抽检栏杆各焊接接口的外观质量及整体外观质量，检查见证情况拍照，记入日志，在月报（周报）中反映； 4．司机操作室如系外购配套产品，应见证相关的质量检查合格证；核查司机操作室的主要配置（操作手柄、座椅等），抽检情况记入日志，在月报（周报）中反映； 5．见证滑线的材质证明文件，抽检滑线的外观质量，抽检见证情况记入日志； 6．分别见证大车轨道和小车轨道的材质证明文件及型号，填写监理见证表（附材质证明文件），见证情况拍照，记入日志，在月报（周报）中反映
3	起升机构	1. 主要外购配套部件质量证明文件见证		√		1．见证起升机构外购配套电动机、减速机、工作制动器、安全制动器等配套部件的质量证明文件，现场核查各配套部件的型号、品牌（生产厂家）、

续表

序号	监理项目	监理工作内容	监理方式			监理工作要求
			R	W	H	
3	起升机构	1. 主要外购配套部件质量证明文件见证		√		外观质量，填写监理见证表，见证情况拍照，记入日志，在月报（周报）中反映； 2. 如外购配套部件的品牌、型号、技术参数与合同要求不符，应以监理联系单的方式形成书面意见，督促制造单位进行核查或重新购置，以满足合同约定的要求，并及时向总监汇报。如需变更配套部件品牌、规格、型号，应按照审批程序，报委托人批准后方可进行变更； 3. 合同对配套部件未规定品牌要求的，应按设计图样的要求，进行相关的见证工作，见证情况记入日志； 4. 外购（进口）配套部件，如分批进厂，可按分批进厂的部件进行相关的见证工作，填写监理见证表
		2. 卷筒及卷筒轴材质证明文件见证； 3. 卷筒及卷筒轴加工后主要尺寸偏差抽检		√		1. 分别见证卷筒、卷筒轴的材质证明文件，填写监理见证表（附材质证明文件），见证情况拍照，记入日志，在月报（周报）中反映； 2. 钢板卷制的卷筒，应检查焊缝外观质量，见证卷筒焊缝的无损检测报告、热处理报告（附曲线图），检查见证情况记入日志，在月报（周报）中反映； 3. 抽检卷筒的主要加工尺寸（包括卷筒直径、绳槽处壁厚、绳槽底径、绳槽宽度、绳槽跨越过渡段表面质量、双卷筒需检查左右卷筒绳槽的方向），填写监理检查记录表，抽检见证情况拍照，记入日志，在月报（周报）中反映； 4. 抽检卷筒轴的尺寸偏差及表面粗糙度，抽检情况记入日志； 5. 如采用铸造卷筒，应见证铸件材质证明、力学性能报告、无损检测报告、热处理退火报告（附曲线图），检查卷筒外观质量，如存在铸造缺陷，应按（NB/T 35051 第 9.1.4-6 铸造卷筒加工后的缺陷处理）要求，督促制造单位进行处理或报废重新生产； 6. 卷筒（卷筒轴）如采取外协专业加工成品进厂时，应按以上检查见证的项目，分别进行检查和见证工作，检查见证情况拍照，记入日志，在月报（周报）中反映； ★卷筒为关键部件，制造单位无论自行生产或委托外协专业厂生产，均需进行主要材质证明、焊缝无损检测报告、卷筒热处理报告（附曲线图）的见证；进行卷筒主要尺寸偏差的检查，检查情况拍照，记入日志，在月报（周报）中反映

续表

序号	监理项目	监理工作内容	监理方式			监理工作要求
			R	W	H	
3	起升机构	4. 小车行走机构组装尺寸检查; 5. 起升机构总组装质量检查		√	√	1. 检查小车行走机构组装后的尺寸偏差，包括小车轨距、车轮跨度、车轮垂直倾斜度、车轮接触点高度差，填写监理检查记录表，检查情况拍照，记入日志，在月报（周报）反映; 2. 抽检各小车架各支承座板加工面的高差；抽检卷筒轴承座、减速机、电动机、制动器座板螺栓孔是否有错位情况；抽检双卷筒绳槽旋转方向；抽检起升机构各部件组装配合尺寸，填写监理检查记录表，记入日志，在月报（周报）中反映; 3. 分别检查工作制动器或安全制动器的表面硬度；检查制动轮径向跳动和制动盘端面跳动偏差，填写监理检查记录表，检查情况记入日志，在月报（周报）中反映; 4. 检查电动机、减速机、制动器支座定位块（销）设置情况，检查情况记入日志
		6. 起升机构试运行见证		√	√	见证起升机构的空载试运行［运行平稳、无异常，运行噪声1m处应小于85dB(A)］；减速机无漏油、温度无异常；线路绝缘电阻测量），填写检查记录表，见证情况拍照，记入日志，在月报（周报）中反映; ★起升机构组装是监理停点检查项目，是重要的控制节点，需按照合同和相关规范的要求，采取旁站监理的方式，进行组装过程的监理工作，检查各项尺寸偏差，见证机构的试运行，填写监理检查记录表，组装工序见证情况拍照，在月报（周报）中反映; ★如双起升小车项目应注意行走和起升速度差、卷筒同位差和高度差、联动同步性等方面检查
4	大车行走机构组装	1. 行走系统三合一减速机质量文件见证; 2. 各行走轮组组装尺寸偏差检查; 3. 行走机构试运行见证	√	√	√	1. 见证外购三合一减速机质量合格证，核查减速机的品牌及型号，填写监理见证表，附相关的质量证明文件，见证情况拍照，记入日志，在月报（周报）反映; 2. 核查行走机构轴承的品牌及型式，抽检剖分式轴承座的组装情况；抽检三合一减速机与行走轮轮轴组装配后的尺寸偏差、行走轮轮组与支承架组装整体后的尺寸偏差（车轮垂直度、车轮水平偏移等；抽检行走轮踏面硬度），填写监理检查记录表，抽检情况拍照记入日志，在月报（周报）中反映。（检查项目见NB/T 35051第10.2.3运行机构组装；GB/T 14405通用桥式起重机）; 3. 分别见证各主动轮轮组的空载试运行（运行平稳、无异常，运行噪声），见证情况拍照，记入日志，在月报（周报）中反映;

续表

序号	监理项目	监理工作内容	监理方式			监理工作要求
			R	W	H	
4	大车行走机构组装	1. 行走系统三合一减速机质量文件见证； 2. 各行走轮组组装尺寸偏差检查； 3. 行走机构试运行见证	√	√	√	★大车行走机构组装质量监理需停点检查，需对各车轮组的组装进行检查，如组装过程出现缺陷问题，应督促制造单位进行分析处理，必要时下达监理联系单，并向总监进行汇报
5	吊钩、吊具	1. 吊钩质量合格证见证（材质证明、热处理报告、无损检测报告、检查记录）； 2. 吊耳板材质证明文件见证； 3. 滑轮材质证明见证及外观质量检查； 4. 钢丝绳型号及合格证见证； 5. 吊钩组装质量检查	√	√		1. 见证吊钩质量合格证，包括材质证明、热处理报告、无损检测报告、检查记录，填写监理见证表，见证情况拍照、记入日志，在月报（周报）中反映； 2. 见证吊耳板材质证明文件，填写监理见证表，见证情况拍照、记入日志，在月报（周报）中反映； 3. 见证滑轮质量合格证，检查滑轮外观质量（见NB/T 36051 9.1.3 款），填写监理检查记录表，检查情况拍照，记入日志，在月报（周报）中反映； 4. 见证钢丝绳的品牌及材质证明文件，型号应符合合同约定要求，填写见证表，见证情况拍照、记入日志，在月报（周报）中反映； 5. 检查吊钩组装质量，见证吊钩转动顺畅，无卡阻，填写监理检查记录表，检查情况拍照、记入日志，在月报（周报）中反映
6	平衡梁	1. 平衡梁材质证明文件见证； 2. 焊缝外观检查；焊缝无损检测报告见证； 3. 组装后主要尺寸偏差检查； 4. 审核荷载试验方案（如有）； 5. 见证平衡梁的荷载试验（如有）		√	√	1. 见证平衡梁材质证明文件，填写监理见证表（附材质证明文件），见证情况记入日志，在月报（周报）中反映； 2. 抽检平衡梁焊缝外观质量，见证主要焊缝的无损检测和检测报告，填写监理见证表，记入日志，在月报（周报）中反映； 3. 检查平衡梁整体组装后的尺寸及外观质量，包括梁体尺寸、轴承孔及吊耳孔的加工尺寸偏差，吊轴加工后的尺寸偏差等，填写监理检查记录表，检查情况记入日志，在月报（周报）中反映； 4. 见证外购轴承的合格证及型号，填写见证表，检查情况拍照，记入日志，在月报（周报）中反映； 5. 按照合同要求（如有），审核平衡梁的荷载试验方案，以监理联系单方式提出审核意见，由总监审核后，报委托人审批； 6. 按照平衡梁荷载试验方案（如有），检查试验设施及检测仪器的配置，分别见证平衡梁的荷载试验，填写平衡梁试验监理见证表，见证情况需录像或拍照，记入日志，在月报（周报）中反映

续表

序号	监理项目	监理工作内容	监理方式			监理工作要求
			R	W	H	
7	电气控制柜	1. 电气元器件配置核查，质量合格证见证； 2. 柜体品牌见证，外观质量检查； 3. 柜内接线质量及标识检查； 4. 司机室操作台功能配置检查	√	√		1. 核查电气柜主要电气元器件的配置（包括 PLC、变频器、显示屏、按钮等）以及型号、参数；见证元器件的质量合格证，填写监理见证表，附质量合格证或部件照片，配套元器件见证情况拍照，记入日志，在月报（周报）中反映； 2. 合同如对控制柜柜体品牌有要求时，应进行柜体品牌（生产厂家）的核查，见证情况拍照，记入日志，在月报（周报）中反映； 3. 抽检柜体的尺寸及漆膜表面质量；检查柜内元器件的组装及接线（布线齐整、无松动、编号清晰、元件标识）；抽检接地母线的截面尺寸及各接地的连接情况；抽检操作台的操作手柄、报警装置设置，检查情况拍照，记入日志，在月报（周报）中反映； 4. 抽检司机室操作台有关功能的设置以及操作台的配置，填写监理见证表，抽检情况拍照、记入日志，在月报（周报）中反映； 5. 如发现主要元器件配置或功能设置与合同要求不符时，应以监理联系单的方式，书面提出整改要求，及时向总监汇报，在月报（周报）中反映有关不符项目及处理结果
8	桥机整体预组装	1. 桥架整体预组装尺寸偏差及外观质量检查				1. 抽检桥架组装平台及支承架是否满足组装的要求；抽检组装轨道的轨距，抽检情况记入日志； 2. 抽检行走台车车轮的跨距；见证各台车架与主梁铰座的组装尺寸偏差，抽检情况拍照，记入日志，在月报（周报）中反映； 3. 检查桥架整体组装后各相关的尺寸偏差，包括桥架高度、宽度、长度，桥架跨度、桥架的对角线差、主梁上拱度；小车轨距、轨道的直线度、轨道同一截面的高低差（桥架检查项目见 NB/T 35051 第 10.2 厂内组装，以及 GB/T 14405《通用桥式起重机》的相关规定），填写监理检查记录表，组装情况拍照，记入日志，在月报（周报）中反映； 4. 检查各连接处的间隙及分接节间连接螺栓孔的穿孔情况，检查情况记入日志，如发现连接面间隙偏大或穿孔错位较大，应及时督促制造单位进行处理，检查情况拍照，记入日志，在月报（周报）中反映； 5. 检查起升机构在轨道上安装后的主要尺寸偏差以及两吊点中心距，填写监理检查记录表，检查情况拍照，记入日志，在月报（周报）中反映； 6. 抽检电气控制柜各接线出口情况，以及接地连接情况，抽检情况记入日志，在月报（周报）中反映；

续表

序号	监理项目	监理工作内容	监理方式			监理工作要求
			R	W	H	
8	桥机整体预组装	1．桥架整体预组装尺寸偏差及外观质量检查				★桥架整体预组装质量监理需停点检查，应采取旁站监理和停点检查的方式进行组装尺寸偏差及外观质量的检查，与制造单位质检人员按照合同和规范的要求，进行相关尺寸偏差的检查，做好监理检查记录，检查见证情况拍照、记入日志，在月报（周报）中反映
		2．起升机构空载试验见证		√	√	1．见证起升机构空载试验（各机构运行平稳、无卡阻、无异常，减速机无漏油；距减速机 1m 处，运行噪声小于 85dB，线路绝缘电阻，以及两卷筒起升同步情况和两吊点的中心距等），填写监理见证表，检查情况拍照，记入日志，在月报（周报）中反映； 2．见证电气功能操作试验，包括报警、功能显示、同步纠偏等功能试验填写见证表，见证情况拍照，记入日志，在月报（周报）中反映； 3．如试验过程发现异常等情况，应督促制造单位进行分析处理，必要时应下达监理联系单；缺陷处理过程应做好现场见证工作，并将处理过程及结果做好记录，向总监汇报，在月报（周报）中反映
9	荷载试验（如有）	1．试验方案审核； 2．试验及检测设施检查； 3．配重物重量核查； 4．荷载试验见证		√	√	1．审核桥机荷载试验方案，重点审核静载、动载试验的方法、程序及检测方法，是否满足合同及规范的要求，以监理联系单提出监理审核意见由总监审签后报委托人，审核情况记入日志，在月报（周报）中反映； 2．现场检查试验设施及桥机在试验轨道上整体组装情况；见证电气控制柜各接口与起升电动机、减速机，与大车行走减速机的连接情况；见证司机室各操作接口与电气的接线情况，见证情况拍照，记入日志，在月报（周报）中反映； 3．见证荷载试验用吊具、吊笼、钢丝绳、配重物重量的准备情况，见证情况记入日志； 4．督促制造单位落实桥机试验的各项安全措施，包括试验区域的警示标志、起重指挥人员、爬高安全防护措施、临时用电电源保护等，督促情况记入日志，在月报（周报）中反映； 5．分别见证桥机静载（100%、125%）试验和动载试验（如有）的加载情况，见证检测情况及检测结果，在制造单位试验记录表上签字，并填写监理见证表（附试验报告或试验记录），试验情况录像、拍照，记入日志，在月报（周报）中反映； 6．如荷载试验结果未能满足合同要求，或试验过程出现异常情况，应停止进行荷载试验，督促制

续表

序号	监理项目	监理工作内容	监理方式			监理工作要求
			R	W	H	
9	荷载试验（如有）	1．试验方案审核； 2．试验及检测设施检查； 3．配重物重量核查； 4．荷载试验见证		√	√	造单位进行分析，调整处理后，由制造单位总工程师签字方可继续试验；如再次试验仍未满足要求的，应进行停止试验，并将情况报告总监和委托人
10	出厂验收	1．审核出厂验收大纲； 2. 督促制造单位做好出厂验收资料的准备； 3．编写监理工作汇报； 4．参加出厂验收工作； 5. 现场抽检主要尺寸，见证空载运行试验； 6．审核桥机荷载试验方案，见证桥机荷载试验（如有）	√		√	1．审核桥机出厂验收大纲，以监理联系单书面提出审核意见，由总监审核签字后报委托人，审核情况记入日志； 2．督促制造单位编写设备制造情况汇报及质量检验报告，按照合同和规范要求，做好出厂验收资料整理，为出厂验收做好准备工作； 3．审核制造单位提交的出厂验收申请，签署监理审核意见，由总监签发后，报委托人确定验收时间； 4. 编写监理工作汇报，包括验收设备的基本情况、质量与生产进度的情况、整体预组装质量检查及空载试验见证情况、制造质量缺陷及处理结果、制造质量的评价，提出需完善或整改的意见； 5．审核桥机荷载试验方案，审核重点：试验的设施（场地）、试验的方法、检测的仪器、试验的程序、执行的标准、试验的安全措施等，以监理联系单书面提出审核意见，经总监签字后报委托人审批； 6．参加委托人组织的桥机出厂验收工作，或受委托监理部组织出厂验收工作，验收程序包括制造单位汇报制造情况及质量检验情况、监理汇报监理工作、查阅相关的验收资料、现场抽检整体预组装的尺寸偏差及外观质量、见证大车、小车运行、起升机构的空载运行试验；桥机荷载试验（如有），讨论并提出需完善及整改的意见，形成出厂验收纪要，附出厂验收抽检（见证）记录表，桥机荷载试验见证记录表（如有）、桥机主要配置见证记录表（如需），由参加验收的各方代表签字； 7．按照出厂验收纪要要求，督促制造单位做好桥机验收后需完善或整改的工作，并逐项见证整改后的结果，做好监理见证记录，见证情况记入日志，在月报（周报）中反映； 8．督促制造单位提交验收后遗留问题整改完善情况的报告（整改前与整改后的对比照片），监理审核后经总监签字以联系单方式报委托人； ★出厂验收工作是设备制造监理的主要工作，是检验设备制造质量的重要节点，设备验收记入大事记，验收会议和验收情况应拍照，记入日志，在月报（周报）中反映；

续表

序号	监理项目	监理工作内容	监理方式			监理工作要求
			R	W	H	
10	出厂验收	7．提出需整改和完善的意见，形成出厂验收纪要； 8. 见证验收后有关完善和整改项目的处理结果	√		√	★桥机在厂内的荷载试验，需根据合同的要求进行，如合同未要求进行出厂前的荷载试验，可不进行该项试验工作； ★验收后需整改或完善的工作，监理在做好相关见证工作的同时，应督促制造单位提交整改报告，确保整改工作的落实
11	防腐施工	1．涂料质量证明文件见证	√			1．见证防腐涂料的品牌及生产厂家，填写监理见证表（附涂料质量合格证）见证情况记入日志； 2．核查涂料面漆、中间漆、底漆是否是同一厂家的配套涂料，核查情况记入日志
		2．表面除锈工序质量抽检	√	√		采取巡查、抽检的方式，抽检各构件除锈后表面的粗糙度及清洁度，抽检情况记入日志
		3．涂层施工质量检查	√	√		1．抽检涂层的总厚度、附着力，填写监理抽检记录表，抽检情况拍照，记入日志，在月报（周报）中反映； 2．抽检涂层外观质量，表面应无流挂、针孔、鼓包、皱纹等缺欠，发现表面缺陷问题，应督促制造单位进行处理，满足涂层外观质量的要求，抽检情况拍照，记入日志，在月报（周报）中反映； 3．检查面漆涂层的颜色，满足合同约定的颜色要求，抽检情况记入日志； 4. 按照合同要求，检查有关安全标识颜色的涂装，检查情况记入日志； ★防腐工序质量的抽检情况需拍照，记入日志
12	包装发运	1. 包装方案的审核（如有）； 2．部件包装情况的抽检； 3．签署发运清单及发运标识； 4．查看装车情况； 5．记录发运时间	√	√		1．审核桥机包装方案（如合同有要求），并以监理联系单方式，提出书面审核意见，由总监审核后报委托人； 2．抽检部件的包装情况，见证加工后的部件、电气控制柜、机电部件（减速机、电动机、制动器等）木箱包装的情况；对备品备件的装车情况进行检查，包装牢固、有相应的防护措施，抽检情况拍照，记入日志，在月报（周报）中反映； 3．核查发运清单与装车的部件的一致性，并在发运清单上监理签字； 4．检查包装箱外的发运标识，检查大型或超重件的吊点及重心的标识，满足合同约定的要求，检查情况记入日志； 5．按照委托人的发运通知，督促制造单位及时组织设备发运，满足交货时间的要求； 6．检查设备装车情况，督促制造单位防止吊装过程中的碰撞和损坏； ★设备包装发运情况需拍照，记入日志，在月报（周报）中反映

附表

桥式起重机设备主要部件及电气元器件配置监理见证项目汇总表

序号	见证项目	见证内容	监理文件		备注
			见证表	检查记录	
1	桥架	1. 见证主梁、端梁材质证明文件	√		填写见证表，附材质证明文件及见证照片
		2. 见证构件主要焊缝无损检测及检测报告	√		填写见证表，附无损检测报告及见证照片
		3. 见证大车轨道材质证明文件及牌号	√		填写见证表，附材质证明文件及见证照片
		4. 抽检主梁、端梁焊后主要尺寸偏差及焊缝外观质量		√	填写监理检查记录表，附检查照片
		5. 检查桥架试组装主要尺寸及外观质量		√	填写监理检查记录表，附检查照片
2	大车行走机构	1. 见证行走支架材质证明文件	√		填写见证表，附材质证明文件及见证照片
		2. 见证行走轮、车轮轴材质证明文件	√		填写见证表，附材质证明文件及见证照片
		3. 见证三合一减速机质量合格证及品牌	√		填写见证表，附质量合格证及见证照片
		4. 见证构件主要焊缝无损检测报告	√		填写见证表，附无损检测报告及见证照片
		5. 抽检行走轮踏面硬度及轮组装配尺寸		√	填写监理检查记录表，附检查照片
		6. 见证主动轮组空载试运行	√		填写见证表，附试验记录及见证照片
3	起升机构	1. 见证小车架构件材质证明文件	√		填写见证表，附材质证明文件及见证照片
		2. 见证小车架主要焊缝无损检测及检测报告	√		填写见证表，附无损检测报告及见证照片
		3. 见证小车轨道材质证明文件及牌号	√		填写见证表，附材质证明文件及见证照片
		4. 抽检小车架焊后主要尺寸偏差及焊缝外观质量		√	填写监理检查记录表，附检查照片
		5. 见证小车行走机构三合一减速机质量合格证及品牌	√		填写见证表，附质量合格证及见证照片
		6. 见证行走轮、制动器、主减速机、电动机、制动轮质量合格证	√		填写见证表，附质量合格证及见证照片
		7. 抽检车轮踏面硬度		√	填写监理检查记录表，附检查照片
		8. 见证卷筒材质证明及无损检测报告	√		填写见证表，附材质证明、无损检测报告及见证照片

续表

序号	见证项目	见证内容	监理文件		备注
			见证表	检查记录	
3	起升机构	9. 抽检卷筒主要尺寸及外观质量		√	填写监理检查记录表，附检查照片
		10. 检查小车整体组装尺寸及外观质量		√★	填写监理检查记录表，附检查记录及照片
		11. 见证起升机构的空载试运行	√★		填写见证表，附试验记录及见证照片
4	吊钩、吊具	1. 见证吊钩质量证明文件	√		填写见证表，附质量合格证及见证照片
		2. 见证吊耳板材质证明文件	√		填写见证表，附材质证明文件及见证照片
		3. 见证滑轮质量合格证	√		填写见证表，附质量合格证及见证照片
		4. 见证钢丝绳牌号及质量合格证	√		填写见证表，附质量合格证及见证照片
		5. 检查吊钩组装尺寸及外观质量		√	填写监理检查记录表，附检查记录及照片
5	电气控制柜	1. 见证各电气柜主要电气元器件型号及质量合格证	√		填写见证表，附质量合格证及见证照片
		2. 见证柜体的质量合格证及品牌	√		填写见证表，附质量合格证及见证照片
		3. 见证操作台功能设置及配置	√		填写见证表，附见证照片
6	整体预组装	1. 检查桥机整体预组装后主要尺寸及外观质量		√★	填写监理检查记录表，附检查记录及照片
		2. 见证起升机构空载试验	√★		填写见证表，附试验记录及见证照片
		3. 见证电气功能操作试验	√		填写见证表，附见证照片
		4. 见证桥机静载、动载试验▲	√		填写见证表，附试验报告及见证照片
7	平衡梁	1. 见证平衡梁材质证明文件	√		填写见证表，附材质证明
		2. 见证主要焊缝无损检测报告，抽检焊缝外观质量	√		填写见证表，附无损检测报告及见证照片
		3. 见证轴承的合格证及型号	√		填写见证表，附质量合格证及见证照片
		4. 检查平衡梁组装后的主要尺寸及外观质量		√★	填写监理检查记录表，附检查记录及照片
		5. 见证平衡梁的静载试验▲	√		填写见证表，附试验报告及见证照片

续表

序号	见证项目	见证内容	监理文件		备注
			见证表	检查记录	
8	防腐	1．见证涂料合格证及品牌	√		填写见证表，附质量合格证及见证照片
		2．抽检构件除锈后表面质量		√	填写监理检查记录表，附检查记录及照片
		3．抽检涂层的厚度及外购质量		√	填写监理检查记录表，附检查记录及照片

注：1．有★标记为监理停点检查项目，为必检项目

2．外购配套部件按照合同约定的项目进行见证（电气元器件包括 PLC、变频器、显示屏、继电器、按钮等）

3．合同约定的载荷试验，监理应进行试验过程的见证，填写见证表

4．监理见证表、检查记录表的格式及内容由总监确定

3.8 高强度钢岔管制造监理质量控制

序号	监理项目	监理工作内容	监理方式			监理工作要求
			R	W	H	
	提示					1．监理开展工作前，应熟悉合同技术条款、设计图样及相应工艺要求，编写监理细则； 2．了解岔管结构型式（肋梁系岔管、球型岔管）、岔管分支数量以及组装要求；了解钢岔管所使用的材料（高强钢、压力容器钢等）、所使用材料的厚度，肋板的厚度（超厚板），了解钢岔管承受内水压力值，确定监理工作的重点； 3．熟悉所执行的标准及规范，包括 DL/T 5017《水利水电工程压力钢管制造安装及验收规范》、SL/T 432《水利工程压力钢管制造安装及验收规范》、GB/T 50766《水电水利工程压力钢管制作安装及验收规范》及合同规定的相关标准； 4．本设备以 800MPa 级高强度钢板制作的高压钢岔管为基础进行编写，其他材料制造的钢岔管可参照执行
1	设计及工艺文件审核	1．审核高压钢岔管工艺文件； 2．审核高压钢岔管焊接工艺文件； 3．见证焊接工艺评定报告				1．进行钢岔管设计符合性的审核，审核重点包括：主要技术参数、使用的材料、采用的规范及标准、相关的接口以及设计进度，是否满足合同规定的要求，以监理联系单提出审核意见，制造单位完善后报委托人审批，审核情况记入日志，在月报（周报）中反映； 2．审核钢岔管的工艺文件，审核内容包括：下料工艺（划线、切割、坡口以及厚板的下料切割、焊接坡口）、焊接工艺（焊接设备、焊接材料、焊接参数等关键工艺）、焊缝无损检测（无损检测方式及超标缺欠处理）、整体试拼装工艺（拼装平台、基准线、各接口尺寸偏差）与合同的符合性，审核情况记入日志，在月报（周报）中反映；

续表

序号	监理项目	监理工作内容	监理方式			监理工作要求
			R	W	H	
1	设计及工艺文件审核	1. 审核高压钢岔管工艺文件； 2. 审核高压钢岔管焊接工艺文件； 3. 见证焊接工艺评定报告				3. 审核月牙肋板的焊接工艺，审核月牙肋板的焊缝坡口设计、焊接材料、焊接参数、焊接方法、焊接人员及焊接设备等与合同的符合性，审核情况记入日志，在月报（周报）中反映； 4. 见证焊接工艺评定报告，了解焊接参数是否满足高压钢岔管材料焊接的要求，见证情况记入日志，在月报（周报）中反映； 5. 钢岔管工艺文件的审核，应以监理联系单提出审核意见（月牙肋板焊接工艺可与岔管本体工艺一起审核），在制造单位进行完善后正式报委托人，报送时间记入日志，在月报（周报）中反映； ★监理应依据合同约定的技术要求和相关的标准、规范，对高压钢岔工艺文件进行审核
2	材质证明文件见证	1. 岔管材质证明文件（化学成分、力学性能、试验报告）见证； 2. 肋板材质证明文件（化学成分、力学性能、工艺性能、Z向拉伸试验报告）见证； 3. 见证高强钢板材质证明文件，包括：化学成分、力学性能、工艺性能等报告	√	√		1. 见证岔管的材质证明文件，如材料为分批进厂，应分批进行材料质量证明文件的见证，填写监理见证表（附材质报告），见证情况记入日志，在月报（周报）中反映； 2. 抽检钢板表面质量及标识，钢板的牌号应与材质证明文件一致，见证情况拍照，记入日志，在月报（周报）中反映； 3. 见证肋板的材质证明文件；检查钢板表面质量（是否有凹坑、麻点、锈蚀等缺欠）；核查钢板的牌号及Z向标识，填写监理见证表，见证情况拍照，记入日志，在月报（周报）中反映； 4. 合同规定采用高强钢板，应按照合同规定的钢板牌号及化学成分、力学性能、工艺性能参数要求进行见证，检查报告的完整性及主要技术参数的偏差，见证情况填写监理见证表，记入日志，在月报（周报）中反映； 5. 高强钢板力学性能及工艺性能试验报告内容，应包括：拉伸、冷弯、冲击试验（材料厚度方向横向取样）、低温冲击试验、应变时效冲击试验；肋板用钢板还应进行板厚方向（Z向）拉伸试验，核查试验结果是否符合合同及国家标准的要求，填写监理见证表，见证情况记入日志，在月报（周报）中反映
3	材料复检见证	1. 材料化学成分、力学性能复检取样见证； 2. 材料复检报告见证； 3. 钢板外形尺寸偏差复检见证； 4. 见证钢板表面质量复检	√	√		★如合同规定材料进厂后，制造单位需进行化学成分、力学性能的复检试验，以及钢板外形尺寸的复检时，监理应做好以下工作： 1. 见证钢板复检取样；见证试样的标识移植；取样及标识情况拍照，记入日志，在月报（周报）中反映； 2. 见证钢板复检后的试验报告，填写监理见证表（附复检报告），见证情况记入日志，在月报（周报）中反映； 3. 见证钢板的外形尺寸复检，包括钢板长度、宽度、厚度、对角线、矢高（镰刀弯）等尺寸偏差，见证情况拍照，记入日志，在月报（周报）中反映；

续表

序号	监理项目	监理工作内容	监理方式			监理工作要求
			R	W	H	
3	材料复检见证	1．材料化学成分、力学性能复检取样见证； 2．材料复检报告见证； 3．钢板外形尺寸偏差复检见证； 4．见证钢板表面质量复检	√	√		4．见证钢板超声波（UT）复检及复检报告，见证情况拍照，记入日志，在月报（周报）中反映； 5．见证钢板表面质量复检（钢板表面不允许有裂纹、气泡、结疤、拉裂、折叠、夹杂和压入的氧化皮），见证情况拍照，记入日志，在月报（周报）中反映； 6．如发现钢板表面存在允许清理的缺欠，应见证缺欠的清理情况，并拍照，记入日志，在月报（周报）中反映； ★如钢板复检出现化学成分、力学性能不符合同要求；或钢板的主要尺寸偏差超标，影响使用时，监理应督促制造单位暂停有缺欠钢板的使用或重新更换经复检合格的钢板； ★高强钢板材料如合同规定由委托人提供，复检后发现的超标缺欠钢板，监理应督促制造单位及时以书面报告提出处理意见报委托人
4	下料工序质量	1．核查所使用的材质与设计图样的符合性； 2．抽检分片下料后的尺寸及形状偏差； 3．抽检焊缝坡口表面质量； 4．抽检焊缝坡口的尺寸	√	√		1．核查下料的钢板材质牌号是否符合合同规定的要求，核查情况拍照，记入日志，在月报（周报）中反映； 2．按照岔管工艺设计图的要求，抽检管节分片下料后的主要尺寸（宽度、长度、对角线相对差、对应边相对差、曲线部分矢高），抽检情况记入日志，在月报（周报）中反映； ★如岔管材料厚度较厚时，监理应注意切割质量的检查，见证制造单位是否按照下料切割工艺进行切割，并抽检切割后的主要尺寸偏差； 3．抽检焊缝坡口的尺寸和外观质量，焊缝坡口的尺寸及型式应符合工艺设计要求，抽检情况记入日志，在月报（周报）中反映； 4．见证分片下料的编号及标识，见证情况记入日志
5	管节瓦片卷制（压制）工序质量	1．见证卷制瓦片卷板方向应和钢板的压延方向一致； 2．抽检卷制或压制后瓦片的弧度及尺寸； 3．抽检瓦片两端压头的余量	√	√		1．见证首件瓦片卷制时，卷板方向与钢板的压延方向一致，见证情况拍照，记入日志； 2．见证首件瓦片压制是否按滚压线和分段压制的工艺要求，见证情况拍照，记入日志，在月报（周报）中反映； 3．采用样板抽检分片卷制（压制）后的弧度是否符合工艺要求，抽检情况拍照、记入日志，在月报（周报）中反映； 4．抽检瓦片两端压头的余量，满足工艺尺寸要求，抽检情况记入日志； ★采用高强钢板卷制或压制的瓦片，监理应进行卷制或压制过程的见证，督促制造单位严格按照工艺要求进行管节瓦片的卷制工序，并检查卷制后的弧度偏差满足工艺要求
6	管节组拼焊接工序质量	1．抽检管节组拼后的主要尺寸偏差； 2．见证焊接材料的材质证明文件	√	√		1．见证管节的组拼工序，重点对组拼后各瓦片组合间隙、错位、焊缝间距、管口尺寸进行抽检，填写监理抽检记录表，抽检情况拍照，记入日志，在月报（周报）中反映；

续表

序号	监理项目	监理工作内容	监理方式			监理工作要求
			R	W	H	
6	管节组拼焊接工序质量	3．焊工资质审核； 4．检查管节焊接后的主要尺寸偏差及外观质量； 5．见证肋板的焊接； 6．见证焊缝无损检测（UT）； 7．见证管节的编号及标识； 8．抽检管节支撑布置	√	√		★如管节直径较大无法整体运输需分片在工地整体组焊时，应抽检厂内预拼装的尺寸、分片接口处的焊缝间隙以及加固支撑的加固方式，拍照，做好监理抽检记录； 2．见证焊接材料的质量证明文件，核查焊材材质是否与母材相匹配，符合工艺设计要求，填写监理见证表，见证情况记入日志，在月报（周报）中反映； 3．见证焊工的资质证明，所参与岔管焊接的人员需具备相应焊接资质，对未具备相应资质的焊接人员不得进行岔管的焊接，填写监理见证表，见证情况记入日志，在月报（周报）中反映； 4．见证管节组圆焊接工序质量，重点核查所使用的焊材规格及品牌；见证定位焊前的预热温度、定位焊位置、定位焊的长度及间距、焊缝间隙等，满足工艺要求；抽检组圆后的管口尺寸偏差（包括管口圆度、管口平面度），抽检焊缝外观质量，填写监理见证表，见证情况拍照、记入日志，在月报（周报）反映； ★如发现的焊缝外观缺欠，应及时督促制造单位进行处理，满足外观质量要求； 5．见证肋板（超厚板）焊接工序质量，重点抽检坡口表面打磨、焊接预热温度、焊接方式、焊接顺序、定位焊（位置、长度及间距）、焊缝清根、焊后后热温度以及焊后主要尺寸偏差及变形情况，填写监理见证表，见证情况拍照、记入日志，在月报（周报）中反映； 6．分别见证焊缝的无损检测及检测报告，填写监理见证表（附无损检测报告），见证情况拍照并记入日志，在月报（周报）中反映； ★如无损检测发现焊缝超标缺欠时，应督促制造单位进行处理，并重新进行焊缝的无损检测，合格后方可进行后续工序； 7．抽检管节的分节编号及标识，抽检情况记入日志； 8．抽检管节（瓦片）支撑布置及固定方式（★高强度钢板钢岔管支撑不得焊在管壁上，应通过工卡具和螺栓等连接件加以固定），见证情况拍照，记入日志，在月报（周报）反映
7	整体试组拼	1．检查组装平台及支承； 2．检查主管与岔管及肋板的组装尺寸偏差； 3．见证中心线、定位线、管节编号等标识	√	√	√	1．检查组装平台及管节的组装支承设置情况，支承应稳定、牢固，满足岔管整体组装的要求，组装场地应有安全措施及安全线标志，检查情况记入日志； 2．见证主管各节组装的中心线、定位线、管节焊缝间隙、纵缝对口错边量、环缝对口错边量、管口平面度、垂直度；见证岔管管节组装及与主管管口组装角度的尺寸偏差；见证肋板组装与岔管及主管的焊缝间隙；停点检查整体预组装后的尺寸偏差及外观质量，填写监理见证表，见证情况拍照，记入日志，在月报（周报）中反映； ★大型岔管在整体预组装，应根据合同规定进行，整体预组装是工艺性验证岔管主要尺寸，包括岔管的分岔角度、管口焊缝间隙及尺寸偏差、肋板的组装尺寸偏差等，监

续表

序号	监理项目	监理工作内容	监理方式			监理工作要求
			R	W	H	
7	整体试组拼	4．见证预组装后管节的拆除及临时焊缝的修磨	√	√	√	理还需注意检查高强钢生产的各管节组圆采用的连接固定方式，以及管节间的连接固定方式，是否按照组装工艺的要求进行，组装时不得用锤击等规定要求； 3．见证管节组装后的解体，抽检组装时的临时焊缝、吊耳的切割及修磨，防止表面损伤，见证情况拍照，记入日志，在月报（周报）中反映； 4．见证各管节（分片）的编号及中心线、定位线、安装线标识，见证情况记入日志
8	管节（分片）运输（如有）	1．审核运输方案； 2．见证管节分片包装防变形措施； 3．见证装车吊装情况； 4．签署发运清单	√	√		1．如合同有要求，应审核岔管分片运输方案，并以监理联系单提出审核意见，经制造单位完善后，报委托人，审核情况记入日志，在月报（周报）中反映； 2．见证管节分片包装防变形措施的落实，运输支撑设置合理，包装应牢固，见证情况拍照，记入日志，在月报（周报）中发运； 3．见证管节包装后的装车情况，防止叠压变形，见证情况拍照，记入日志，在月报（周报）中反映； 4．签署发运清单，督促制造单位运输节点时间，完成岔管管节的运输，满足后续工地组装节点进度要求
9	岔管整体组焊	1．审核岔管组装焊接方案； 2．检查管节整体预组装后的主要尺寸偏差； 3．见证岔管的整体焊接工艺实施情况； 4．见证岔管与肋板焊接情况； 5．见证焊缝无损检测及检测报告，审核焊缝无损检测统计表	√	√	√	1．审核岔管整体组焊方案，并以监理联系单提出审核意见，经制造单位完善后，报委托人，审核情况记入日志，在月报（周报）中反映； 2．见证工地整体组装焊接平台，平台应满足岔管承压重量和水压试验的要求，见证情况拍照，记入日志，在月报（周报）中反映； 3．检查岔管组装地样的放线情况，重点核查岔管的中心线、分岔角度及中心线等，检查情况拍照，记入日志，在月报（周报）中反映； 4．见证岔管整体组装的过程，抽检整体组装后的有关尺寸偏差及焊缝接口间隙，抽检情况拍照，记入日志，在月报（周报）中反映； 5．见证焊接材料的质量证明文件（焊材的牌号及规格必须符合工艺设计要求），填写监理见证表，见证情况记入日志，在月报（周报）中反映； 6．核查焊接人员的资质（焊接人员需与制造单位提供的名单及资质一致），核查情况记入日志，在月报（周报）中反映； 7．见证焊接工艺的实施情况，包括焊接设备、焊条烘干、焊接顺序、层数和道数，定位焊的位置及焊缝长度，焊接线能量，焊缝清根，焊缝预热、后热及层间保温温度，以及焊接环境（环境温度、风力、湿度），见证情况填写监理见证表，记入日志，在月报（周报）中反映； 8．分别见证焊缝无损检测及检测报告，见证情况拍照，无损检测报告应重点见证肋板有关焊缝、管节连接纵缝

续表

序号	监理项目	监理工作内容	监理方式			监理工作要求
			R	W	H	
9	岔管整体组焊	6. 检查岔管整体组焊后的主要尺寸偏差及外观质量； 7. 见证流道表面质量，以及管节支撑的拆除和表面修磨	√	√	√	与环缝；审核制造单位提交的焊缝无损检测统计表，见证情况填写监理见证表（附无损检测报告），记入日志，在月报（周报）中反映； 9. 抽检管节内支撑的拆除及表面修磨，见证流道表面质量（表面凸起出修磨、凹坑修补、焊渣清理），见证情况拍照，记入日志，在月报（周报）中反映； 10. 停点检查岔管整体组焊后的主要尺寸偏差及外观质量，包括各管口圆度、周长、平面度，主管长度、支管长度以及焊缝外观质量，检查情况填写监理检查记录表，拍照，记入日志，在月报（周报）中反映
10	岔管水压试验	1. 审核钢岔管水压试验方案； 2. 检查试验场地布置及试验设施配置； 3. 见证闷头的配置及焊接质量； 4. 见证钢岔管水压试验的过程及结果； 5. 见证泄压后有关应力的测试； 6. 见证闷头的拆除及焊缝的修磨； 7. 见证岔管的清理，抽检面漆涂装质量				1. 审核钢岔管水压试验方案，审核的重点包括：试验场地布置，加压设备配置、加压程序、环境温度控制措施，检测测点设置、检测方法及仪器（检测单位提供的检测方案）等，并以监理联系单提出审核意见，经制造单位完善后，报委托人，审核情况记入日志，在月报（周报）中反映； 2. 见证闷头的质量证明文件（包括封头材质报告、检验报告、合格证等），见证闷头与岔管焊缝的焊接情况，包括焊缝预热温度、焊接材料、焊接工艺、后热温度等，见证焊缝的无损检测情况及检测报告，填写见证表，见证情况拍照，记入日志，在月报（周报）中反映； ★如封头是分片进厂的，应见证封头整体组拼焊缝的焊接和无损检测，见证情况拍照，记入日志，在月报（周报）中反映； 3. 检查试验场地的布置及试验设备的配置情况，试验场地布置、设备的配置以及试验环境措施，符合试验方案要求，检查情况记入日志，在月报（周报）中反映； 4. 旁站见证钢岔管的水压试验，配合检测部门见证内水压力、水温、管壳变形监测和肋板及管壳应力测试（如有）、渗漏检查、泄压时间、试验环境温度等，填写监理见证表，见证情况拍照，记入日志，在月报（周报）中反映； 5. 见证闷头的拆除以及切割部位的修磨，见证主管和支管工地焊缝坡口的开制，抽检坡口表面质量，见证情况拍照，记入日志，在月报（周报）中反映； 6. 见证岔管水压试验后的清理，抽检岔管面漆的涂装质量及涂层厚度，填写监理抽检记录表，抽检情况拍照，记入日志，在月报（周报）中反映
11	出厂验收工作	1. 审核出厂验收大纲； 2. 督促制造单位提交岔管制造与质量报告，以及验收资料，做好监理工作报告的编写				1. 审核岔管出厂验收方案，并以监理联系单提出审核意见，经制造单位完善后，报委托人，审核情况记入日志，在月报（周报）中反映； 2. 审核制造单位提交的出厂验收相关文件，包括钢岔管制造与质量检验报告，以及出厂验收资料，做好监理工作情况报告的编写，为出厂验收做好准备；

续表

序号	监理项目	监理工作内容	监理方式			监理工作要求
			R	W	H	
11	出厂验收工作	3．验收组现场抽检岔管组焊后主要尺寸偏差及外观质量； 4．讨论形成出厂验收纪要； 5．见证验收后有关完善或整改工作情况； 6．抽检钢岔管的面漆施工质量				3．参加委托人组织的钢岔管出厂验收会，按照出厂验收程序进行出厂验收的各项工作，现场抽检钢岔管的主要尺寸偏差及外观质量，填写现场抽检记录表，验收情况拍照； 4．验收组讨论提出需完善意见，形成出厂验收纪要（附现场抽检记录表）； 5．督促制造单位按照验收纪要的要求，做好有关完善和整改工作，并逐项见证有关完善或整改情况，见证情况拍照、记入日志，在月报（周报）中反映； 6．督促制造单位提交整改情况处理报告（附整改前后的对比照片和简要文字说明），提出监理审核意见，以监理联系单报委托人； 7．如合同未规定钢岔管进行水压试验，监理抽检岔管整体面漆的施工质量，包括表面杂质的清理、焊缝的修磨、油污的清理，检查涂层的总厚度，并抽检涂层的附着力，抽检情况填写监理抽检记录表，抽检情况拍照，记入日志，在月报（周报）中反映； 8．如合同规定进行水压试验，岔管的面漆施工待水压试验完成后进行
12	岔管防腐施工	1．见证涂料质量合格证； 2．抽检除锈工序的质量； 3．抽检涂层施工质量				大型钢岔管的防腐，监理应做好以下工作： 1．防腐涂料质量合格证的见证，包括涂料的品牌、生产厂家、油漆颜色（色号）等，底漆、中间漆、面漆应为同一厂家的配套产品，填写监理见证表，见证情况记入日志，在月报（周报）中反映； 2．抽检表面预处理工序质量，包括表面清洁度和粗糙度；抽检底漆和中间漆的表面质量及厚度；抽检工地焊缝区的保护情况，抽检情况记入日志，在月报（周报）中反映； 3．一般在整体组焊或水压试验完成后，进行面漆的施工，监理需见证涂层表面的清理情况（污迹、油迹、焊渣、擦碰损伤等），抽检面漆的表面质量及涂层厚度，填写监理抽检记录表，抽检情况记入日志，在月报（周报）中反映

附表

高强度钢岔管制造监理检查、见证项目汇总表

序号	项目	内容	方法		备注
			见证表	检查记录	
1	管壳	1．见证管壳材质证明	√		填写见证表，附材质证明文件
		2．见证管壳材质复检报告（如有）	√		填写见证表，附材质复检报告

续表

序号	项目	内容	方法		备注
			见证表	检查记录	
1	管壳	3．检查首套管壳瓦片卷制的尺寸		√	填写检查记录表，附检查照片
		4．检查管节组圆焊缝无损检测及检测报告	√		填写见证表，附无损检测报告及见证照片
		5．见证焊材材质证明	√		填写见证表，附焊材合格证及见证照片
		6．检查管节焊接后主要尺寸及外观质量		√	填写检查记录表，附检查记录及照片，
		7．见证肋板材质证明文件及材料复检报告	√		填写见证表，附材质证明和复检报告
		8．检查岔管整体试组拼的尺寸		√	填写检查记录表，附检查记录及照片，
2	整体组焊	1．检查岔管整体组拼后主要尺寸		√	填写检查记录表，附检查记录及照片
		2．见证焊接工艺实施情况	√		填写见证表，附焊接施工参数及见证照片
		3．见证岔管整体组焊后焊缝无损检测及检测报告	√		填写见证表，附无损检测报告及见证照片
		4．检查岔管整体焊接后的主要尺寸及外观质量		√★	填写检查记录表，附检查记录及照片
		5．抽检岔管内部防腐质量	√		填写见证表，附检查记录及照片
3	水压试验	1．见证封头材质证明	√		填写见证表，附材质证明文件
		2．见证封头焊缝无损检测报告	√		填写见证表，附无损检测报告及见证照片
		3．见证水压试验过程	√★		填写见证表，附水压试验报告及照片
4	防腐	1．见证涂料质量证明	√		填写见证表，附质量证明及见证照片
		2．检查除锈后表面质量		√	填写检查记录表，附检查记录及照片
		3．检查涂层厚度及外观质量		√	填写检查记录表，附检查记录及照片

注：1．主要材料分批进厂的，需分批进行见证并填写见证表
2．岔管在厂内整体试组装后的尺寸偏差检查（如合同有规定），填写监理检查记录表
3．有★标识的为监理停点检查点，为必检项目
4．监理见证表、检查记录表的格式及内容由总监确定
5．水压试验合同未约定项目的可不进行

3.9 压力钢管波纹管伸缩节设备制造监理质量控制

序号	监理项目	监理工作内容	监理方式			监理工作要求
			R	W	H	
	提示					1. 监理开展工作前，应熟悉压力钢管波纹管伸缩节合同技术条款、设计图样及相应工艺要求，编写监理细则； 2. 了解压力钢管波纹管伸缩节的结构类型（单式轴向型、复式自由型、复式铰链型、复式万向铰链型），波纹管的类型（加强U型、无加强U型、Ω型），波纹管的端口尺寸；了解伸缩节厂内组装的要求；了解伸缩节管节及波纹管所使用的材料；了解伸缩节水压试验及波纹管型式试验（疲劳试验）的要求，以确定监理工作的重点； 3. 所执行的标准及规范，包括DL/T 5751《水电水利工程压力钢管波纹管伸缩节制造安装及验收规范》、GB/T 12777《金属波纹管膨胀节通用技术条件》、DL/T 5017《水利水电工程压力钢管制造安装及验收规范》、SL/T 432《水利工程压力钢管制造安装及验收规范》及合同规定的相关标准； 4. 本设备以水电站钢管大型伸缩节为基础进行编写，其他伸缩节按规范要求进行监理工作
1	文件审核	1. 设计图样符合性审核； 2. 伸缩节工艺文件审核； 3. 焊接工艺评定报告见证； 4. 防腐施工工艺文件审核	√			1. 进行设计图样符合性审核，重点对所使用的材料、主要技术参数、焊缝要求、填料及密封配置、图样设计进度等与合同的符合性，以工作联系单提出监理审核意见，审核情况记入日志，在月报（周报）中反映； 2. 审核伸缩节工艺文件，材料进厂检验、下料、拼组、波纹管成型方式（液压、旋压等）、焊接（焊接工艺）、组装、试验等主要工序与合同要求的符合性审查，提出审核意见，以监理联系单提出审核意见，审核情况记入日志，在月报（周报）中反映； 3. 见证焊接工艺评定报告，了解焊接参数及焊接设备配置的工艺要求，填写监理见证表，见证情况记入日志，在月报（周报）中反映； 4. 审核伸缩节防腐施工工艺文件，包括所使用的涂料、表面除锈质量、涂层厚度、检验方式等与合同及规范的符合性，以监理联系单提出审核意见，审核情况记入日志，在月报（周报）中反映； ★伸缩节工艺文件审核，监理应依据合同约定的技术要求和相关的标准、规范进行审核
2	管节工序质量	1. 见证伸缩节管节材质证明文件； 2. 抽检管节下料工序质量； 3. 抽检瓦片卷制质量	√	√		水电站大型伸缩节一般由上、下游端管，中间管，端环板、过渡套管，导流筒、波纹管、限位套筒、外护罩、限位设置等部件组成，监理应重点做好以下工作： 1. 见证伸缩节管节材质证明文件，填写监理见证表（附材质证明），见证情况拍照，记入日志，在月报（周报）中反映；

续表

序号	监理项目	监理工作内容	监理方式			监理工作要求
			R	W	H	
2	管节工序质量	4．抽检管节组拼工序质量； 5．抽检管节焊缝质量，核查焊工资质证书，抽检焊缝外观质量，抽检焊接工艺执行情况； 6．见证焊缝无损检测报告； 7．抽检管节焊接后主要尺寸及外观质量； 8．见证管节的编号	√	√		2．抽检管节下料尺寸偏差、焊缝坡口型式及坡口表面质量，抽检情况拍照，记入日志，在月报（周报）中反映； 3．抽检瓦片卷制工序质量，见证瓦片卷制方向是否与钢板的压延方向一致；抽检卷制后的尺寸偏差及内圆弧度（采用样板检查）是否符合设计要求；抽检情况拍照，记入日志，在月报（周报）中反映； 4．分别抽检管节组拼工序质量，重点抽检上、下游端管，中间管，过渡套管，导流筒，限位套筒，外护罩等管节的分节拼组间隙、纵缝对口径向错边量、主要尺寸偏差（管口平面度、管口周长、管口圆度），是否符合工艺设计要求，填写监理检查记录表，抽检情况拍照，记入日志，在月报（周报）中反映； 5．见证焊接材料（焊条、焊丝、焊剂、保护气体）的质量合格证，所使用的焊材需与母材匹配，填写监理见证表，记入日志，在月报（周报）中反映； 6．核查焊工资质证书，不具备资质人员不得进行相应焊缝的施焊，核查情况记入日志； 7．抽检焊接工序质量，包括端管、中间管、过渡套管及加强环等部件的焊接质量，抽检焊接工艺执行情况（焊缝预热温度、焊接线能量、焊接设备等），抽检情况记入日志，在月报（周报）中反映； 8．见证伸缩节各管节焊缝无损检测情况（无损检测比例应符合规范及设计要求），见证焊缝的无损检测报告（无损检测方法应符合规范及设计要求），填写监理见证表，见证情况拍照，记入日志，在月报（周报）中反映； ★如焊缝外观存在质量缺欠或无损检测后发现焊缝缺欠，应督促制造单位进行处理，并进行焊缝复检的监理见证工作； 9．抽检焊缝外观质量，主要焊缝外观不得有裂纹、未熔合、咬边、气孔、未焊满、焊瘤及飞溅缺陷（可与管节尺寸一起进行抽检），抽检情况拍照、记入日志，在月报（周报）中反映； 10．分别抽检管节焊接后的主要尺寸偏差及外观质量，包括上下游端管、中间管、过渡套管、导流筒、限位套筒、外护罩等管节焊接后的内圆弧度、管口平面度、管口周长、管口圆度、管节长度等，填写监理检查记录表，检查情况拍照，记入日志，在月报（周报）中反映； 11．见证各管节的编号及标识，编号应符合工艺设计要求，见证情况记入日志
3	波纹管工序质量	1．见证波纹管材质证明文件； 2．抽检波纹管下料工序质量	√	√		1．见证波纹管的材质证明文件（牌号应满足合同要求），填写监理见证表（附材质证明），见证情况拍照，记入日志，在月报（周报）中反映； 2．抽检波纹管下料及划线尺寸偏差，包括对角线尺寸偏差、长度及宽度等，见证下料后的编号情况，抽检情况拍照，记入日志，在月报（周报）中反映；

续表

序号	监理项目	监理工作内容	监理方式			监理工作要求
			R	W	H	
3	波纹管工序质量	3．抽检焊缝外观质量； 4．抽检波纹管成型后的主要尺寸偏差； 5．抽检加强环的尺寸偏差	√	√		3．抽检下料后拼合焊缝（纵缝）的外观质量，拼合缝的余高应满足规范规定的要求；见证焊缝的无损检测情况和检测报告，抽检情况拍照，记入日志，在月报（周报）中反映； 4．见证多层波纹管的成型工序质量（液压成型或旋压成型），包括不锈钢的层数、（旋压方向）、表面质量，见证情况拍照，记入日志，在月报（周报）中反映； 5．抽检多层波纹管直边段管口焊缝外观质量，不得有过烧、击穿、裂纹、飞溅等缺陷，抽检情况拍照、记入日志，在月报（周报）中反映； 6．抽检波纹管成型后的主要尺寸偏差，包括接口外周长、阴波外周长、波高波距、波峰波谷曲率半径、波纹管两端面对波纹管轴线的垂直度、波纹管两端面对波纹管轴线的同轴度、波纹管直边段端口外径及外观质量（表面不得有裂纹、飞溅、划痕和凹坑等缺陷），填写监理抽检记录表，抽检情况拍照，记入日志，在月报（周报）中反映； ★波纹管尺寸偏差应符合设计图样及 GB/T 12777 规范规定的偏差要求 7．抽检整体式加强环的尺寸偏差，包括加强环内圆直径、和波纹管贴合处曲率半径、加强环圆周平面度，填写监理抽检记录表，抽检情况拍照，记入日志，在月报（周报）中反映； ★如波纹管加强环为分体式，加强环的尺寸偏差应按设计及规范要求的内容进行抽检
4	伸缩节整体组装	1．审核伸缩节组装方案； 2．检查组装平台及支承架设置； 3．抽检伸缩节组装后的尺寸偏差； 4．见证安装标识及编号； 5．见证伸缩节的水压试验或气密试验		√	√	1．审核伸缩节整体组装方案是否满足合同规定，以监理联系单提出审核意见，经制造单位修改后报委托人，审核情况记入日志，在月报（周报）中反映； 2．检查组装平台及组装支承架设置情况，支承架应牢固、有足够的承压强度，组装场地应有安全措施及安全标志，检查情况拍照，记入日志； 3．分别检查伸缩节组装过程，波纹管与端管、中间接管或过渡套管之间纵缝的间距；波纹管直边段和钢管贴合部位的间隙；见证波纹管表面是否有损伤、焊接飞溅等缺欠；见证波纹管预压缩量（按合同规定的要求），见证填料的充填及填料套管的组装焊接，见证管节纵缝对口错边量；见证相关管节组装焊接质量；停点检查整体组装后的尺寸偏差（包括上下游两端面间长度、上下游端口钢管外圆周长、上下游管端口管口圆度、上下游管端口管口平面度等）及外观质量（焊缝表面不得有裂纹、气孔、咬边和对口错边等缺陷），填写监理检查记录表，组装过程拍照，记入日志，在月报（周报）中反映； 4．见证伸缩节的编号及安装中心线、定位线等安装标识，见证情况记入日志；

续表

序号	监理项目	监理工作内容	监理方式			监理工作要求
			R	W	H	
4	伸缩节整体组装	6．抽检导流筒、限位套筒、外护罩的组装质量； 7．见证水压试验后的泄压及清理		√	√	5．见证伸缩节水压试验或气密试验，按照试验方案，见证加压设备及各管路的组装，各监测仪表的设置情况，见证试验程序及试验结果，检查是否有渗漏情况，填写监理见证表，见证情况拍照，记入日志，在月报（周报）中反映； ★如试验过程出现异常情况或管路渗漏等，应督促制造单位进行分析处理，直至试验满足合同规定的要求，并将情况记入日志； 6．试验完成后，监理应分别抽检伸缩节导流筒、限位套筒、外护罩等部件的组装尺寸偏差，抽检情况拍照，记入日志，在月报（周报）中反映； ★水压试验一般在伸缩节整体组装完成后进行，水压试验完成后拆除相关的试验设施，进行清理，然后进行出厂验收工作
5	出厂验收 伸缩节水压试验	1．审核伸缩节水压试验方案； 2．检查伸缩节试验场地布置及试验设施配置； 3．参加伸缩节水压试验的见证会议，现场见证水压试验的过程及结果，形成会议纪要		√	√	1．审核伸缩节水压试验方案，审核的重点包括伸缩节组装状态、试验场地布置，试验装置、检测方法、试验内容、执行标准等，并以监理联系单提出审核意见，经制造单位完善后，报委托人，审核情况记入日志，在月报（周报）中反映； 2．见证试验平台的设置及试验设施，试验平台应满足水压试验的要求，见证情况记入日志； 3．检查伸缩节的整体组装及试验准备情况，包括伸缩节波纹管、加强环、端管、中间管、过渡套管的焊缝已全部焊接完成并无损检测合格；伸缩节内壁已打磨清扫，所有内支撑全部拆除；试验加压泵及管路、仪表安装完成；试验的水温符合规范要求；伸缩节两端及密封可靠有效；波纹管处于零位状态；检查情况拍照，记入日志，在月报（周报）中反映； 4．参加委托人组织的伸缩节水压试验见证会，制造单位汇报伸缩节制造及质量检验以及试验准备内工作情况，监理汇报伸缩节监理工作情况，查看相关技术资料，现场见证伸缩节的水压试验过程，包括加（泄）压程序、保压时间、试验水温等，达到规定试验压力及保压时间后，见证压力表的压力指示无变化、伸缩节无渗漏、构件无异常变形、波纹管无失稳现象后，会议代表在试验报告签字，讨论并形成会议纪要（附试验报告），试验见证会议及现场见证情况拍照，记入日志，在月报（周报）中反映； ★如试验中发现异常情况，应暂停试验，待制造单位分析、处理后再进行试验见证工作； 5．如进行气密性试验，应见证加压程序和保压时间，采用皂泡法或水浸法检漏，无气泡为合格，填写监理见证表，见证情况拍照，记入日志，在月报（周报）中反映；

续表

序号	监理项目		监理工作内容	监理方式			监理工作要求
				R	W	H	
5	出厂验收	伸缩节水压试验	4. 见证伸缩节水压试验后的清理； 5. 检查伸缩节相关的编号及标识		√	√	6. 见证伸缩节水压试验后的清理工作，包括打压装置的拆除、试验用临时焊缝的修磨、内表面打磨消缺处理、全部过流面表面质量情况，见证情况拍照并记入日志，在月报（周报）中反映； 7. 见证伸缩节各部件的编号标识，标识应明显，便于工地安装，见证情况记入日志
		出厂验收工作	1. 审核出厂验收大纲； 2. 督促制造单位提交伸缩节制造与质量检验报告，以及验收资料，做好监理工作报告的编写； 3. 验收组现场抽检伸缩节整体组装后的主要尺寸偏差及外观质量； 4. 参加出厂验收会，讨论形成出厂验收纪要； 5. 见证验收后有关完善或整改工作情况		√	√	1. 审核伸缩节出厂验收大纲，并以监理联系单提出审核意见，经制造单位完善后，报委托人，审核情况记入日志，在月报（周报）中反映； 2. 审核制造单位提交的出厂验收文件，包括伸缩节制造与质量检验情况报告、出厂验收资料（包括水压试验报告或气密性试验报告）等；做好监理工作情况报告的编写，为出厂验收做好准备，审核及准备情况记入日志，在月报（周报）中反映； 3. 参加委托人组织的伸缩节设备出厂验收会，按照程序进行出厂验收的各项工作，现场抽检伸缩节主要尺寸偏差及外观质量，填写现场抽检记录表，验收情况拍照，记入日志，在月报（周报）中反映； 4. 验收组讨论、形成出厂验收纪要(附现场抽检记录表)，提出验收意见，会议情况拍照，记入日志，在月报（周报）中反映； 5. 督促制造单位按照验收纪要的要求，做好伸缩节验收后有关完善和整改工作，并逐项见证有关完善或整改情况，见证情况拍照、记入日志，在月报（周报）中反映； 6. 督促制造单位提交整改情况处理报告（附整改前后的对比照片和简要文字说明），监理提出审核意见，以监理联系单报委托人
6	波纹管型式试验（如有）		1. 审核波纹管型式试验（波纹管循环位移疲劳试验）方案； 2. 见证波纹管型式试验场地设施及试验装置； 3. 参加波纹管疲劳试验见证会，见证疲劳试验的过程及试验结果，形成会议纪要		√	√	★如合同规定伸缩节在厂内进行型式试验（波纹管疲劳试验）时，监理应做好相关试验的检查见证工作，波纹管疲劳试验后应按报废处理，不得用于正式产品； 1. 审核波纹管型式试验方案（合同如有规定），审核的重点包括试验场地布置、试验及检测设备配置、试验程序等，并以监理联系单提出审核意见，经制造单位完善后，报委托人，审核情况记入日志，在月报（周报）中反映； 2. 见证试验平台设置及试验实施的配置、试验平台是否满足试验要求，伸缩节两端应密封可靠，试验装置应满足波纹管轴向循环位移试验的要求，见证情况拍照、记入日志； 3. 伸缩节型式试验前波纹管、加强环、端管、中间管、过渡套管等部件已全部组装焊接和无损检测完成；检查组装后的主要尺寸；见证伸缩节内壁是否已打磨清扫，

续表

序号	监理项目	监理工作内容	监理方式			监理工作要求
			R	W	H	
6	波纹管型式试验（如有）	4．见证试验装置的拆除及消缺		√	√	所有内支撑是否全部拆除，试验加压泵及管路、仪表是否全部安装完成，检查情况拍照，记入日志，在月报（周报）中反映； 4．参加委托人组织的波纹管型式试验（疲劳试验）见证会，汇报监理工作情况，现场见证伸缩节波纹管的疲劳试验过程，见证疲劳试验时压力波动变化情况（不超过试验压力的±10%）；见证试验循环速率是否满足试验大纲规定的速率要求；见证试验的频率与循环次数；检查波纹管无渗漏、无异常情况，做好试验结果的记录，见证人员分别在试验报告签字，提出试验见证意见，讨论形成试验见证会议纪要（附试验报告或试验记录），试验见证会议及现场见证情况拍照、记入日志，在月报（周报）中反映
7	防腐施工	1．见证涂料质量合格证； 2．抽检除锈工序的质量； 3．抽检涂层总厚度		√	√	1．见证防腐涂料质量合格证，包括涂料品牌、型号、油漆颜色（色号）等，填写监理见证表，见证情况记入日志，在月报（周报）中反映； 2．抽检构件表面预处理工序质量，包括表面清洁度和粗糙度；抽检底漆和中间漆的表面涂装质量及涂层厚度，抽检情况记入日志，在月报（周报）中反映； ★伸缩节端管、加强环、导流筒、外护罩等部件应在组装前进行除锈处理和防腐涂装； 3．检查伸缩节面漆施工质量，抽检涂层总厚度及表面质量，填写监理抽检记录表，抽检情况记入日志，在月报（周报）中反映
8	包装运输	1．审核包装方案（如需）； 2．见证保护措施； 3．见证装车情况； 4．签署发运清单； 5．协调设备发运		√		★按照规范规定伸缩节最大外形尺寸小于 1m 可采用木箱包装，最大外形尺寸大于 1m 可采用裸装方式；伸缩节的包装及运输方式应符合合同规定的要求； 1．审核伸缩节包装运输方案（如需），审核的重点，包括包装方式（木箱包装、裸装）、波纹管保护、上下端口防水保护、大型伸缩节装运托架以及吊点、吊耳的设置，运输车辆配置等，以监理联系单提出审核意见，审核情况记入日志，在月报（周报）中反映； 2．见证伸缩节裸装的保护措施落实情况，伸缩节的定位装置应处于固定或锁紧状态，波纹段外侧有保护措施，上下游端口有防水保护措施，设备编号及铭牌标识明显，见证情况拍照，记入日志，在月报（周报）中反映； 3．见证伸缩节的装车情况，对加固捆扎的部位应采用对表面涂层的保护措施，装车情况拍照，记入日志，在月报（周报）中反映； 4．签署发运清单，确保发运的货物与清单一致，清单签署情况记入日志，在月报（周报）中反映； 5．督促制造单位按照委托人的发运通知，及时组织设备的发运，满足工地安装进度要求

附表

大型伸缩节制造监理检查、见证项目汇总表

序号	项目	内容	方法		备注
			见证表	检查记录	
1	管节	1. 见证各管节的材质证明文件	√		填写见证表，附材质证明
		2. 见证焊接材料合格证及牌号	√		填写见证表，附焊材合格证及见证照片
		3. 见证各管节组圆焊接后焊缝无损检测报告	√		填写见证表，附无损检测报告及外观检查照片
		4. 抽检各管节组焊后尺寸及外观质量		√	填写见证表，附抽检记录及照片
2	波纹管	1. 见证波纹管材质证明文件	√		填写见证表，附材质证明
		2. 抽检波纹管成型后主要尺寸及外观质量、见证无损检测报告		√	填写检查记录表，附检查记录及照片
		3. 见证波纹管型式试验	√▲		填写见证表，附试验报告及见证照片
3	伸缩节整体组装	1. 检查组装后主要尺寸及外观质量		√★	填写监理检查记录表，附检查照片
		2. 见证伸缩节水压试验（气密试验）	√		填写见证表，附试验记录及见证照片
		3. 检查见证伸缩节拆除后的完善工作	√		填写见证表，附见证项目及检查照片
4	防腐涂装质量	1. 见证涂料质量合格证及品牌	√		填写见证表，附质量证明文件
		2. 抽检涂层的厚度及外观质量		√	填写检查记录表，附检查记录及照片
		3. 见证涂层附着力测试	√		填写见证表，附测试记录及见证照片

注：1. 主要材料分批进厂的，应分批进行见证，填写见证表

2. 管节瓦片卷制为首件抽检项目，重点抽检卷制后瓦片的内弧度及尺寸偏差

3. 伸缩节厂内整体组装后为监理停点检查项目，填写监理检查记录表

4. 有▲标记的为合同约定的试验项目；有★标记的为监理停点检查点，为必检项目

第 4 章　电气成套设备质量控制

电气成套设备是水电站的关键设备，其制造质量能否满足设计要求将直接影响到电站的电力送出、安全运行监控及保护功能的实现。本章节对电气成套设备，包括：主变压器设备、气体绝缘金属封闭开关（GIS）设备、继电保护设备、计算机监控设备、封闭母线设备、高压和低压开关柜设备、直流电源系统设备监理专业部分的重点工作分别进行了阐述（实际执行时需根据合同、设计图样的具体要求进行调整）。

4.1　主变压器（大型）设备制造监理质量控制

序号	监理项目	监理工作内容	监理方式			监理工作要求
			R	W	H	
	提示					监理开展工作前，应熟悉合同技术要求、设计图样及相应的标准规范要求，了解主变的结构型式、配置要求及出厂试验项目，确定监理工作的重点，编写监理细则； ★本设备以大型主变压器为基础编写，其他中小型变压器（箱变、厂变）可参照本指南，结合合同的技术要求开展监理工作
1	主要原材料	1．主要钢材（含无磁钢板）材质证明文件见证； 2．硅钢片材质证明文件见证； 3．电磁线质量合格证见证； 4．绝缘材料、绝缘件等； 5．密封件质量证明文件见证； 6. 变压器油牌号及质量证明文件见证	√	√		1. 见证主要钢材的材质证明文件（包括化学成分、力学性能试验报告），现场核查原材料的牌号及规格，填写监理见证表（附材质证明文件），见证情况记入日志，在月报（周报）中反映； 2．见证硅钢片材质证明文件（包括材质保证书、磁强度试验报告、铁损试验报告）填写监理见证表（附材质证明文件），见证情况记入日志，在月报（周报）中反映； 3. 见证电磁线材质证明文件，核查电磁线的规格，填写监理见证表（附质量证明文件），见证情况记入日志，在月报（周报）中反映； 4．见证绝缘纸板材料及绝缘件的质量证明文件（包括材质证明及理化检验报告），填写监理见证表（附质量证明文件），见证情况记入日志，在月报（周报）中反映； 5．见证密封件的质量证明文件，填写监理见证表（附质量证明文件），见证情况记入日志，在月报（周报）中反映； 6．见证变压器油的质量证明文件，核查变压器油的牌号，填写监理见证表（附质量证明文件），见证情况记入日志，在月报（周报）中反映； 7．如材料分批进厂，应按批次分别做好监理见证工作，见证情况记入日志，在月报（周报）中反映； 8．如主要材料的规格、材质与合同要求不符，应以监理联系单的方式形成书面意见，督促制造单位进行核查或重新购置，如需变更材质，应按照审批程序，报委托人批准后方可进行变更

续表

序号	监理项目	监理工作内容	监理方式			监理工作要求
			R	W	H	
2	主要配套部件	1. 高压套管、中性点套管、低压套管等配套部件质量合格证及试验报告见证	√	√		1. 见证套管的质量合格证，包括出厂试验报告、性能试验报告，填写监理见证表，见证情况记入日志，在月报（周报）中反映； 2. 抽检套管的外观质量，抽检情况记入日志； 3. 核查套管的型号及技术参数，核查情况拍照、记入日志，在月报（周报）中反映
		2. 无励磁分接开关（有载分接开关）质量合格证及试验报告见证	√	√		1. 见证无励磁分接开关（有载分接开关）质量合格证，包括出厂试验报告，填写监理见证表，见证情况记入日志，在月报（周报）中反映； 2. 核查分接开关的型号及技术参数，核查情况拍照、记入日志，在月报（周报）中反映
		3. 套管式电流互感器质量合格证及试验报告见证	√	√		1. 见证套管式电流互感器质量合格证，包括出厂试验报告，填写监理见证表，见证情况记入日志，在月报（周报）中反映； 2. 核查互感器的型号及技术参数，核查情况拍照、记入日志，在月报（周报）中反映
		4. 冷却器（散热器）、潜油泵、风机等配套部件质量合格证见证	√	√		1. 分别见证冷却器（散热器）、风机、潜油泵等配套部件的质量合格证，包括出厂试验报告，填写监理见证表，见证情况记入日志，在月报（周报）中反映； 2. 分别核查冷却器（散热器）、风机、潜油泵等配套部件的型号及技术参数，检查部件外观质量情况，填写见证表，核查情况拍照，记入日志，在月报（周报）中反映
		5. 气体继电器、压力速动继电器、油流继电器等配套部件质量证明文件及试验报告见证	√	√		1. 分别见证气体继电器、压力速动继电器、油流继电器等配套部件的质量合格证，包括出厂试验报告，填写监理见证表，见证情况拍照、记入日志，在月报（周报）中反映； 2. 分别核查气体继电器、压力速动继电器、油流继电器等配套部件的型号及技术参数，检查部件的质量外观情况，填写见证表，核查情况拍照、记入日志，在月报（周报）中反映
		6. 压力释放器配套部件质量证明文件及试验报告见证	√	√		1. 见证压力释放器的质量合格证，包括出厂试验报告，填写监理见证表，见证情况拍照、记入日志，在月报（周报）中反映； 2. 抽检压力释放器的外观质量，填写见证表，核查情况记入日志，在月报（周报）中反映
		7. 储油柜（含胶囊）质量合格证见证	√	√		1. 见证储油柜（含胶囊）的质量合格证，包括性能试验报告，填写监理见证表，见证情况拍照、记入日志，在月报（周报）中反映； 2. 抽检储油柜（含胶囊）的外观质量，抽检情况记入日志，在月报（周报）中反映；

续表

序号	监理项目	监理工作内容	监理方式			监理工作要求
			R	W	H	
2	主要配套部件	7. 储油柜（含胶囊）质量合格证见证	√	√		★需注意：储油胶囊应在储油柜装配前检查见证，应提前与厂家沟通见证事宜，见证情况应拍照，记入日志
		8. 温控器、控制箱质量合格证见证	√	√		1. 见证控制箱质量合格证，核查主要元器件的品牌及型号（如合同有规定），抽检柜内接线、标识及接地情况，填写见证表，抽检及见证情况拍照、记入日志，在月报（周报）中反映； 2. 见证温控器的质量合格证，核查型号，填写见证表，见证情况拍照、记入日志，在月报（周报）中反映
		9. 阀门质量合格证见证	√	√		1. 见证阀门的质量合格证（包括出厂试验报告），核查阀门的型号，填写见证表，见证情况拍照、记入日志，在月报（周报）中反映； 2. 抽检阀门的外观质量，抽检情况记入日志
		10. 灭火装置（如有）质量合格证见证	√	√		见证灭火装置的质量合格证，核查其型号，填写见证表，见证情况拍照记入日志，在月报（周报）中反映
3	油箱	1. 油箱下料材质核查； 2. 油箱焊接材料质量证明见证； 3. 油箱焊缝外观质量抽检及无损检测见证； 4. 油箱主要尺寸及外观质量检查	√	√		1. 核查油箱下料所用的材质，是否符合设计图样的要求，核查情况记入日志，在月报（周报）中反映； 2. 见证与母材相匹配的焊材质量证明文件，见证情况记入日志； 3. 抽检油箱组拼及夹件腹板的厚度（夹件组拼应无偏斜扭曲，棱边打磨成圆角，不允许有尖角毛刺），以及组拼尺寸偏差，抽检情况记入日志，在月报（周报）中反映； 4. 抽检油箱焊缝外观质量（焊缝应饱满、均匀，无气孔、焊瘤、裂纹、咬边、夹渣弧坑等缺欠，焊后需磨平箱壁的尖角毛刺、焊瘤、飞溅物等）；发现焊缝外观缺欠及时督促制造单位进行处理。抽检见证情况拍照、记入日志，在月报（周报）中反映； 5. 见证管口等关键部位焊缝的无损检测及检测报告，填写见证表，见证情况拍照、记入日志，在月报（周报）中反映； 6. 油箱主要尺寸及外观质量检查，填写检查记录表，检查情况拍照、记入日志，在月报（周报）中反映； 7. 见证油箱的检漏试验，填写见证表，见证情况拍照，记入日志，在月报（周报）中反映； 8. 见证油箱防腐涂料的质量证明文件，合同对涂料品牌及生产厂家有规定时，应核查涂料的品牌及生产厂家，填写监理见证表，见证情况记入日志，在月报（周报）中反映；

续表

序号	监理项目	监理工作内容	监理方式			监理工作要求
			R	W	H	
3	油箱	5. 油箱机械强度试验及检漏试验见证； 6. 油箱防腐涂料质量合格证见证，涂层外观质量抽检	√	√		9. 抽检涂层外观质量及涂层的厚度，抽检情况记入日志，在月报（周报）中反映； 10. 检查油箱漆膜颜色，满足合同约定的要求，检查情况记入日志
4	铁芯	1. 叠片下料前材质核查； 2. 叠片下料后主要尺寸抽检； 3. 铁芯组装后外观质量及主要尺寸抽检； 4. 铁芯油道绝缘试验见证		√		1. 抽检叠片硅钢片材质，抽检情况记入日志，在月报（周报）中反映； 2. 抽检叠片下料后的主要尺寸及外观质量（表面平整、卷角、折痕、毛刺等缺欠），尺寸偏差符合设计要求，抽检情况拍照，记入日志，在月报（周报）中反映； 3. 抽检铁芯组装后的主要尺寸偏差（包括总厚度、主级叠厚、直径、端面不平整度、离缝、起立后的垂直度、起立后硅钢片弯曲度、高低压下夹件支撑板平面度等），以及外观质量，填写监理抽检记录表，抽检情况拍照、记入日志，在月报（周报）中反映； 4. 见证油道夹件和拉板质量合格证，抽检外观质量，抽检情况记入日志； 5. 见证铁芯油道绝缘试验（包括道间绝缘、铁芯对夹件绝缘电阻、油道间绝缘电阻、油道间绝缘不通路等），填写监理见证表，见证情况拍照，记入日志，在月报（周报）中反映
5	绕组线圈	1. 抽检绕组线圈所使用的材料； 2. 抽检绕组的绝缘材料的外观质量； 3. 抽检线圈绕制后的主要尺寸偏差； 4. 见证线圈干燥整理的检验记录； 5. 抽检绕组绝缘装配质量		√		1. 核查线圈所使用材料是否符合设计要求，核查情况记入日志； 2. 抽检线圈绝缘材料（包括硬纸筒、垫块、撑条等绝缘件）的外观质量，应符合设计及规范的要求，抽检情况拍照，记入日志，在月报（周报）中反映； 3. 抽检各线圈（高压、中压、低压、调压线圈）的绕向、段数、匝数，以及垂直度、幅向尺寸的偏差，线圈出头位置及绑扎牢固情况，抽检情况拍照，记入日志，在月报（周报）中反映； 4. 见证线圈的干燥工序质量（包括干燥温度、加温时间等项目）检验记录，填写监理见证表，见证情况记入日志，在月报（周报）中反映； 5. 抽检绕组的主要尺寸偏差，各出头绝缘的厚度、长度、位置，以及出头绝缘包扎情况（包扎应均匀、无弯折损伤等现象），填写监理抽检记录表，抽检情况拍照、记入日志，在月报（周报）中反映； 6. 抽检绕组压装与处理（包括：各层绝缘厚度、各层绝缘的处理、油隙、围屏调整等）填写监理抽检记录表；制造单位绕组转运和保管过程不允许拆压板（保压）、不允许长时间搁置的要求，抽检及见证情况拍照、记入日志，在月报（周报）中反映

续表

序号	监理项目	监理工作内容	监理方式			监理工作要求
			R	W	H	
6	器身装配	1．铁芯及绝缘件的外观抽检； 2．抽检相绕组组装尺寸偏差； 3．抽检器身的绝缘装配； 4．见证铁芯的各项绝缘试验； 5．见证器身的干燥检验记录； 6. 检查器身与油箱的预组装（如有）		√		1．装配前见证铁芯的外观（无磕碰损伤）以及绝缘件的外观（层压件无开裂起层现象），见证情况记入日志； 2．见证相绕组套入屏蔽后心柱的松紧度、各接线出头的位置；抽检各绕组套装的牢固性以及器身绝缘的主要尺寸，填写监理抽检记录表，抽检及见证情况拍照，记入日志，在月报（周报）中反映； 3．抽检引线及分接开关的装配质量，重点抽检引线装焊质量（包括搭接面积、焊面饱满，表面无尖角、毛刺、焊渣、残留焊药等缺欠），开关、引线支架牢固、引线的绝缘距离等，抽检情况拍照，记入日志，在月报（周报）中反映； 4．见证铁芯的各项电气试验，包括铁芯对夹件绝缘电阻、各线圈直流电阻、变比测量等，见证情况填写监理见证表（附试验报告），拍照，记入日志，在月报（周报）中反映； 5．见证器身干燥的真空度、温度及时间记录，填写监理见证表(附检验记录)，见证情况记入日志，在月报（周报）中反映； 6．检查器身与油箱的预组装，检查器身在油箱中的定位偏差、引线与箱壁的距离、引线对绕组的距离、引线对引线距离等，检查情况填写监理检查记录表，检查情况拍照，记入日志，在月报（周报）中反映
7	总装配	1．箱内清洁度抽检； 2．附件质量合格证核查； 3. 抽检带电部分对油箱的绝缘距离偏差； 4．抽检密封的组装情况； 5. 抽检带电部分对油箱的距离偏差； 6. 见证注油的真空度、油温、时间及静放时间； 7．检查组装后的外观质量	√	√		1. 检查出炉后箱内的清洁度（箱内无异物、浮尘，无漆膜脱落，绝缘部件无损伤和不正常的色变；各绝缘垫块、端圈、引线夹持件无开裂、起层和变形等缺欠），填写监理检查记录表，检查情况拍照，记入日志，在月报（周报）中反映； 2．核查组装附件型号以及检验报告和质量合格证，核查情况记入日志； 3．见证组装后铁芯对油箱、夹件对油箱的绝缘电阻测试，记入日志； 4．抽检密封组装偏差和引线间的距离，抽检情况记入日志； 5．抽检组装后各带电部分对油箱的绝缘距离偏差，填写监理检查记录表，抽检情况拍照，记入日志，在月报（周报）中反映； 6．见证注油的真空度、油温、时间及静放时间，见证情况填写监理见证表（附检验记录），记入日志，在月报（周报）中反映； 7．见证热油循环的时间及油温，见证情况填入监理见证表，见证结果记入日志； 8．检查组装后的外观质量，无明显的缺欠，检查情况记入日志

续表

序号	监理项目	监理工作内容	监理方式			监理工作要求
			R	W	H	
8	整机试验	1．见证密封渗漏试验； 2．见证整机各项试验（规范及合同要求试验项目）： （1）绕组直流电阻测量； （2）电压比测量和联结组标号检定； （3）绕组对地绝缘电阻、吸收比、极化指数的测量； （4）铁芯和夹件绝缘电阻测量； （5）短路抗阻和负载损耗试验； （6）绕组连同套管介质及电容试验； （7）空载电流和空载耗损试验； （8）外施工频耐压试验； （9）操作冲击试验； （10）雷电全波冲击试验； （11）空载电流　波测量； （12）有载分接开关试验； （13）声级测量；		√		1．见证密封渗漏试验（在施加静压力，持续24h，无渗漏及损伤；在设定的残压下真空试验，未出现变形与泄漏），填写监理见证表（附试验报告），记入日志，在月报（周报）中反映； 2．见证绕组直流电阻测量（测量所有绕组和全部分接位置时的绕组电阻；三相电阻不平衡率；线电阻和相电阻），测量结果填写监理见证表（附检测报告），记入日志，在月报（周报）中反映； 3．见证电压比测量和联结组标号检定（在所有分接位置进行电压比测量），测量结果填写监理见证表（附检测报告），记入日志，在月报（周报）中反映； 4．见证绕组对地绝缘电阻、吸收比、极化指数的测量，测量结果填写监理见证表（附试验报告），记入日志，在月报（周报）中反映； 5．见证铁芯和夹件绝缘电阻测量，测量结果填写监理见证表（附试验报告），记入日志，在月报（周报）中反映； 6．见证短路抗阻和负载损耗试验（在额定电压的10%，50%，60%，70%，80%条件下，测量空载损耗和空载电流，然后再从额定电压的90%～115%的范围内，以每5%作为一级电压逐级测量），测量结果填写监理见证表，记入日志，在月报（周报）中反映； 7．见证绕组连同套管介质及电容试验，试验结果填写监理见证表，记入日志，在月报（周报）中反映； 8．见证空载电流和空载耗损试验，试验结果填写监理见证表（附试验报告），记入日志，在月报（周报）中反映； 9．见证外施工频耐压试验，试验结果填写监理见证表，记入日志，在月报（周报）中反映； 10．分别见证长时感应耐压试验（U_m>170kV）、短时感应耐压试验（U_m>170kV），试验结果填写监理见证表（附试验报告），记入日志，在月报（周报）中反映； 11．见证操作冲击试验（如需），试验结果填写监理见证表（附试验报告），记入日志，在月报（周报）中反映； 12．分别见证雷电全波冲击试验、中性点雷电全波冲击试验（一次50%～75%降低电压下的全波冲击，三次100%全电压下的全波冲击），试验结果填写监理见证表（附试验报告），记入日志，在月报（周报）中反映； 13．见证有载分接开关试验（分接开关在变压器上组装后进行），试验结果填写监理见证表（附试验报告），记入日志，在月报（周报）中反映；

续表

序号	监理项目	监理工作内容	监理方式			监理工作要求
			R	W	H	
8	整机试验	（14）温升试验； （15）长时感应耐压试验（U_m＞170kV）、短时感应耐压试验（U_m＞170kV）； （16）无线电干扰水平测量（文件见证）； （17）过电流试验； （18）中性点雷电全波冲击试验（如需）； （19）线端雷电截波冲击试验（LIC）、线端交流耐压试验（LTAC）（如有）； （20）风扇和油泵电机所吸收功率测量（如需）； 3. 见证合同约定型式试验项目和特殊试验项目		√		14．见证温升试验，温升试验按 GB/T 1094.2《电力变压器第二部分：液浸式变压器的温升》规定进行，试验结果填写监理见证表（附试验记录），记入日志，在月报（周报）中反映； 15．风扇和油泵电机所吸收功率测量，可采用文件见证的方法，确认试验结果，记入日志，在月报（周报）中反映； 16．见证过电流试验（采用高压侧送电、低压侧短路进行，试验在额定分接执行，连续施加 1.1 倍额定电流 4h)，试验结果填写监理见证表（附试验报告），记入日志，在月报（周报）中反映； 17．见证线端雷电截波冲击试验(LIC)、线端交流耐压试验（LTAC）（如有），按照 GB/T1094.3《电力变压器第三部分：绝缘水平、绝缘试验和外绝缘空气间隙》中 11.2 规定的试验程序进行试验，试验结果填写监理见证表，记入日志，在月报（周报）中反映； 18．带有局部放电测量的感应电压试验（如有），按照 GB/T1094.3《电力变压器第三部分：绝缘水平、绝缘试验和外绝缘空气间隙》中 11.3 规定的方法进行，试验结果填写监理见证表，记入日志，在月报（周报）中反映； 19．见证绝缘油化验及色谱分析报告（如需），见证情况填写监理见证表（附试验报告），记入日志，在月报（周报）中反映； 20．合同如要求进行型式试验，可采取文件见证和现场见证的方式，分别见证绝缘试验、温升试验和油箱机械强度的试验（试验报告），见证情况填写监理见证表（附相关的试验报告），记入日志，在月报（周报）中反映； ★如合同约定的特殊试验项目，应逐项进行试验的见证工作，填写监理见证表； ★主变压器整机试验项目，应结合规范及合同要求的试验（测定）项目，分别做好见证工作，有些试验项目可结合工序试验进行；见证项目需填写监理见证表（附相应的试验记录）；如整机试验与出厂验收工作一起进行时，监理见证项目可采用出厂试验的结果，另行填写监理见证表；整机试验项目应列入出厂试验大纲（明确试验项目、方法、程序、试验设备）；试验的方法及程序应满足规范规定的要求；合同约定的特殊试验项目，应按照合同要求，与制造单位进行协调后进行试验见证工作；试验结果的判断，应以规范和合同约定的要求进行；现场试验无法完成的项目可采用文件见证的方法进行，重点项目的试验必须采用现场见证的方式；如试验结果出现较大的偏差，应督促制造单位进行分析，处理调整后再次进行试验，并进行监理见证工作

续表

序号	监理项目	监理工作内容	监理方式			监理工作要求
			R	W	H	
9	出厂验收工作	1．审核出厂验收大纲； 2. 督促制造单位做好出厂验收资料的准备； 3．编写监理工作汇报； 4．参加出厂验收工作； 5．现场见证出厂试验； 6．提出需整改和完善的意见，形成出厂验收纪要； 7. 见证验收后有关完善和整改项目的处理结果	√	√		1．审核主变压器出厂验收大纲，以监理联系单书面提出审核意见，由总监签字后报委托人审批； 2．督促制造单位编写设备制造情况汇报及质量检验报告，按照合同和规范要求，做好出厂验收资料整理，为出厂验收做好准备工作； 3．审核制造单位提交的出厂验收申请，签署监理审核意见，由总监签发意见后，报委托人确定验收时间； 4. 编写监理工作汇报，包括验收设备的基本情况、质量与生产进度的情况、制造质量检查及见证情况、制造质量缺陷及处理结果、制造质量的评价，提出需完善或整改的意见； 5．审核变压器出厂试验方案，审核重点：试验的项目、试验的方法、检测的仪器、试验的程序、执行的标准等，并以监理联系单书面提出审核意见，经总监签字后报委托人审批； 6．参加委托人组织的主变出厂验收工作，验收程序包括制造单位汇报制造情况及质量检验情况、监理汇报工作情况、查阅相关的验收资料、现场检查设备外观质量、见证出厂试验；讨论并提出需完善及整改的意见，形成出厂验收纪要，并附出厂试验（报告）记录表，主要配置见证记录表，由参加验收的各方代表签字； 7．按照出厂验收纪要，督促制造单位做好后续需完善或整改的工作，并逐项见证整改后的结果，做好监理见证记录，见证情况写入日志，整改项目处理结果在月报（周报）中反映； 8．督促制造单位提交验收后遗留问题整改完善情况的报告，监理审核后经总监签字以监理联系单方式报委托人； ★出厂验收工作是设备制造监理的主要工作，是检验设备制造质量的重要途径，设备验收记入监理工作大事记，验收情况在当月监理月报中反映； ★主变出厂试验的项目，需根据合同的要求进行，试验项目包括例行试验、型式试验、特殊试验； ★验收后需整改或完善的工作，监理在做好相关见证工作的同时，应督促制造单位提交整改报告，确保整改工作的落实； ★出厂验收的过程拍照，在月报（周报）中反映
10	包装发运	1. 审核包装方案，提出审核意见； 2．抽检部件的包装情况		√		1．审核包装方案（如合同有要求），并以监理联系单方式，提出书面审核意见，由总监审核后报委托人；

续表

序号	监理项目	监理工作内容	监理方式			监理工作要求
			R	W	H	
10	包装发运	3．签署发运清单； 4. 督促制造单位按照委托人通知，及时组织设备发运		√		2．检查部件的包装情况，包装牢固、有相应的防护措施，抽检情况拍照，记入日志，在月报（周报）中反映； 3．抽检附件和备品备件、专用工具是否满足合同约定的要求；检查出厂资料是否完整、包装严密；核查发运清单与装车的部件的一致性，并在发运清单上签字，抽检情况拍照，记入日志，在月报（周报）中反映； 4．检查包装箱外的发运标识，检查吊点及重心的标识，满足合同约定的要求，记入日志； 5．检查本体运输设有压力表进行监视措施落实情况（记录运输过程箱内气体压力变化、补气情况，以及环境温度变化情况等），防止变压器本体在运输过程中的受潮，每台变压器应有可随时补充的干燥气体罐（足量），运输期间油箱内的气压应保持正压（大于10kPa），检查情况记入日志； 6．督促制造单位按照委托人通知的发运时间，及时组织设备的发运，满足交货时间的要求； 7．见证设备装车情况，督促制造单位采取措施防止吊装过程中的碰撞和损坏

附表

主变压器设备制造监理检查、见证项目汇总表

序号	项目	检查、见证内容	方法		备注
			见证表	检查记录	
1	材质证明	1．主要钢材（含无磁钢板）材质证明文件见证； 2．硅钢片材质证明文件见证； 3．电磁线质量合格证见证； 4．绝缘材料、绝缘件材质证明见证； 5．密封件质量证明文件见证； 6．变压器油牌号及质量证明文件见证	√		填写监理见证表，附质量证明文件及见证照片
2	配套部件	1．高压套管、中性点套管、低压套管质量合格证见证； 2．无励磁分接开关质量合格证见证； 3．套管式电流互感器质量合格证见证； 4．冷却器（散热器）、潜油泵、风机质量合格证见证； 5．气体继电器、压力速动继电器、油流继电器等质量合格证见证； 6．压力释放器、温控器、控制箱质量证明文件见证； 7．储油柜质量证明文件见证； 8．阀门质量合格证见证	√		填写监理见证表，附质量证明文件及见证照片

续表

序号	项目	检查、见证内容	方法		备注
			见证表	检查记录	
3	油箱	1．油箱主要焊缝无损检测及检测报告见证	√		附无损检测报告及见证照片
		2．油箱渗漏检查见证	√		附见证照片
		3．油箱主要尺寸及外观质量检查		√	附检查照片
4	铁芯	1．铁芯主要尺寸及外观质量检查		√	附检查照片
		2．铁芯油道绝缘试验见证	√		附试验记录及见证照片
5	绕组	1．抽检绕组主要尺寸及外观质量		√	附检查照片
		2．抽检绕组压装和处理质量		√	附检查照片
6	器身装配	1．见证器身干燥真空度、温度及时间	√		附见证照片
		2．抽检各绕组套装牢固性		√	附检查照片
		3．检查器身绝缘主要尺寸		√	附检查照片
7	总装配	1．检查出炉后箱内的清洁度		√	附检查照片
		2．检查组装后各带电部分对油箱的绝缘距离		√	附检查照片
		3．见证注油的真空度、油温、时间及静放时间	√		附见证照片
		4．见证热油循环时间及油温	√		附见证照片
8	整机试验	1．见证密封渗漏试验	√		附见证照片
		2．见证各项例行试验	√		附见证照片
		3．见证型式试验（绝缘型式试验、温升试验、油箱机械强度试验）	√		附见证照片
		4．见证相关的特殊试验（按合同约定）	√		附见证照片
9	吊芯检查	检查吊芯			
10	防腐质量	1．见证防腐涂料质量合格证			
		2．抽检涂层颜色及外观质量			

4.2 气体绝缘金属封闭开关（GIS）设备制造监理质量控制

序号	监理项目	监理工作内容	监理方式			监理工作要求
			R	W	H	
	提示					1．监理开展工作前，应熟悉合同技术要求、设计图样及相应的标准规范要求，编写监理细则； 2．了解设备的技术参数、主要配置、出厂试验项目，熟悉设计图样要求，了解 GIS 的结构型式，出厂试验项目、运输单元，以确定监理工作的重点； 3．本章节按照驻厂监理方式进行编写

续表

序号	监理项目	监理工作内容	监理方式			监理工作要求
			R	W	H	
1	断路器	1．主要外购配套部件质量证明文件见证； 2．见证机械操作试验、闭锁装置动作试验； 3．见证绝缘拉杆机械特性、电气特性试验； 4．抽检灭弧室组装部件的外观质量； 5．见证安全阀试验、液压泵充油试验； 6．见证断路器机械特性试验	√	√		1．见证断路器主要外购配套部件的质量证明文件（产品合格证、出厂试验报告、进厂抽检报告等），核查各部件的型号、品牌（生产厂家）、外观质量，填写监理见证表（附质量证明文件），见证情况记入日志，在月报（周报）中反映； 2．见证绝缘拉杆的机械特性及电气特性试验，抽检拉杆的外观质量，见证情况拍照，记入日志，在月报（周报）中反映； 3．见证灭弧室外购动、静触头（铜钨触头）质量合格证（包括触头铜钨合金化学成分及物理性能检测报告），抽检触头的外观质量；见证喷嘴出厂试验报告，填写监理见证表（附相关的质量证明文件及试验报告），见证情况拍照，记入日志，在月报（周报）中反映； 4．抽检灭弧室组装时部件外观质量，绝缘件表面不得有异物及损伤缺欠，镀银层不能起皮或剥落，弹簧/卡簧/板簧干净无毛刺，抽检情况记入日志； 5．见证断路器机械特性操作试验、闭锁装置动作试验，填写监理见证表，见证情况记入日志，在月报（周报）中反映； 6．见证断路器安全阀试验、液压充油试验，见证情况记入日志，在月报（周报）中反映； 7．如外购部件的品牌、型号、技术参数与合同要求不符，应以监理联系单的方式形成书面意见，督促制造单位进行核查或重新购置，并及时向总监汇报。如需变更配套部件品牌，应按照审批程序，报委托人批准后方可进行变更
2	隔离开关 接地开关	1．见证主要配套元器件的质量合格证； 2．抽检结构部件的外观质量； 3．见证机械操作试验； 4．见证电气联锁试验	√	√		1．见证主要外购电气元器件的质量证明文件（产品合格证、出厂试验报告），抽检核查各元器件型号、品牌（生产厂家）、外观质量，填写监理见证表（附质量证明文件），见证情况记入日志，在月报（周报）中反映； 2．抽检一般结构部件的外观质量，抽检情况拍照，记入日志； 3．抽检隔离开关、接地开关组装后的外观质量，抽检情况记入日志； 4．按照规范要求，分别见证隔离开关、接地开关机械操作试验（分、合试验），填写见证表，附试验记录，见证情况拍照，记入日志，在月报（周报）中反映； 5．按照规范要求，分别见证隔离开关、接地开关电气联锁试验，见证情况拍照，记入日志，在月报（周报）中反映

续表

序号	监理项目	监理工作内容	监理方式			监理工作要求
			R	W	H	
3	电流互感器	1．质量证明文件见证； 2．主要技术参数核查； 3．见证各项电气试验（或试验报告）	√	√		1．见证电流互感器质量证明文件（包括产品合格证、出厂试验报告等），核查部件的型号、品牌（生产厂家）、外观质量，填写监理见证表，见证情况记入日志，在月报（周报）中反映； 2．抽检电流互感器的绕组数量、容量、准确级、变比等主要参数，抽检情况记入日志； 3．见证电流互感器电气试验，包括绝缘电阻测量、绕组电阻测量、极性试验、工频耐压试验、误差试验、励磁特性试验，填写监理见证表，附试验报告，见证情况拍照、记入日志，在月报（周报）中反映； 4．抽检电流互感器的外观质量及铭牌标识，核查铭牌中的技术参数，核查情况记入日志
4	避雷器	1．见证外购避雷器质量证明文件； 2．核查避雷器主要技术参数； 3．抽检见证避雷器的各项电气试验				1．文件见证外购配套避雷器的质量证明文件（包括产品合格证、出厂试验报告、检验记录等），填写监理见证表（附质量证明文件），见证情况记入日志，在月报（周报）中反映； 2．核查避雷器的型号及品牌（生产厂家）、核查见证情况记入日志； 3．见证避雷器进厂后的复检（试验报告），包括：标称放电电流残压（峰值）、直流 1mA 参考电压、0.75 倍直流参考电压下泄漏电流、工频 3mA 参考电压（峰值/$\sqrt{2}$）、持续运行电压 U_c 下全电流（有效值）、持续运行电压下阻性电流（峰值）、局部放电测量等，填写见证表，附试验记录，见证情况记入日志，在月报（周报）中反映
5	电压互感器	1．见证外购电压互感器质量证明文件； 2．核查电压互感器主要技术参数； 3．抽检见证电压互感器的各项电气试验	√	√		1．见证电压互感器质量证明文件（包括产品合格证、出厂试验报告、检验记录等），核查互感器的型号、品牌（生产厂家），抽检互感器的外观质量，填写监理见证表（附质量证明文件），见证情况记入日志，在月报（周报）中反映； 2．抽检互感器外观质量，抽检情况拍照，见证情况记入日志； 3．见证电压互感器进厂后的各项电气试验复检，包括密封性能试验、工频耐压试验、局部放电等，填写见证表，附试验报告，见证情况照片，记入日志，在月报（周报）中反映
6	出线套管	1．见证出线套管质量合格证； 2．抽检出线套管的机械尺寸及外观质量	√	√		1．见证出线套管的质量证明文件（产品合格证、出厂试验报告、检验记录等），填写监理见证表（附质量合格证），见证情况拍照，记入日志，在月报（周报）中反映； 2．核查出线套管生产厂家、型号、编号，核查情况记入日志；

续表

序号	监理项目	监理工作内容	监理方式			监理工作要求
			R	W	H	
6	出线套管	3．见证出线套管的各项电气试验	√	√		3．抽检出线套管尺寸偏差（包括结构高度、爬电距离、法兰端面平行度、法兰与内孔同轴度，套管法兰与壳体配合尺寸等）；抽检外观质量（表面清洁、光亮、平整、无缺陷，密封面无损伤和裂痕），填写监理抽检记录表，抽检情况拍照，记入日志，在月报（周报）中反映； 4．见证套管工频耐压及局部放电等电气试验，填写监理见证表（附试验报告），见证情况记入日志，在月报（周报）中反映
7	外壳	1．见证外壳材质证明文件； 2．抽检焊缝外观质量，见证主要焊缝探伤报告； 3．抽检外壳主要尺寸，抽检外壳外观质量； 4．见证外壳水压试验	√	√		1．见证外壳铝合金材料的质量证明文件（化学成分、机械性能、试验报告等），核查各规格材料的牌号及外观质量，填写监理见证表（附材质证明），见证情况记入日志，在月报（周报）中反映； 2．见证外壳管材质量证明文件，抽检管材的型号、壁厚，填写监理见证表（附材质报告）见证情况拍照，记入日志，在月报（周报）中反映； 3．抽检外壳主要焊缝的外观质量，见证主要焊缝的无损检测及检测报告，见证情况拍照，记入日志，在月报（周报）中反映； 4．外壳焊缝无损检测发现的缺欠，应及时督促制造单位进行处理，并见证缺欠处理后的无损检测复检，记入日志； 5．抽检断路器、隔离及接地开关等关键部件外壳尺寸及各出口法兰位置与方向；检测外壳的外观质量，填写监理见证表，见证情况记入日志，在月报（周报）中反映； 6．分别见证外壳水压试验（包括试验压力、保压时间；壳体无渗漏、无可见变形，无异常声响等），填写监理见证表（附试验记录），见证情况拍照（录像），见证情况记入日志，在月报（周报）中反映
8	盆式、支撑绝缘子	1．见证绝缘子的材质证明文件； 2．抽检绝缘子主要尺寸及外观质量	√	√		1．见证绝缘子质量合格证（包括材质报告、试验报告、检验报告），填写监理见证表，见证情况拍照、记入日志，在月报（周报）中反映； 2．抽检绝缘子外观质量（表面应光滑、颜色均匀、无划痕、无裂纹、螺孔内无残留物等）；抽检绝缘子各主要尺寸偏差，抽检情况填写监理抽检记录表，抽检情况拍照，记入日志，在月报（周报）中反映； 3．见证绝缘子机械性能试验（水压及泄漏试验），重点见证试验压力和保压时间，检测有无渗漏、裂纹等异常情况，填写监理见证表（附试验记录），试验过程录像（拍照），记入日志，在月报（周报）中反映；

续表

序号	监理项目	监理工作内容	监理方式			监理工作要求
			R	W	H	
8	盆式、支撑绝缘子	3．见证电气性能试验； 4．见证机械性能试验	√	√		4．见证绝缘子电气性能试验（工频耐压及局放试验），见证试验报告，填写监理见证表，试验过程录像（拍照），记入日志，在月报（周报）中反映
9	伸缩节	1．见证伸缩节质量合格证（材质证明、试验报告）； 2．抽检伸缩节外观质量； 3．抽检伸缩节主要尺寸偏差	√	√		1．见证伸缩节质量合格证（包括材质证明、检验记录、试验报告等）、核查伸缩节型号及生产厂家，见证情况记入日志，月报（周报）中反映； 2．抽检伸缩节外观质量（密封面无损伤、划痕、腐蚀），检测螺杆、螺母的防锈措施，见证情况拍照，记入日志，在月报（周报）中反映； 3．抽检伸缩节的主要尺寸及伸缩节波数，核查伸缩节的型号、技术参数，抽检情况记入日志，在月报（周报）中反映
10	汇控柜	1．见证汇控柜质量证明文件； 2．主要元器件品牌型号、装配接线、各类标识等； 3．见证控制柜功能调试试验情况	√	√		1．见证汇控柜质量合格证（包括检验记录、试验报告），填写监理见证表（附质量证明文件），记入日志，在月报（周报）中反映； 2．核查柜内主要元器件的配置（品牌、生产厂家）及型号，核查情况记入日志； 3．抽检柜内接线线、元器件的布置、各接线标识与编号、接地布置等情况，抽检情况拍照，记入日志； 4．见证汇控柜电气试验报告，填写监理见证表（附试验报告），见证情况拍照，记入日志，在月报（周报）中反映； 5．抽检汇控柜组装后的外观质量，检查汇控柜防水、防潮参数落实情况，抽检情况记入日志，在月报（周报）中反映
11	主要配套及元器件配置	1．见证主要配套部件的品牌及型号； 2．见证 SF_6 气体的质量合格证	√	√		1．分别见证 SF_6 密度继电器、压力释放装置的质量合格证（包括试验报告、检测记录），填写监理见证表（附质量证明），见证情况拍照，记入日志，在月报（周报）中反映； 2．分别见证电缆终端、变压器连接装置（包括试验报告、检测记录），填写监理见证表（附质量证明），见证情况拍照，记入日志，在月报（周报）中反映； 3．见证 SF_6 气体质量合格证，填写监理见证表（附质量合格证），见证情况拍照，记入日志，在月报（周报）中反映； 4．见证密封圈合格证，核查密封圈的型号，填写监理见证表（附质量合格证）见证情况拍照，记入日志，在月报（周报）中反映
12	总装配	1．抽检各间隔单元、套管单元、母线单元总组装的外观质量及主要尺寸		√	√	1．抽检盆式、支持绝缘子的外观质量，核查绝缘子的型号及清洁度，抽检情况记入日志；

续表

序号	监理项目	监理工作内容	监理方式			监理工作要求
			R	W	H	
12	总装配	2．见证各单元的电气试验； 3．见证断路器、隔离开关、接地开关的操作试验； 4．抽检接地线的截面、连接、标识		√	√	2．见证各单元部件的装配，抽检组装后的主要尺寸及外观质量，填写监理检查记录表，检查情况拍照、记入日志，在月报（周报）中反映； 3．分别见证各间隔、单元的电气试验，包括 SF_6 密封试验（捡漏试验）、主回路电阻测量、辅助和控制回路的绝缘试验、主回路雷电冲击耐压试验、主回路工频耐压试验、局部放电测量、联锁试验、机械操作试验、CB 特性试验、气体水分测量等，填写监理见证表（附各项目试验记录表），见证情况录像（拍照），记入日志，在月报（周报）中反映； 4．分别见证断路器机械操作和机械特性试验、隔离开关、接地开关机械操作和机械特性试验，填写监理见证表，见证情况拍照，记入日志。在月报（周报）中反映； 5．分别见证断路器、避雷器、互感器的各项电气试验，填写监理见证表（附试验报告），见证情况拍照，记入日志，在月报（周报）中反映； 6．抽检各接地点位布置、接地线的截面积，连接情况以及接地标识，抽检情况记入日志
13	出厂验收	1．审核出厂验收大纲； 2．督促制造单位做好出厂验收资料的准备； 3．编写监理工作汇报； 4．参加出厂验收工作； 5．现场见证出厂试验； 6．提出需整改和完善的意见，形成出厂验收纪要； 7．见证验收后有关完善和整改项目的处理结果	√	√		1．审核 GIS 出厂验收大纲，以监理联系单书面提出审核意见，由总监签字后报委托人审批； 2．督促制造单位编写设备制造情况汇报及质量检验报告，按照合同和规范要求，做好出厂验收资料整理，为出厂验收做好准备工作； 3．审核制造单位提交的出厂验收申请，签署监理审核意见，由总监签发意见后，报委托人确定验收时间； 4．编写监理工作汇报，包括验收设备的基本情况、质量与生产进度的情况、制造质量检查及见证情况、制造质量缺陷及处理结果、制造质量的评价，提出需完善或整改的意见； 5．审核设备出厂试验方案，审核重点：试验的项目、试验的方法、检测的仪器、试验的程序、执行的标准等，并以监理联系单书面提出审核意见，经总监签字后报委托人审批； 6．参加委托人组织的设备出厂验收工作，验收程序包括制造单位汇报制造情况及质量检验情况、监理汇报工作情况、查阅相关的验收资料、现场检查设备外观质量、见证出厂试验；讨论并提出需完善及整改的意见，形成出厂验收纪要，并附出厂试验（报告）记录表，主要配置见证记录表，由参加验收的各方代表签字；

续表

序号	监理项目	监理工作内容	监理方式			监理工作要求
			R	W	H	
13	出厂验收		√	√		7. 按照出厂验收纪要，督促制造单位做好后续需完善或整改的工作，并逐项见证整改后的结果，做好监理见证记录，见证情况记入日志，在月报（周报）中反映； 8. 督促制造单位提交验收后遗留问题整改完善情况的报告，监理审核后经总监签字以监理联系单方式报委托人； ★出厂验收工作是设备制造监理的主要工作，是检验设备制造质量的重要节点，设备验收记入监理工作大事记，验收情况在当月监理月报中反映； ★出厂试验的项目应按照合同及规范的要求进行； ★验收后需整改或完善的工作，监理在做好相关见证工作的同时，应督促制造单位提交整改报告，确保整改工作的落实； ★出厂验收的过程拍照，在月报（周报）中反映
14	包装发运	检查包装是否满足合同约定要求，各类防护措施是否到位等		√		1. 审核包装方案（如合同有要求），并以监理联系单方式，提出书面审核意见，由总监审核后报委托人； 2. 抽检部件木箱包装情况，包装应牢固、有相应的防护措施；抽检裸装部件（设备）的捆扎及保护措施，抽检情况记入日志； 3. 核查发运清单与装车的部件的一致性，并在发运清单上监理签字，核查情况记入日志，在月报（周报）中反映； 4. 检查包装箱外的发运标识，检查吊点及重心的标识，如出口产品需检查发运标识的内容是否满足合同要求，见证情况记入日志； 5. 核查合同约定的附件、备品备件、工具等装车情况，核查情况记入日志； 6. 按照委托人的发运通知，督促制造单位及时组织设备发运，见证设备的装车情况，督促制造单位防止吊装过程的碰伤和损坏，发运情况记入日志，在月报（周报）中反映； ★设备包装发运情况需拍照，记入日志，在月报（周报）中发运

附表

GIS设备制造监理检查、见证项目汇总表

序号	项目	检查、见证内容	方法		备注
			见证表	检查记录	
1	断路器	1. 见证断路器外购配套部件质量合格证	√		填写见证表，附质量合格证及见证照片

续表

序号	项目	检查、见证内容	方法		备注
			见证表	检查记录	
2	断路器	2．见证灭弧室触头、喷头质量合格证	√		填写见证表，附质量合格证及见证照片
		3．见证断路器机械特性操作试验	√		填写见证表，附试验报告及见证照片
3	隔离开关 接地开关	1．见证主要配套元器件质量合格证	√		填写见证表，附质量合格证及见证照片
		2．见证隔离开关、接地开关机械操作试验	√		填写见证表，附试验记录及见证照片
4	电流互感器 电压互感器	1．见证互感器质量合格证	√		填写见证表，附质量合格证及见证照片
		2．见证电流互感器电气试验复检	√		填写见证表，附试验记录及见证照片
		3．见证电压互感器电气试验复检	√		填写见证表，附试验记录及见证照片
5	避雷器	1．见证避雷器质量合格证	√		填写见证表，附质量合格证及见证照片
		2．见证避雷器电气试验复检	√		填写见证表，附试验记录及见证照片
6	出线套管	1．见证出线套管质量合格证	√		填写见证表，附质量合格证及见证照片
		2．抽检出线套管机械尺寸及外观质量		√	填写检查记录表，附检查记录及照片
		3．见证出线套管电气试验	√		填写见证表，附试验报告及见证照片
7	绝缘子	1．见证绝缘子质量合格证	√		填写见证表，附质量合格证及见证照片
		2．抽检绝缘子主要尺寸及外观质量		√	填写检查记录表，附检查记录及照片
		3．见证绝缘子电气试验	√		填写见证表，附试验报告及见证照片
		4．见证绝缘子机械性能试验	√		填写见证表，附试验报告及见证照片
8	汇控柜	1．见证汇控柜质量合格证	√		填写见证表，附质量合格证及见证照片
		2．见证汇控柜电气试验报告	√		填写见证表，附质量合格证及见证照片
9	配套部件	1．见证 SF_6 密度继电器、压力释放装置的质量合格证	√		填写见证表，附质量合格证及见证照片
		2．见证 SF_6 气体质量合格证	√		填写见证表，附质量合格证及见证照片
		3．见证密封圈合格证	√		填写见证表，附质量合格证及见证照片

续表

序号	项目	检查、见证内容	方法		备注
			见证表	检查记录	
10	间隔总装配	1. 抽检各间隔、单元组装后主要尺寸及外观质量		√★	填写检查记录表，附检查记录及照片
		2. 见证各间隔、单元电气试验	√★		填写见证表，附试验报告及见证照片
		3. 见证断路器、隔离开关、接地开关机械操作和机械特性试验	√★		填写见证表，附试验报告及见证照片
11	防腐质量	1. 见证防腐涂料质量合格证	√		填写见证表，附质量合格证及见证照片
		2. 抽检涂层面漆颜色及外观质量		√	填写检查记录表，附检查照片

注：1. 有★标记的为监理停点检查点，为必检项目
2. 监理见证表、检查记录表的格式及内容由总监确定
3. 试验见证项目可采用认可的制造单位试验记录（报告）签字后，作为监理见证资料

4.3 封闭母线设备制造巡视质量控制

序号	巡视项目	巡视工作内容	监理方式			巡视工作要求
			R	W	H	
1	巡视准备工作	1. 熟悉合同技术要求，掌握设备的技术参数、主要配置及功能要求； 2. 进行监理工作交底，审核质量检验计划； 3. 出厂验收工作及中间巡视工作； 4. 了解掌握制造标准及规范要求	√	√		1. 熟悉合同技术要求，了解封闭母线的型式、主要技术参数、接口要求，为开展监理巡视做好准备工作； 2. 进行巡视监理工作交底，审核制造单位提交的质量检验计划，明确检验项目、检验内容、试验方法、质检记录表内容等，提出审核意见，经完善后报委托人； 3. 进行阶段性巡视工作，做好设备出厂验收工作和重点的中间巡视工作，巡视工作情况拍照、记入巡视日志，在月报（周报）中反映； 4. 执行标准：GB/T 8349《金属封闭母线》、NB/T 25036《发电厂离相封闭母线技术要求》及合同规定的相关标准
2	母线壳体及母线导体	1. 见证母线壳体材质证明文件； 2. 见证母线导体材质证明文件； 3. 抽检壳体焊缝外观质量； 4. 抽检分节壳体的尺寸偏差； 5. 抽检壳体防腐质量； 6. 见证母线的电气试验	√	√		1. 见证壳体材质证明文件，填写监理见证表，见证情况拍照，记入巡视日志，在月报（周报）中反映； 2. 见证母线导体的材质证明文件，填写监理见证表，见证情况拍照，记入巡视日志，在月报（周报）中反映；

续表

序号	巡视项目	巡视工作内容	监理方式			巡视工作要求
			R	W	H	
2	母线壳体及母线导体	1．见证母线壳体材质证明文件； 2．见证母线导体材质证明文件； 3．抽检壳体焊缝外观质量； 4．抽检分节壳体的尺寸偏差； 5．抽检壳体防腐质量； 6．见证母线的电气试验	√	√		3．抽检壳体焊缝的外观质量，抽检情况拍照、记入巡视日志，在月报（周报）中反映。如发现焊缝外观质量存在缺欠，应督促制造单位进行处理，满足焊缝外观质量要求； 4．分别抽检分节壳体及母线导体的主要尺寸（分节长度、管口直径、管壁厚度、导体的截面积），见证分节编号标识（编号清晰、标识规范），填写监理抽检记录表，抽检情况拍照、记入巡视日志，在月报（周报）中反映； 5．抽检壳体防腐后表面质量（漆膜颜色符合合同要求，表面无流挂、划伤等缺欠），抽检漆膜的厚度，填写监理抽检记录表，抽检情况拍照，记入日志，在月报（周报）中反映； 6．见证母线电气试验，包括绝缘电阻测试、工频耐受电压试验、气密性试验，填写见证表，见证情况拍照，记入日志，在月报（周报）中反映； 7．母线的尺寸检查及电气试验见证，可在中间巡视时进行，也可结合出厂验收一起进行，但需另行填写见证记录表； 8．督促制造单位按合同要求，做好母线的分节数量以及备品备件的包装，落实相应的防护措施，按照发运批次及时间，及时进行发运，满足交货时间要求
3	避雷器柜	1．见证避雷器柜体质量证明文件； 2．抽检柜体的主要尺寸及外观质量； 3．抽检柜体铭牌标识； 4．见证避雷器柜的电气试验	√	√		1．见证避雷器柜柜体的质量证明文件，填写监理见证表，见证情况记入巡视日志，在月报（周报）中反映； 2．抽检柜体主要外形尺寸及外观质量（涂层颜色符合合同要求、表面不得有划痕）；见证柜门的开启方向；见证接地牌的材质及截面积；抽检情况拍照，记入巡视日志，在月报（周报）中反映； 3．抽检避雷器柜铭牌标识（铭牌的技术参数、编号及字体应满足合同要求），抽检情况拍照，记入巡视日志，在月报（周报）中反映； 4．见证避雷器柜的电气试验，包括主回路工频耐压试验、绝缘电阻测试、二次回路交流耐压试验，填写监理见证表，见证情况拍照，记入巡视日志，在月报（周报）中反映

续表

序号	巡视项目	巡视工作内容	监理方式			巡视工作要求
			R	W	H	
4	出厂验收工作	1．审核母线设备出厂验收大纲； 2．参加出厂验收工作，形成验收纪要； 3．见证母线设备的电气试验及操作试验	√	√	√	1．审核封闭母线设备的出厂验收大纲，提出审核意见，经制造单位完善后，由总监审签，报委托人； 2．参加或受委托主持封闭母线设备的出厂验收，按照出厂验收程序进行设备的出厂验收工作，现场抽检母线分节段的外形尺寸，见证相关的电气试验，抽检避雷器柜的外形尺寸，见证元器件的配置，见证电气试验，做好抽检、试验见证记录，提出需完善或整改的意见，形成出厂验收纪要(附现场抽检、见证记录表)，验收情况拍照、记入巡视日志，在月报（周报）中反映； 3．分别见证母线及避雷器柜的电气试验，包括绝缘试验、工频耐压试验、电阻测试、操作试验等，试验结果填写见证表（具体试验项目应根据合同的要求及规范规定的试验项目进行），见证情况拍照。记入日志，在月报（周报）中反映
5	验收后的有关协调工作	1．督促制造单位进行验收后相关的完善和整改工作； 2．督促做好设备的包装，落实保护措施； 3．督促做好出厂资料的资料和移交； 4．督促按时进行发运工作				1．按照出厂验收纪要的要求，采用文件联系方式，下达监理联系单，督促制造单位做好验收后的有关完善或整改工作，并提交整改（完善）后的专题报告（采用照片对比和简要说明的形式），由监理进行审核后，报委托人； 2．采用通信联系的方式督促制造单位做好母线的包装及防护工作，落实防压防潮防雨防碰撞的措施，满足运输及吊装要求； 3．采用文件联系方式，下达监理联系单，督促制造单位按照合同要求，做好出厂资料（随机资料和竣工资料）的资料，按时进行资料的移交工作； 4．采用通信联系的方式，督促制造单位按照委托人的发运通知，及时组织设备的发运，满足交货时间要求

附表

母线设备制造监理巡视检查、见证项目汇总表

序号	项目	检查、见证内容	方法		备注
			见证表	检查记录	
1	文件见证	1．见证母线壳体材质证明文件	√		填写监理见证表，附质量证明文件及见证照片
		2．见证母线导线材质证明文件	√		填写监理见证表，附质量证明文件及见证照片

续表

序号	项目	检查、见证内容	方法		备注
			见证表	检查记录	
1	文件见证	3．见证避雷器柜柜体质量证明文件	√		填写监理见证表，附质量证明及见证照片
		4．见证涂料质量合格证	√		填写监理见证表，附质量合格证及见证照片
2	现场检查	1．抽检分节壳体主要尺寸及外观质量		√	填写检查记录表，附抽检记录及照片
		2．抽检分节母线导体尺寸及外观质量		√	填写检查记录表，附抽检记录及照片
		3．见证母线电气试验	√		填写见证表，附试验报告及见证照片
		4．出厂验收抽检及见证		√★	填写检查记录表，形成会议纪要
		5．见证避雷器柜的电气试验	√		填写见证表，附试验报告及见证照片
		6．抽检涂层颜色及漆膜外观质量		√	填写检查记录表，附抽检记录及照片

注：1．有★标记的为巡视停点检查点，为必检项目

2．监理见证表、检查记录表的格式及内容由总监确定

3．试验见证项目可采用认可的制造单位试验记录（报告）签字后，作为监理见证资料

4.4 高、低压开关柜设备制造巡视质量控制

序号	巡视项目	巡视工作内容	监理方式			巡视工作要求
			R	W	H	
1	监理准备工作	1．熟悉合同技术要求，掌握设备的技术参数、主要配置及功能要求； 2．进行监理工作交底，审核质量检验计划； 3．出厂验收工作及中间巡视工作； 4．了解掌握制造标准及规范要求	√	√		1．熟悉合同技术要求，了解高、低压开关柜的型式、型号、主要技术参数、功能要求以及元器件配置要求，为监理巡视做好准备工作； 2．进行巡视监理工作交底，审核制造单位提交的质量检验计划，明确检验项目、检验内容、试验方法、质检记录表内容等，提出审核意见，经完善后报委托人； 3．进行阶段性巡视工作，做好设备出厂验收工作和必要的中间巡视工作，巡视工作情况拍照、记入巡视日志，在月报（周报）中反映； 4．执行标准：GB/T 11022《高压交流开关设备和控制设备标准的共用技术要求》、GB/T 7354《高电压试验技术局部放电测量》、GB/T 14048.1《低压开关设备及控制设备第一部分：总则》及合同规定的相关标准

续表

序号	巡视项目	巡视工作内容	监理方式			巡视工作要求
			R	W	H	
2	电气屏柜、控制箱主要元器件配置	1．验证屏柜和控制箱内主要电气元器件配置； 2．核查主要配元器件的型号及品牌； 3．见证元器件质量合格证； 4．抽检元器件的外观质量	√	√		1．见证各屏柜及控制箱内主要电气元器件的配置情况，重点见证元器件的型号及品牌，见证情况拍照，记入巡视日志； 2．见证主要电气元器件的质量合格证，填写监理见证表，见证情况拍照、记入巡视日志，在月报（周报）中反映； 3．抽检屏柜及控制箱内元器件的外观质量及主要接口，抽检情况拍照、记入巡视日志，在月报（周报）中反映； 4. 如合同元器件有湿热型、防雷爆要求时，应分别进行核查见证，并在监理见证表中注明见证情况； 5．如发现元器件的型号及品牌，与合同要求有差异，应督促制造单位进行更换，必要时以监理联系单书面提出监理意见，并报监理部总监，或报告委托人进行协调解决
3	屏柜柜体及控制箱箱体	1．见证柜体质量证明文件； 2．抽检屏柜柜体及控制箱箱体的尺寸及外观质量； 3．抽检屏柜及控制箱的眉头标识	√	√		1．见证柜体质量证明文件，填写监理见证表，见证情况记入巡视日志，在月报（周报）中反映； 2．抽检屏柜柜体及控制箱箱体的外形尺寸，抽检情况拍照、记入巡视日志； 3．抽检屏柜柜体及控制箱的外观质量（涂层颜色符合合同要求、表面不得有划痕）；见证柜门的开启方向，抽检情况拍照，记入巡视日志； 4．抽检屏柜及控制箱眉头颜色、字体及标识内容，抽检情况拍照，记入巡视日志，在月报（周报）中反映
4	高压开关柜组装	1．检查柜体尺寸及铭牌标识； 2．核查柜内元器件配置； 3．抽检柜内线路布置及导线颜色、接地排截面积； 4．见证电气试验		√	√	1．分别抽检各型式高压开关柜的外形尺寸和外观质量（油漆颜色符合要求、漆膜无划伤等缺欠），以及柜体的铭牌标识（铭牌的技术参数应符合设计要求），填写监理检查记录表，抽检情况拍照，记入巡视日志，在月报（周报）中反映； 2．核查柜内元器件的配置情况，重点核查元器件的型号及品牌，填写监理见证表，见证情况拍照，记入日志，在月报（周报）中反映； 3．抽检柜内线路布置（导线颜色、线路标识、编号）以及接地排的材质和截面积，填写监理见证表，抽检情况拍照，记入日志，在月报（周报）中反映；

续表

序号	巡视项目	巡视工作内容	监理方式			巡视工作要求
			R	W	H	
4	高压开关柜组装	1. 检查柜体尺寸及铭牌标识； 2. 核查柜内元器件配置； 3. 抽检柜内线路布置及导线颜色、接地排截面积； 4. 见证电气试验		√	√	4. 分别见证交流铠装金属封闭开关柜、真空断路器柜、电流互感器柜、电压互感器柜、氧化锌避雷器柜、接地开关柜等组装后的电气试验，电气试验项目按照批准的出厂验收大纲确定的试验内容、试验程序、试验方法、判断标准进行，每项试验完成后填写监理见证表或在制造单位的试验记录（报告）签认，见证情况拍照，记入巡视日志，在月报（周报）中反映
5	低压开关柜组装	1. 检查柜体尺寸及铭牌标识； 2. 核查柜内元器件配置； 3. 抽检柜内线路布置及导线颜色、接地排截面积； 4. 见证电气试验				1. 分别抽检各型式低压开关柜的外形尺寸和外观质量（油漆颜色符合油漆、漆膜无划伤等缺欠），以及柜体的铭牌标识（铭牌的技术参数应符合设计要求），填写监理见证表，抽检情况拍照，记入巡视日志，在月报（周报）中反映； 2. 核查柜内元器件的配置情况，重点核查元器件的型号及品牌，填写监理见证表，见证情况拍照，记入日志，在月报（周报）中反映； 3. 抽检柜内线路布置（导线颜色、线路标识、编号）以及接地排的材质和截面积，填写监理见证表，抽检情况拍照，记入日志，在月报（周报）中反映； 4. 分别见证各型式低压开关柜组装后的电气试验，电气试验项目按照批准的出厂验收大纲确定的试验内容、试验程序、试验方法、判断标准进行，逐项填写监理见证表或在制造单位的试验记录（报告）签认，见证情况拍照，记入巡视日志，在月报（周报）中反映
6	控制箱组装	1. 检查箱体尺寸及铭牌标识； 2. 抽检箱内接线、元件布置及接地情况； 3. 见证电气试验				1. 分别抽检配电控制箱的外形尺寸和外观质量（油漆颜色符合油漆、漆膜无划伤等缺欠），以及箱体的铭牌标识（铭牌的技术参数应符合设计要求），填写监理见证表，抽检情况拍照，记入巡视日志，在月报（周报）中反映； 2. 核查箱内元器件的配置情况，重点核查元器件的型号及品牌，填写监理见证表，见证情况拍照，记入日志，在月报（周报）中反映； 3. 抽检箱内线路布置（导线颜色、线路标识、编号）以及接地排材质和截面积，填写监理见证表，抽检情况拍照，记入日志，在月报（周报）中反映；

续表

序号	巡视项目	巡视工作内容	监理方式			巡视工作要求
			R	W	H	
6	控制箱组装	1. 检查箱体尺寸及铭牌标识； 2. 抽检箱内接线、元件布置及接地情况； 3. 见证电气试验				4. 分别见证控制箱组装后的电气试验，电气试验项目按照批准的出厂验收大纲确定的试验内容、试验程序、试验方法、判断标准进行，逐项填写监理见证表或在制造单位的试验记录报告签认，见证情况拍照，记入巡视日志，在月报（周报）中反映
7	出厂验收工作	1. 审核高、低压开关柜设备出厂验收大纲； 2. 参加出厂验收工作，形成验收纪要； 3. 见证高低压开关柜的电气试验及操作试验	√	√	√	1. 审核高低压开关柜设备的出厂验收大纲，提出审核意见，经制造单位完善后，由总监审签，报委托人； 2. 参加或受委托主持高低压开关柜设备的出厂验收，并按照出厂验收程序进行设备的出厂验收工作，现场抽检高低压开关柜的外形尺寸，见证相关的电气试验，核查主要元器件的型号、规格和品牌，提出需完善或整改的意见，形成出厂验收纪要（附现场抽检、见证记录表），验收情况拍照、记入巡视日志，在月报（周报）中反映； 3. 见证高低压开关柜的电气试验，包括绝缘试验、工频耐压试验、电阻测试、操作试验等，试验结果填写记录表（具体试验项目应根据合同的要求及规范规定的试验项目进行）； 4. 出厂验收工作是巡视监理工作的重要节点，开关柜设备组装后监理检查见证项目可结合出厂验收一起进行，并按开关柜的各型号分别另行填写监理检查（见证）记录表，检查项目及内容不全的部分，可在验收后进行补充
8	验收后的有关协调工作	1. 督促制造单位进行相关的完善和整改工作； 2. 督促做好设备的包装和保护； 3. 督促做好出厂资料的资料和移交； 4. 督促按时进行发运工作				1. 按照出厂验收纪要的要求，采用文件联系方式，下达监理联系单，督促制造单位做好验收后的有关完善或整改工作，并提交整改（完善）后的专题报告（采用照片对比和简要说明的形式），由监理进行审核后，报委托人； 2. 采用通信联系的方式督促制造单位做好高低压开关柜的包装及防护工作，落实防潮防雨防震防碰撞的措施，满足运输及吊装要求； 3. 采用文件联系方式，下达监理联系单，督促制造单位按照合同要求，做好出厂资料（随机资料和竣工资料）的资料，按时进行资料的移交工作； 4. 采用通信联系的方式，督促制造单位按照委托人发运通知，及时组织设备的发运，满足交货时间要求

附表

高低压开关柜监理巡视检查、见证项目汇总表

序号	项目	检查、见证内容	方法		备注
			见证表	检查记录	
1	文件见证	1. 见证主要电气元器件质量合格证及规格、型号	√		填写监理见证表，附质量合格证及见证照片
		2. 见证柜体质量证明文件	√		填写监理见证表，附质量证明文件及见证照片
2	现场检查	1. 抽检高压开关柜外形尺寸及外观质量		√	填写检查记录表，附抽检记录及照片
		2. 抽检柜内元器件的型号及品牌		√	填写检查记录表，附抽检记录及照片
		3. 抽检接线质量以及接地排截面积		√	填写检查记录表，附抽检记录及照片
		4. 见证各型式的高压柜电气试验	√★		填写见证表，附试验记录及见证照片
		5. 抽检各型式低压柜外形尺寸和外观质量		√	填写检查记录表，附检查记录及照片
		6. 见证各型式低压柜电气试验	√★		填写见证表，附试验记录及见证照片
		7. 抽检各型式控制箱外形尺寸和外观质量		√	填写检查记录表，附抽检记录及照片
		8. 见证控制箱组电气试验	√★		填写见证表，附试验记录及见证照片

注：1. 有★ 标记的为巡视停点检查点，为必检项目

2. 监理见证表、检查记录表的格式及内容由总监确定

3. 试验见证项目可采用认可的制造单位试验记录（报告）签字后，作为监理见证资料

4.5 电站直流电源系统设备制造巡视质量控制

序号	巡视项目	巡视工作内容	监理方式			巡视工作要求
			R	W	H	
1	巡视准备工作	1. 熟悉合同技术要求，掌握设备的技术参数、主要配置及功能要求； 2. 参加委托人召开的设计联络会； 3. 进行监理工作交底，审核质量检验计划	√	√		1. 了解掌握直流电源系统设备的主要技术参数、性能要求、主要配置及供货范围，确定监理巡视工作的重点及巡视节点； 2. 参加委托人组织召开的设计联络会（如需），进一步掌握设备主要技术要求及相关元器件配置的确定，形成设计联络会纪要； 3. 进行巡视监理工作交底，审核制造单位提交的质量检验计划，明确检验项目、检验内容、试验方法、质检记录表内容等，提出审核意见，经完善后报委托人；

续表

序号	巡视项目	巡视工作内容	监理方式			巡视工作要求
			R	W	H	
1	巡视准备工作	4．进行中间巡视工作和出厂验收工作； 5．掌握设备制造标准及规范要求	√	√		4．按照监理合同要求，重点做好设备出厂验收工作，必要时进行中间的巡查工作，中间巡视应提交巡视工作情况的汇报，验收工作情况拍照、记入巡视日志，在月报（周报）中反映； 5．执行标准：GB/T 19826《电力工程直流电源设备通用技术条件及安全要求》、JB/T 5777.2《电力系统二次电路用控制及继电保护屏（柜、台）通用技术条件》及合同规定的相关标准
2	蓄电池	1．见证蓄电池质量合格证； 2．抽检外形尺寸及外观质量； 3．核查蓄电池的配置数量	√	√	√	1．见证蓄电池的质量合格证，核查蓄电池的型号、规格，技术参数，填写监理见证表，见证情况拍照，记入巡视日志，在月报（周报）中反映； 2．抽检蓄电池的外观质量，外观质量无裂纹、变形及污迹，无酸液渗漏，填写监理见证表，见证情况拍照，记入巡视日志，在月报（周报）中反映； 3．核查蓄电池组的配置数量，满足合同供货数量的要求，记入日志，在月报（周报）中反映（蓄电池组组装后应检查外形尺寸）； 4．见证蓄电池容量试验、连接条压降测试、开路电压最大最小电压差测试，填写监理见证表，见证情况拍照，记入日志，在月报（周报）中反映（具体见证的试验项目应按合同约定的进行）； 5．蓄电池的监理巡视见证工作，可在中间巡视时进行，也可结合出厂验收一起进行，但需逐项将见证情况填写巡视检查（见证）记录表
3	直流系统屏柜	1．抽检柜内外形尺寸； 2．抽检柜内接线质量； 3．见证主要元器件合格证； 4．见证屏柜电气试验； 5．见证检测装置合格证	√	√	√	直流系统设备一般包括充电装置屏、放电装置屏、直流屏（直流馈线屏、直流负荷屏、机旁直流配电屏）、事故照明切换屏；以及直流集中监控装置、蓄电池巡视装置、绝缘监测装置和交流电源屏等，具体应按合同要求的配置，进行巡视监理工作 1．见证各屏柜柜体的质量合格证，抽检各屏柜的外形尺寸（高、宽、深）及外观质量，填写监理见证表，见证情况拍照，记入日志，在月报（周报）中反映； 2．抽检各组屏柜柜内接线质量（按JB/T5777.2规定），包括连接导线的颜色、导线的编号、接地母排（线）的材质及截面积、柜内照明、安全标识等，填写监理检测记录

续表

序号	巡视项目	巡视工作内容	监理方式			巡视工作要求
			R	W	H	
3	直流系统屏柜		√	√	√	表，抽检情况拍照，记入日志，在月报（周报）中反映； 3. 见证各组屏柜主要元器件合格证，验证各屏柜的元器件的配置，填写监理见证表，见证情况拍照，记入巡视日志，在月报（周报）中反映； 4. 见证各组屏柜的电气试验，包括绝缘电阻测试、介质强度试验、通电操作试验、故障报警测试、显示功能测试、通讯功能测试，填写监理见证表，见证情况拍照、记入日志，在月报（周报）中反映； 5. 见证微机绝缘监测装置、蓄电池巡视装置外购配套部件的质量合格证，验证其型号、规格、品牌及主要技术参数，填写监理巡视见证表，见证情况拍照，记入日志，在月报（周报）中反映； 6. 如发现电气试验或操作试验项目，经调整后仍未达到合同约定的技术参数要求，应督促制造单位进行分析处理，必要时以监理联系单书面报告总监和委托人进行协调；如需进行变更，应提交变更申请，按程序报委托人批准后方可实施
4	出厂验收工作	1. 审核继电保护设备出厂验收大纲； 2. 参加出厂验收工作，抽检柜屏尺寸，见证电气试验，形成出厂验收纪要； 3. 见证柜屏的电气试验或功能操作试验	√	√	√	1. 审核直流电源系统设备出厂验收大纲，提出审核意见，经制造单位完善后，由总监审签，报委托人； 2. 参加或受委托主持直流电源设备的出厂验收，并按照出厂验收程序进行出厂验收工作，现场设备组装后屏柜的外形尺寸，见证电气相关的试验，核查主要元器件的型号、规格和品牌，提出需完善或整改的意见，形成出厂验收纪要［附验收抽检（见证）记录表］，验收情况拍照、记入巡视日志，记入大事记，在月报（周报）中反映； 3. 见证各屏柜的出厂试验，包括绝缘电阻、通电操作、等，试验结果填写记录表（具体试验项目应根据合同的要求及规范规定的试验项目进行，出厂验收抽检见证的项目具体由验收组确定）； 4. 出厂验收工作是巡视监理工作的重要节点，监理可结合出厂验收工作一起进行相关的检查见证工作，分别填写监理检查（见证）记录表，检查的柜屏及项目和内容不全的部分，可在验收后进行补充

续表

序号	巡视项目	巡视工作内容	监理方式			巡视工作要求
			R	W	H	
5	验收后的有关协调工作	1．督促制造单位进行相关的完善和整改工作； 2．督促做好设备的包装和保护； 3．督促做好出厂资料的资料和移交； 4．督促按时进行发运工作				1．按照出厂验收纪要的要求，采用文件联系方式，下达监理联系单，督促制造单位做好验收后的有关完善或整改工作，并提交整改（完善）后的专项报告（采用照片对比和简要说明的方式），由监理审核后报委托人； 2．采用通信联系的方式督促制造单位做好设备的包装及防护工作，落实相应的防护措施，满足运输及吊装要求； 3．采用文件联系方式，下达监理联系单，督促制造单位按照合同要求，做好出厂资料（随机资料和竣工资料）的资料，按时进行资料的移交工作； 4．采用通信联系的方式，督促制造单位按照委托人的发运通知，及时组织设备的发运，满足交货时间要求

附表

直流电源设备制造监理巡视检查、见证项目汇总表

序号	项目	检查、见证内容	方法		备注
			见证表	检查记录	
1	文件见证	1．见证蓄电池的质量合格证	√		填写监理见证表，附质量合格证及见证照片
		2．见证柜体材质证明文件	√		填写监理见证表，附质量证明文件及见证照片
		3．见证外购元器件的质量合格证	√		填写见证表，附质量合格证及见证照片
2	现场检查、见证	1．抽检蓄电池的外观质量		√	填写检查记录表，附抽检记录及照片
		2．见证蓄电池各项试验	√		填写见证表，附试验记录及见证照片
		3．见证各屏柜柜体质量合格证	√		填写见证表，附质量证明文件及见证照片
		4．见证各组屏柜的电气试验	√★		填写见证表，附试验记录及见证照片
		5．见证微机绝缘监测装置、蓄电池巡视装置外购配套部件质量合格证	√		填写见证表，附质量证明文件及见证照片
		6．出厂验收抽检及试验见证		√★	填写检查记录表，附抽检记录及验收照片

注：1．有★标记的为巡视停点检查点，为必检项目

2．监理见证表、检查记录表的格式及内容由总监确定

3．试验见证项目可采用认可的制造单位试验记录（报告）签字后，作为监理见证资料

4.6 继电保护设备制造巡视质量控制

序号	巡视项目	巡视工作内容	监理方式			巡视工作要求
			R	W	H	
1	巡视准备工作	1．熟悉合同技术要求，掌握设备的技术参数、主要配置及功能要求； 2．进行监理工作交底，审核质量检验计划； 3．出厂验收工作及中间巡视工作； 4．了解掌握制造标准及规范要求	√	√		1．熟悉合同技术要求，了解继电保护设备的主要技术参数、元器件配置、接口要求及供货范围，为开展监理巡视做好准备工作； 2．进行巡视监理工作交底，审核制造单位提交的质量检验计划，明确检验项目、检验内容、试验方法、质检记录表内容等，提出审核意见，经完善后报委托人； 3．做好设备出厂验收工作和必要的中间巡视工作，巡视工作情况拍照、记入巡视日志，在月报（周报）中反映； 4．继电保护柜（屏），一般情况下包括：发电机保护、主变保护、旁路断路器保护、机端厂用变保护、母线保护、线路保护等屏柜，以及故障录波屏柜，具体应按照合同的要求，做好巡视工作； 5．执行标准：GB/T 14285《继电保护和安全自动装置技术规程》、DL/T 720《电力系统继电保护及安全自动装置柜（屏）通用技术条件》、GB/T 7261《继电保护和安全制度装置基本试验方法》及合同规定的相关标准
2	继电保护设备屏柜组装	1．抽检柜（屏）外形尺寸及外观质量； 2．见证主要元器件的型号、品牌及质量合格证； 3．抽检柜（屏）内接线质量及导线颜色、编号标识； 4．见证柜（屏）的电气试验及功能操作试验；	√	√		1．抽检各组柜（屏）外形尺寸、外观质量（漆膜颜色、表面无划伤）及柜眉标识（名称、字体、颜色），见证柜（屏）的品牌及质量合格证，填写监理见证表，抽检见证情况拍照，记入巡视日志，在月报（周报）中反映； 2．见证各组柜（屏）内主要电气元器件的配置（型号、规格、品牌）以及指示灯、按钮的型号、规格、品牌，填写监理见证表，见证情况拍照，记入巡视日志，在月报（周报）中反映； 3．抽检各组柜（屏）柜内接线及元器件的布置，包括导线的标志颜色、导线的编号标识、元器件的布置以及接地排（线）的截面积等，填写监理检查记录表，抽检情况拍照、记入巡视日志，在月报（周报）中反映如发现组装质量存在缺欠，功能未达到合同要求，应督促制造单位进行检查、分析、处理，必要时以监理联系单书面报告总监或委托人进行协调处理；

续表

序号	巡视项目	巡视工作内容	监理方式			巡视工作要求
			R	W	H	
2	继电保护设备屏柜组装	5．督促制造单位做好柜屏的包装工作	√	√		4．分别见证各型式的柜屏电气试验，一般情况下电气试验测试项目，包括工频耐压试验、绝缘性能试验、温升试验、耐湿热性能试验（如需）、通电试验、触点检测、通讯接口检查、操作（动作）试验、机械性能试验等（具体试验项目按照合同及出厂验收大纲规定的项目进行），填写监理见证表，见证情况拍照、记入巡视日志，在月报（周报）中反映； 5．各组柜屏外形尺寸和外观质量检查及电气试验见证，可在中间巡视时进行，也可结合出厂验收一起进行，但需逐项将合同约定的柜屏填写监理检查（见证）记录表； 6．督促制造单位按合同要求，做好屏柜及备品备件的包装，落实相应的防护措施，按照发运批次及时间及时进行发运，满足交货时间要求
3	故障录波装置	1．抽检屏柜外形尺寸及外观质量； 2．见证主要元器件的型号、品牌及质量合格证； 3．抽检屏柜内接线质量及导线的标志颜色、编号； 4．见证屏柜的电气试验及功能操作试验；				1．抽检录波装置各屏柜的外形尺寸、外观质量（漆膜颜色、表面无划伤）及柜眉头标识（名称、字体、颜色），核查屏柜品牌及质量合格证，填写监理检查记录表，抽检情况拍照，记入日志，在月报（周报）中反映； 2．见证录波装置各组屏柜内元器件的配置（型号、品牌）以及指示灯、按钮的型号、规格、品牌，填写监理见证表，见证情况拍照，记入日志，在月报（周报）中反映； 3．抽检录波装置各组屏柜的接线及元器件的布置，包括接线整齐。美观、导线的编号标志明显、导线接线颜色符合要求、元器件布置整齐以及接地排（线）的截面积等，填写监理检查记录表，抽检情况拍照、记入日志，在月报（周报）中反映； 如发现组装质量存在缺欠，功能未达到合同要求，应督促制造单位进行检查、分析、处理，必要时以监理联系单书面报告总监或委托人，进行协调处理； 4．分别见证录波装置柜屏的电气试验，一般情况下电气试验测试项目，包括：工频耐压试验、绝缘性能试验、温升试验、耐湿热性能试验、通电试验以及操作（动作）试验、机械性能试验等（具体试验项目应按照合同及出厂验收大纲规定的项目进行），填写监理见证表，见证情况拍照、记入巡视日志，在月报（周报）中反映；

续表

序号	巡视项目	巡视工作内容	监理方式			巡视工作要求
			R	W	H	
3	故障录波装置	5. 督促制造单位做好柜屏的包装工作				5. 各组柜屏外形尺寸和外观质量检查及电气试验见证，可在中间巡视时进行，也可结合出厂验收一起进行，但一起进行时需另行填写监理巡视（见证）记录表； 6. 督促制造单位按合同要求，做好录波屏柜及备品备件包装，落实相应防护措施，按照发运批次及时间及时进行发运，满足交货时间要求
4	出厂验收工作	1. 审核继电保护设备出厂验收大纲； 2. 参加出厂验收工作，抽检柜屏尺寸，见证电气试验，形成出厂验收纪要； 3. 见证柜屏的电气试验或操作试验	√	√	√	1. 审核继电保护设备的出厂验收大纲，提出审核意见，经制造单位完善后，由总监审签，报委托人； 2. 参加或受委托主持继电保护设备的出厂验收，并按照出厂验收程序进行出厂验收工作，现场抽检继电保护柜（屏）的外形尺寸，见证相关的电气试验，核查主要元器件的型号、规格和品牌，提出需完善或整改的意见，形成出厂验收纪要［附验收抽检（见证）记录表］，验收情况拍照、记入巡视日志，记入大事记，在月报（周报）中反映； 3. 见证继电保护柜屏电气试验，试验项目包括绝缘试验、工频耐压试验、电阻测试、操作试验等，试验结果填写记录表（具体试验项目应根据合同的要求及规范规定的试验项目进行，出厂验收抽检见证的屏柜由验收组确定）； 4. 出厂验收工作是巡视监理工作的重要节点，监理可结合出厂验收工作一起进行相关的检查见证工作，分别填写监理检查（见证）记录表，检查的柜屏及项目和内容不全的部分，可在验收后进行补充
5	验收后的有关协调工作	1. 督促制造单位进行相关的完善和整改工作； 2. 督促做好设备的包装和保护；				1. 按照出厂验收纪要的要求，采用文件联系方式，下达监理联系单，督促制造单位做好验收后的有关完善或整改工作，并提交整改（完善）后的专项报告（采用照片对比和简要说明的方式），由监理进行审核后，报委托人； 2. 采用通信联系的方式督促制造单位做好继电保护设备的包装及防护工作，落实防潮防雨防震防碰撞的措施，满足运输及吊装要求；

续表

序号	巡视项目	巡视工作内容	监理方式			巡视工作要求
			R	W	H	
5	验收后的有关协调工作	3．督促做好出厂资料的资料和移交； 4．督促按时进行发运工作				3．采用文件联系方式，下达监理联系单，督促制造单位按照合同要求，做好出厂资料（随机资料和竣工资料）的资料，按时进行资料的移交工作； 4．采用通信联系的方式，督促制造单位按照委托人发运通知，及时组织设备的发运，满足交货时间要求

附表

继电保护设备制造监理巡视检查、见证项目汇总表

序号	项目	检查、见证内容	方法		备注
			见证表	检查记录	
1	文件见证	1．见证主要电气元器件的型号、规格、品牌及质量合格证	√		填写监理见证表，附质量合格证及见证照片
		2．见证各（屏）的品牌及质量合格证	√		填写监理见证表，附质量合格证及见证照片
2	现场检查、见证	1．抽检各柜（屏）的外形尺寸及外观质量		√	填写检查记录表，附检查照片
		2．抽检各柜（屏）整体组装的质量		√	填写检查记录表，附检查照片
		3．见证各型式柜屏整体组装后的电气试验	√★		填写见证表，附试验报告及见证照片
		4．出厂验收抽检及试验见证	√★	√★	填写检查记录表，附抽检记录及验收照片

注：1．有★标记的为巡视停点检查点，为必检项目

2．监理见证表、检查记录表的格式及内容由总监确定

3．试验见证项目可采用认可的制造单位试验记录（报告）签字后，作为监理见证资料

4.7 计算机监控设备制造巡视质量控制

序号	巡视项目	巡视工作内容	监理方式			巡视工作要求
			R	W	H	
1	巡视准备工作	1．熟悉合同技术要求，掌握设备的技术参数、主要配置及功能要求； 2．参加委托人召开的设计联络会	√	√		1．了解掌握计算机监控系统设备的系统结构和配置要求、监控方式、接口要求及供货范围，为开展监理巡视工作做好准备； 2．参加委托人组织召开的设计联络会，进一步掌握设备主要技术要求及相关元器件配置的确定，确定巡视工作的重点；

续表

序号	巡视项目	巡视工作内容	监理方式			巡视工作要求
			R	W	H	
1	巡视准备工作	3．进行监理工作交底，审核质量检验计划； 4．进行中间巡视工作和出厂验收工作； 5．掌握设备制造标准及规范要求	√	√		3．进行巡视监理工作交底，审核制造单位提交计算机监控设备质量检验计划，明确检验项目、检验内容、试验方法、质检记录表内容等，提出审核意见，经制造单位完善后报委托人； 4．按照监理合同要求，做好设备的中间巡视和出厂验收工作，巡视及验收工作情况拍照、记入巡视日志，在月报（周报）中反映； 5．执行标准：DL/T822《水电厂计算机监控系统试验验收规程》、DL/T 578《水电厂计算机监控系统基本技术条件》及合同规定的相关标准
2	监控系统柜屏	1．抽检各柜（屏）外形尺寸及外观质量； 2．见证主要元器件的型号、品牌及质量合格证； 3．抽检柜（屏）内接线质量及连接导线的颜色与接线标识； 4．见证模拟操作试验和电气试验； 5．督促制造单位做好设备的包装	√	√		1．抽检各柜（屏）外形尺寸、外观质量（漆膜颜色、表面无划伤）及柜眉标识（名称、字体、颜色），核查柜（屏）的品牌及质量合格证，填写监理检查记录表，抽检核查情况拍照，记入巡视日志，在月报（周报）中反映； 2．见证各组柜（屏）内元器件的配置（型号、品牌）以及指示灯、按钮的型号、规格、品牌，填写监理见证表，见证情况拍照，记入巡视日志，在月报（周报）中反映； 3．抽检各组柜（屏）的接线及元器件的布置，包括连接导线的颜色、导线的编号标识、元器件的布置以及接地的布置，抽检情况拍照、记入巡视日志，在月报（周报）中反映； 4．分别见证模拟操作试验和相关的电气试验，电气试验项目，包括工频耐压试验、绝缘性能试验、抗干扰试验等（具体试验项目按照合同及出厂验收大纲的规定进行），填写监理见证表，见证情况拍照、记入巡视日志，在月报（周报）中反映； 5．计算机监控设备的监理检查及见证工作，可在中间巡视时进行，也可结合出厂验收一起进行，但需逐项将合同约定的设备项目填写巡视（见证）记录表； 6．督促制造单位按合同要求，做好设备的包装，落实相应的防护措施，按照发运批次及时间，及时进行发运，满足交货时间要求

续表

序号	巡视项目	巡视工作内容	监理方式			巡视工作要求
			R	W	H	
3	质量检验记录	1．见证主要部件单元的质量检验记录和工序试验记录； 2．见证主要元器件的进厂调试记录； 3．见证主要软件的配置清单	√	√		1．见证计算机监控设备主要单元的质量检验记录，包括主要尺寸偏差、试验项目及内容、试验结果，材料进厂检验情况等记录，见证情况记入日志； 2．按照合同约定，见证重要元器件进厂调试记录，并记入日志； 3．见证主要软件的配置清单，审核软件与合同的符合性，见证情况记入巡视日志，在月报（周报）中反映
4	主要硬件配置	1．验证各工作站、服务站的硬件配置； 2．见证各硬件的质量合格证，核查主要型号及规格； 3．见证各硬件的型号、规格、品牌	√	√		1．见证各工作站、服务站的硬件配置，包括记录计算机、服务器、UPS 电源、打印机等，核查配置的型号、规格要求，见证情况拍照、记入日志，在月报（周报）中反映； 2．见证各硬件的质量合格证，填写监理巡视见证表，见证情况记入日志，在月报（周报）中反映； 3．抽检各硬件的型号、规格及品牌，见证情况记入日志，在月报（周报）中反映； 4．如发现主要硬件的型号、规格、品牌与合同要求不符时，应督促制造单位进行更换，必要时以监理联系单书面通知制造单位，并向总监和委托人汇报，如需进行变更，应按程序提出申请报委托人审批，同意后方可使用
5	主要电气元器件的配置	见证元器件配置情况	√	√		1．见证各柜（屏）主要元器件的配置，重点核查 PLC、继电器、变送器、传感器、显示屏、触摸屏、按钮、警示灯等配置，填写监理见证表，见证情况配置，记入日志，在月报（周报）中反映； 2．如发现主要电气元器件的型号、规格、品牌与合同要求不符时，应督促制造单位进行更换，必要时以监理联系单书面通知制造单位，并向总监和委托人汇报；如需进行变更，应提出申请按程序报委托人审批，同意后方可使用
6	出厂验收工作	1．审核继电保护设备出厂验收大纲； 2．参加出厂验收工作，抽检柜屏尺寸，见证电气试验，形成出厂验收纪要； 3．见证柜屏的电气试验或操作试验	√	√	√	1．审核计算机监控系统设备的出厂验收大纲，提出审核意见，经制造单位完善后，由总监审签，报委托人； 2．参加或受委托主持计算机监控系统设备的出厂验收，并按照出厂验收程序进行出厂验收工作，现场抽检电气柜（屏）的外形尺寸，见证相关的电气试验，见证主要软件的功能操作试验，见证主要元器件配置（型号、规格和品牌），提出需完善或整改的意见，

续表

序号	巡视项目	巡视工作内容	监理方式			巡视工作要求
			R	W	H	
6	出厂验收工作	1．审核继电保护设备出厂验收大纲； 2．参加出厂验收工作，抽检柜屏尺寸，见证电气试验，形成出厂验收纪要； 3．见证柜屏的电气试验或操作试验	√	√	√	形成出厂验收纪要［附验收抽检（见证）记录表］，验收情况拍照、记入巡视日志，记入大事记，在月报（周报）中反映； 3．见证柜屏的电气试验，试验项目包括：绝缘试验、工频耐压试验、电阻测试等，试验结果填写出厂验收记录表（具体试验项目应根据合同的要求及规范规定的试验项目进行，出厂验收抽检见证的项目由验收组确定）； 4．出厂验收工作是巡视监理工作的重要节点，监理可结合出厂验收工作一起进行相关的检查见证工作，分别填写监理检查（见证）记录表，检查项目和内容不全的部分，可在验收后进行补充
7	验收后的有关协调工作	1．督促制造单位进行相关的完善和整改工作； 2．督促做好设备的包装和保护； 3．督促做好出厂资料的资料和移交； 4．督促按时进行发运工作	√	√		1．按照出厂验收纪要的要求，采用文件联系方式，下达监理联系单，督促制造单位做好验收后的有关完善或整改工作，并提交整改（完善）后的专项报告（采用照片对比和简要说明的方式），由监理进行审核后，报委托人； 2．采用通信联系的方式督促制造单位做好计算机监控系统设备的包装及防护工作，落实防潮防雨防震防碰撞的措施，满足运输及吊装要求； 3．采用文件联系方式，下达监理联系单，督促制造单位按照合同要求，做好出厂资料（随机资料和竣工资料）的资料，按时进行资料的移交工作； 4．采用通信联系的方式，督促制造单位按照委托人的发运通知，及时组织设备的发运，满足交货时间要求

附表

计算机监控设备制造监理巡视检查、见证项目汇总表

序号	项目	检查、见证内容	方法		备注
			见证表	检查记录	
1	文件见证	1．见证主要电气元器件的型号、规格、品牌及质量合格证	√		填写监理见证表，附质量合格证及见证照片
		2．见证各（屏）的品牌及质量合格证	√		填写监理见证表，附质量合格证及见证照片
2	现场检查、见证	1．抽检各柜（屏）的外形尺寸及外观质量		√	填写检查记录表，附检查照片

续表

序号	项目	检查、见证内容	方法		备注
			见证表	检查记录	
2	现场检查、见证	2．抽检各柜（屏）整体组装的接线质量		√	填写检查记录表，附检查照片
		3．见证各型式柜屏整体组装后的电气试验	√★		填写见证表，附试验报告及见证照片
		4．出厂验收抽检及试验见证	√★	√★	填写检查记录表，附抽检记录及验收照片

注：1．有★标记的为巡视停点检查点，为必检项目

2．监理见证表、检查记录表的格式及内容由总监确定

3．试验见证项目可采用认可的制造单位试验记录（报告）签字后，作为监理见证资料